HELMUT WINKLER

ELEKTRONISCHE ANALOGIEANLAGEN

ELEKTRONISCHES RECHNEN UND REGELN

Herausgegeben von

Prof. Dr. HANS FRÜHAUF · Prof. Dr. WILHELM KÄMMERER
Prof. Dr. KURT SCHRÖDER · Prof. Dr. HELMUT WINKLER

BAND 2

ELEKTRONISCHE ANALOGIEANLAGEN

von

Prof. Dr. HELMUT WINKLER

AKADEMIE-VERLAG · BERLIN
1963

ELEKTRONISCHE ANALOGIEANLAGEN

von

Prof. Dr. HELMUT WINKLER
Ilmenau

2. berichtigte Auflage

Mit 172 Abbildungen

AKADEMIE-VERLAG · BERLIN
1963

Erschienen im Akademie-Verlag GmbH, Berlin W 8, Leipziger Str. 3—4
Lizenz-Nr. 202 · 100/760/62

Gesamtherstellung: VEB Druckerei „Thomas Müntzer“ Bad Langensalza
Bestellnummer: 5398 · ES 20 K 3

VORWORT

Die Veranlassung zur Niederschrift dieses Buches entsprang dem Bedürfnis nach einer zusammenfassenden Darstellung der Analogieelektronik als einem der jüngsten Zweige der angewandten Physik. Dem Charakter eines Hochschullehrbuches entsprechend — das Manuskript ist aus Vorlesungen des Verfassers am Institut für Physik an der Fakultät für Mathematik, Naturwissenschaften und technische Grundwissenschaften der Hochschule für Elektrotechnik Ilmenau entstanden — kann eine erschöpfende Behandlung im Sinne eines Nachschlagewerkes nicht erwartet werden. Es wird angestrebt, den aus den Technischen Hochschulen und Universitäten kommenden Nachwuchs an Physikern, Diplomingenieuren und Mathematikern für die auf seinen Einsatz wartenden Aufgaben aus der Analogieelektronik zu interessieren. Weiterhin wendet sich das Buch an Wissenschaftler, Ingenieure und Ökonomen, die neuen Möglichkeiten aufzuschließen, die sich durch die elektrische Modellierung (Simulation), speziell durch die Anwendung elektronischer Analogieanlagen in Forschung, Entwicklung und Planung auf den verschiedenartigen Fachgebieten ergeben.

Das erste Kapitel gibt dem Leser in allgemeinverständlicher Weise Einblick in Analogiebetrachtungen und Modellvorstellungen sowie Modelldarstellungen und versucht ihn anzuregen, mit deren Hilfe seine eigenen, zu behandelnden Probleme zu lösen.

Der Weg hierzu führt über zweckmäßig gestaltete Ersatzbilder der zu untersuchenden Systeme — Wirkschaltbilder, Blockschaltbilder, Strukturbilder und Koppelpläne —, worüber das nächste Kapitel berichtet. Mit den Realisierungsmöglichkeiten, den elektrischen Analogieelementen und deren Zusammenwirken in Analogieanlagen macht das dritte und vierte Kapitel überblicksmäßig vertraut. Hierbei wird das Prinzip der Programmierung von zu untersuchenden Problemen anhand einiger, nach didaktischen Gesichtspunkten ausgewählter Beispiele erläutert.

Das fünfte Kapitel ist der grundsätzlichen Anwendung elektronischer Analogieanlagen, gegliedert nach mathematischen Prinzipien, gewidmet. Fragen des speziellen Einsatzes auf verschiedenen Gebieten der Naturwissenschaften, der Technik und der Ökonomie sowie Methoden einer mathematischen Verfahrenstechnik sind nicht behandelt; sie sind ihrer Breite entsprechend besonderen Werken der vorliegenden Schriftenreihe vorbehalten.

In den sich daran anschließenden drei Kapiteln werden von der technisch-physikalischen Seite Aufbau und Wirkungsweise linearer und nichtlinearer

Analogieelemente sowie Hilfs- und Zusatzeinrichtungen analogieelektronischer Anlagen beschrieben. Sie lassen den Leser Einblick in die wesentliche Struktur von elektronischen Analogieanlagen gewinnen, wobei auf Einzelheiten der Schaltungstechnik nur soweit eingegangen wird, wie es zum Verständnis der Wirkungsweise erforderlich ist. Anhand einiger spezieller Typenbeispiele kommen im neunten Kapitel besondere Entwicklungstendenzen zur Geltung. Hinweise auf die Entwicklung von auf digitaler Basis arbeitenden Analogierechenanlagen vervollständigen den Überblick. Das Abschlußkapitel vermittelt einen historischen Abriß und kurzen Ausblick auf die Perspektive der Analogieelektronik. Die zahlreichen Literaturangaben weisen auf Spezialarbeiten hin, die dem Leser zur Vertiefung und Erweiterung des dargebotenen Stoffes dienen können, wobei jedoch des großen Umfanges wegen eine Vollständigkeit in dieser Richtung nicht angestrebt wurde.

Besonderen Dank schuldet der Verfasser seinen Assistenten Herrn Dipl.-Phys. D. Schreier für einige Hinweise und Herrn Dipl.-Phys. H. Röppischer für die Manuskriptdurchsicht. Ebenso dankt er seinem Institutsingenieur, Herrn J. Cöster und Frl. M. Boese für die Mithilfe bei der Gestaltung der Zeichnungen.

Ilmenau, im September 1960

H. Winkler

INHALTSVERZEICHNIS

Einleitung 1

I. Analogien und Modelle 4

A. Das allgemeine Ähnlichkeitsprinzip 4

B. Analogien und Modelle der Physik 6

C. Beispiele der Lösungsvereinfachung bei Problemen der angewandten Physik und Technik durch Analogiediskussionen 10

1. Analogien zwischen statischen und elektrischen Relationen 10
2. Die Analogie Hebel-Transformator 13
3. Analogien bei mechanischen und elektrischen Schwingungen 13
4. Analogien zwischen Strömungsfeldern der Mechanik der Kontinua und der Elektrodynamik 17
5. Wärmeströmungsvorgänge und ihre meßtechnische Behandlung mit Hilfe elektrischer Modellabbildungen 19

a) Stationäre Wärmeströmung 19
b) Wärmeausgleich bei nichtstationärer Strömung 20

II. Wirkschaltbilder, Blockschaltbilder, Strukturbilder und Koppelpläne 22

A. Definitionen der Begriffe 22

B. Die Umformung von Wirkschaltbildern mechanischer Systeme in Strukturbilder und Koppelpläne 22

C. Bildumformungen bei elektromechanischen und elektrischen Systemen . . . 28

D. Systematische Ermittlung des Frequenzganges und der Stabilität bei Regelungsvorgängen mit Hilfe von Strukturbildern und Koppelplänen 32

III. Einteilung der elektrischen Analogieanlagen und Zusammenstellung der linearen und nichtlinearen Analogierechenelemente 33

A. Überblick: Elektrische Analogieanlagen 33

B. Arten und Symbole elektrischer Analogierechenelemente 35

IV. Das Zusammenwirken der rechenelektronischen Analogieelemente 40

A. Analogieanlagen-Veränderliche, Umrechnungsfaktoren und Zeitfaktor, Analogieanlagengleichungen und Koppelplan 40

B. Lösungen einiger einfacher Differentialgleichungen 42

1. Sinus- und Kosinusfunktion, Kreistest 42
2. Freie elastische Schwingungen 44

3. Freie elektrische Schwingungen 45
4. Einschwingvorgang eines Transformators 45
5. Gekoppelte Schwingungssysteme 48
6. Bewegung eines elektrisch geladenen Teilchens in einem elektrischen und magnetischen Feld 51

C. Zusammenfassung: Programmierung der zu untersuchenden Probleme für die elektronische Analogiebearbeitung und deren Lösung 54

V. Anwendungen elektronischer Analogieanlagen 57

A. Überblick 57
1. Praktische Mathematik und maschinelle Rechentechnik 57
2. Nach Fachrichtungen gegliederte Zusammenstellung einiger Anwendungsbeispiele 58
3. Elektronische Analogieanlage, elektromechanische Integrieranlage oder Ziffernrechenmaschine? 60

B. Algebraische Gleichungen 61
1. Algebraische lineare Gleichungssysteme (simultane Gleichungen), Determinanten 61
2. Algebraische nichtlineare Gleichungen höheren Grades 73
a) Potentiometrische Analogien 73
b) Integrative Analogiemethode 77
c) Harmonische Synthese 79
d) Elektrostatische und elektromagnetische Feldanalogien 81
e) RLC-Netzwerk-Analogie 85

C. Gewöhnliche Differentialgleichungen 87
1. Gewöhnliche lineare Differentialgleichungen 87
a) mit konstanten Koeffizienten 87
b) mit variablen Koeffizienten 89
c) Systeme gewöhnlicher linearer Differentialgleichungen 90
2. Gewöhnliche nichtlineare Differentialgleichungen 96
3. Grenzbedingungen, Übertragungsfunktionen 106

D. Partielle Differentialgleichungen 106
1. Lösungsmethoden 106
2. Die Lösung von Eigenwertproblemen 107
3. Endliche Differenzen anstelle partieller Ableitungen 108

E. Simulationen 112

VI. Operationsverstärker und elektrische Netzwerke als lineare Analogieelemente 114

A. Theorie und Aufbau linearer Analogieelemente 114
1. Überblick 114
2. Spannungsmultiplikation mit konstanten Koeffizienten durch Potentiometer 115
3. Additionsverstärker 116

4. Integratoren 120
5. Generelle Betrachtungen von Operationsverstärkern und Netzwerken . . 127

B. Gleichspannungsverstärker für Analogierechenelektronik 132
1. Das Prinzip der Gleichspannungsverstärker 132
2. Aufbau von Gleichspannungsverstärkern 136
3. Stabilität des rückgekoppelten Gleichspannungsverstärkers 144

VII. Nichtlineare Analogieelemente 146

A. Elektronische Methoden und Geräte für die Multiplikation mehrerer Veränderlicher 146
1. Überblick: Ein-, Zwei- und Vierquadrantmultiplikationen 146
2. Die Viertelquadratmethode 149
a) Allgemeines 149
b) Quadrierglieder 150
3. Multiplikationsverfahren mit Modulationen und Zeitteilung 164
4. Spezielle Katodenstrahlröhrensysteme für die Multiplikation 172
a) Multiplikations-Katodenstrahlröhre mit gekreuzten elektrostatischen und magnetischen Feldern 172
b) Hyperbelfeldröhre 175
c) Vierquadrant-Multiplikationsröhre mit Ablenkung eines Elektronenstrahls kreisförmigen Querschnitts 177
5. Die Multiplikation zweier Variablen auf Grund des HALL-Effektes . . . 177

B. Elektronische Division 179

C. Elektronische Funktionserzeugung 181
1. Diodensysteme für die Kurvenapproximation 181
2. Photoelektrische Systeme 181
a) Kurvenabtastung mittels photoelektrischer Nachlaufsteuerung . . . 181
b) Impulstechnische photoelektrische Kurvenabtastung 183
3. Erzeugung spezieller Funktionen (Begrenzungen, Darstellung toter Zonen, Bildung von Absolutbeträgen, Hysteresis) 184
4. Funktionsgeneratoren zur Fehlerkorrektur 188
5. Vektortransformationen bei verschiedenen Koordinatensystemen 190

D. Funktionsempfänger 192

VIII. Hilfs- und Zusatzeinrichtungen für elektronische Analogieanlagen 193

A. Netzteile und Synchronisation 193
1. Regelung und Überwachung der Spannungsversorgung 193
2. Rechenzeitgeber mit Impulsverstärker 195

B. Einstellung, Zusammenschaltung und Überwachung 196
1. Eingabe von Anfangsbedingungen 196
2. Kompensationsmeßeinrichtungen für die Einstellung der Koeffizientenpotentiometer 198

3. Zentralschalttafeln, automatische Programmierung . . . 198
4. Kontrollsysteme . . . 200
C. Physikalische Größen-Wandler (Übertrager) für die Simulation . . . 204

IX. Entwicklungsmerkmale kompletter elektronischer Analogieanlagen mit Typenbeispielen . . . 207
A. Allgemeines . . . 207
B. Elektronische Langzeit-Analogieanlagen . . . 209
C. Repetierende elektronische Analogieanlagen . . . 212
D. Ziffernrechnende Analogieanlagen (Verbundrechenmaschinen) . . . 215

X. Historischer Überblick und Ausblick . . . 219

Literaturverzeichnis . . . 223

Quellennachweis der Fotos . . . 238

Namenregister . . . 239

Sachregister . . . 240

EINLEITUNG

Ein entscheidendes technisches Ereignis unserer Epoche ist neben der Verwertung der bei der Spaltung und Fusion von Atomkernen freiwerdenden Energie und dem Umlauf künstlicher Satelliten um den Planet Erde sowie von Menschenhand geschaffener Planeten um die Sonne in der Entwicklung, Konstruktion und Fertigung der großen elektronischen Rechenmaschinen zu sehen. Die Atomkernenergie beherrscht der Mensch zwar erst einige Jahrzehnte, aber er hat sie indirekt schon immer benutzt. Alle irdischen Energiequellen entstammen mittelbar der in der Sonne freiwerdenden, aus atomaren Quellen gespeisten Energie. Die Schaffung künstlicher Monde und Planeten in den letzten Jahren ist zwar eine hervorragende wissenschaftliche und technische Leistung, im Weltall kreisen aber schon immer ihre natürlichen Vorbilder. Die großen elektronischen Rechenmaschinen hingegen sind etwas prinzipiell Neues. Sie unterscheiden sich von allen bisher gebauten Werkzeugen und Maschinen. Der Begriff „Rechenmaschine" ist gegenüber der Universalität dieser Geräte zu eng geprägt. Denn sie können nicht nur numerische Probleme lösen, und ihr Wesen liegt nicht allein darin, daß sie dies rascher und auf höherer Ebene durchführen können als die geläufigen vollautomatischen Bürorechenmaschinen oder die mechanischen bzw. elektromechanischen Geräte zum Lösen einfacher Differentialgleichungen in der Praktischen Mathematik.

Eine genaue Analyse der Bereichsbreite, in der diese Maschinen operieren können, zeigt, daß sie den Kern der Kybernetik darstellen. Der Begriff der Kybernetik ist an sich nicht neu, und auch technische Geräte, die ihm entsprechen, hat es vereinzelt schon im Altertum gegeben. Kybernetikos (grch.) heißt „zum Steuern befähigt". In Griechenland verband man den Begriff mit dem Steuern von Schiffen. Der französische Physiker AMPÉRE zählt die Kybernetik in seiner 1834 aufgestellten Klassifikation der Wissenschaften bereits auf. In neuerer Zeit haben N. WIENER und JAROSCHEWSKIJ[1]) diesen Zweig der Wissenschaft exakt umrissen. Er ist eine auf die formale Logik beschränkte Lehre, die es sich zum Ziel setzt, die menschliche Gehirntätigkeit durch Information, Steuerung und Regelung von Mechanismen weitgehend zu entlasten. Jedoch kann die noch so sinnvoll konstruierte Maschine die menschliche Geistestätigkeit nicht ersetzen oder gar übertrumpfen, sie kann lediglich

[1]) N. WIENER, Cybernetics (1948); L'onde électrique (1951): JAROSCHEWSKIJ, Neue Welt, H. 10 (1952).

Aufgaben lösen, die ihr auf Grund menschlicher Erkenntnis gestellt werden und durch formal-logische Schlußfolgerungen auch vom Menschen (wenn auch in unvergleichlich längerer Zeit) einem Ergebnis zugeführt werden können. Die Kybernetik umfaßt einen großen Komplex von Fragen aus allen Gebieten der Wissenschaft und untersucht eine Vielzahl von Prozessen, die dem Wesen nach verschieden, der quantitativen Form nach aber gleich sind. Sie greift in das Gebiet der physikalischen Vorgänge, der technischen Konstruktionen und auch in das der belebten Organismen. Zu ihr gehören Untersuchungen über Steuerung von Geräten und Einrichtungen einschließlich regelungstechnischer Probleme, über Rückmeldungs- und Rückkopplungsmechanismen in lebenden Organismen und über die Umwertung untersuchter Vorgänge in speicherbare Signale, z. B. bei den rechenelektronischen Maschinen, in denen die einzelnen Größen in Stromimpulse verwandelt werden, die einzeln gespeichert oder summiert werden können.

Auf kybernetischem Gebiet gelang in den letzten Jahren die Entwicklung und Konstruktion automatischer Rechenanlagen einschließlich elektronischer Modellregelkreise, von Sprachübersetzungsmaschinen, Maschinen, die Texte aus Büchern vorlesen, die Musikstücke komponieren, einfache Konstruktionsaufgaben lösen und ähnliches. Letzten Endes geben die Existenz der kybernetischen Maschinen und die Perspektiven ihrer Weiterentwicklung einen neuartigen Ausblick auf die angelaufene, sich in den nächsten Jahrzehnten sicher beschleunigt entwickelnde Automatisierung unserer Produktionsprozesse.

Das Elektronische Rechnen und Regeln, mit dem sich die vorliegende Schriftenreihe befaßt, ist der wichtigste Teil der Kybernetik. Es weist den Weg zur Vollautomatisierung großer Bereiche der Produktion, der Verwaltung und selbst der geistigen Tätigkeit. Die theoretischen Grundlagen der maschinellen Rechentechnik im besonderen und der Kybernetik im allgemeinen sind in der Logik und der Informationstheorie zu finden. Auf die mathematische Logik wird in Band I dieser Schriftenreihe „Ziffernrechenautomaten" von W. Kämmerer eingegangen. Die Arbeitsweise der im vorliegenden Band II behandelten elektronischen Analogieanlagen beruht in folgendem: Man kann im allgemeinen für jedes Problem einen physikalischen, insbesondere elektrischen bzw. elektronischen Vorgang finden, der durch dieselben Gleichungen beherrscht wird wie die im Problem geforderten. Irgendein naturwissenschaftlicher, technischer oder ökonomischer Vorgang, dessen Dimensionierung noch nicht festliegt, wird mathematisch formuliert. Eine Analogieanlage, die denselben mathematischen Beziehungen genügt und für bequemes und übersichtliches Messen eingerichtet ist, liefert dann physikalische Größen (Meßwerte), die nach Umrechnung die Dimensionierung für den betreffenden, zu untersuchenden Vorgang liefern.

Die Analogieanlagen haben gegenüber den Ziffernrechenmaschinen den eminenten Vorteil — neben leichterer Bedienbarkeit und wesentlich kürzerer Rechenzeiten —, daß man schnell beobachten kann, wie gewisse Änderungen von Werten das Ergebnis beeinflussen, so daß man sich leicht die für die Praxis günstigsten Werte aussuchen kann. Ferner lassen sich derartige elektronisch arbeitende Anlagen unter Zwischenschaltung von Meßwandlern für verschiedenartige physikalische Größen unmittelbar für Steuerungs- und Regelungszwecke in technische Prozesse eingliedern oder für die Nachbildung eines technischen Teilprozesses im Zusammenwirken mit den übrigen Realteilen im zu untersuchenden Gesamtprozeß verwenden (Simulation). Ihre Nachteile, wie die im allgemeinen bei etwa 1% liegende Genauigkeit und die eingeengte Universalität hinsichtlich der mannigfaltigen mathematischen Gleichungsklassen, bewirken, daß sie die Rechenautomaten in ihrer Bedeutung für den technischen Fortschritt nicht zurückdrängen. Elektrische Ziffernrechenautomaten und elektronische Analogieanlagen konkurrieren nicht miteinander, sondern ergänzen sich gegenseitig.

I. ANALOGIEN UND MODELLE

A. Das allgemeine Ähnlichkeitsprinzip

Die Weiterentwicklung jeder Wissenschaft basiert wesentlich auf dem bei den Forschungsarbeiten wirksamen Erkennen von Ähnlichkeit und Unterschied. Das menschliche Denkvermögen führt von Beobachtungen von Naturerscheinungen und Experimenten mit Hilfe von Begriffsbildungen und Festlegen von Einheiten zu allgemein gültigen physikalischen Gesetzen, indem man in den augenscheinlich auftretenden Unterschieden die erkannten Ähnlichkeiten gesetzmäßig formuliert. Die so gewonnenen physikalischen Gesetze sind das Fundament für alle technischen Wissenschaften und deren Fortschritt. Untersuchungen der Ähnlichkeit durch Analogiebetrachtungen und Schaffung von Modellen und Rechenanlagen sind der Schlüssel des Wissenschaftlers, um komplexe Systeme zu analysieren und Veränderungen vorauszubestimmen und damit Probleme zu lösen sowie daraus wiederum neue Probleme zu gestalten. Durch Gedankenassoziation im Zusammenhang mit dem Erkennen von Ähnlichkeiten auf grundsätzlich verschiedenen Gebieten werden Erfindungen gemacht. Aber nicht nur das Herausarbeiten der Ähnlichkeiten, sondern auch die Gegenüberstellung von Unterschieden führt zu neuen Erkenntnissen, zur Aufstellung neuer physikalischer Gesetze, die den technischen Fortschritt entscheidend befruchten.

Über die Begriffsbildung der Ähnlichkeit und Ähnlichkeitsoperationen beim Vorwärtsdrängen der Wissenschaften sind viele Veröffentlichungen erschienen, von denen hier nur ein kleiner Teil herausgestellt werden kann. Galilei führte den Begriff bei einfachen Gebilden ein und Newton stellte das Ähnlichkeitsprinzip auf. Die Tatsache, daß geometrische Ähnlichkeit nicht notwendig die Ähnlichkeit der physikalischen Eigenschaften einschließt, veranlaßte nicht nur Physiker, sondern auch Biologen zu entsprechenden Untersuchungen. Rayleigh wurde durch mannigfaltige Anwendung des Ähnlichkeitsprinzips zu wesentlichen Ergebnissen bei der Ableitung von Beziehungen zwischen physikalischen Größen geführt. Theoretische Grundlagen für die Modellbildung schufen Buckingham, Tolman, Brigdman und Groat, um nur einige Namen zu nennen. Besonders hervorgehoben zu werden verdient ein Beitrag von Weber: Das allgemeine Ähnlichkeitsprinzip der Physik und sein Zusammenhang mit der Dimensionslehre und der Modellwissenschaft.[1])

Wohl am bekanntesten ist das speziell für die Hydrodynamik von Reynolds geformte Ähnlichkeitsprinzip: Zwei geometrisch ähnliche Körper haben unter

[1]) Jahrbuch der Schiffsbautechnischen Gesellschaft, Springer-Verlag, Berlin 1930.

sonst gleichen Bedingungen gleiche Widerstandskoeffizienten, wenn sich die Geschwindigkeiten umgekehrt wie irgend zwei einander entsprechende lineare Abmessungen der beiden Widerstandskörper verhalten. Die Entwicklung der Theorie der Elektrizität und des Magnetismus enthält viele Beispiele, wo Erkenntnisse eines Gebietes unter Anwendung des Ähnlichkeitsprinzips auf das andere erfolgreich übertragen wurden. Die Arbeiten von MAXWELL und anderen über das elektromagnetische Feld gaben Anlaß zu ähnlichen Veröffentlichungen über Schwingungen elastischer Körper. FOURIERS Untersuchungen der Wärmeleitung übertrugen OHM und KELVIN auf Probleme bei elektrischen Stromkreisen. Heute werden Wärmeprobleme mittels der elektrischen Analogie gelöst. PUPIN baute auf mechanischen Erkenntnissen sein Studium langer Übertragungsleitungen auf und gelangte zur Vorstellung der belasteten Spule in Analogie zu an einem Seil hängenden Massen. Arbeiten von HELMHOLTZ über Akustik lagen seinen Untersuchungen von Resonanzen und harmonischen Verzerrungen in elektrischen Stromkreisen zugrunde. Auch in der reinen Mathematik spielen Analogiebetrachtungen eine bedeutsame Rolle beim Vorstoß ins Neuland. Hierüber berichtet POLYA in der Arbeit „Mathematics and Plausible Reasoning“ (Princ. Univ. Press 1954).

Zur tiefergehenden Behandlung des allgemeinen Ähnlichkeitsprinzips in Wissenschaft und Technik seien folgende Definitionen nach R. W. JONES[1]) gegeben:

a) Zwei Systeme sind homolog, wenn es zu jedem Element des einen ein korrespondierendes Element im anderen System gibt.

b) Zwei Systeme sind analog, wenn sie durch die gleichen analytischen Beziehungen (abgesehen von Umrechnungsfaktoren) charakterisiert sind.

c) Ein Modell ist ein System, das gewisse charakteristische Merkmale der Ähnlichkeit mit dem Prototyp hat. Ein wahres Modell ist homolog und analog gegenüber dem Prototyp.

Der Biologe bezeichnet Organe als homolog, wenn sie den gleichen entwicklungsgeschichtlichen Ursprung haben, oft aber von verschiedener Gestalt und meist sehr unterschiedlicher Funktion sind (z. B. Vogelflügel und Arm des Menschen; oder Schwimmblase der Fische und Lungen der Landwirbeltiere) und als analog, wenn sie die gleiche Funktion ausüben, aber entwicklungsgeschichtlich verschiedenen Ursprungs sind, beispielsweise die Kiemen der Muscheln und Fische oder die durch Anpassung an ähnliche Umweltsbedingungen durch gleiche Lebenstätigkeit entstandenen Flügel bei Insekten und Vögeln. In der Chemie ist eine Reihe chemischer Verbindungen homolog, wenn sich deren einzelne Glieder bei gleicher Struktur in ihrem Molekülaufbau um je eine bestimmte Atomgruppe unterscheiden, z. B. CH_4 (Methan), C_2H_6 (Äthan), C_3H_8 (Propan) usw. um CH_2. Übersetzungen aus dem Griechischen wie Homologie = Übereinstimmung, gleiche Gesetzlichkeit, und Analogie = Übereinstimmung, Gleichartigkeit, Ähnlichkeit sind nicht eindeutig und exakt. Modelle physikalischer Systeme bilden das Fundament für die Erweiterung des physikalischen Weltbildes und technische

[1]) Vortrag auf der Fachtagung Regelungstechnik Heidelberg 1956.

Neuentwicklungen. Mit ihrer Hilfe gelangt man zu für den Prototyp bedeutsamen Informationen. Es ist grundsätzlich auch möglich, wahre Modelle, aufgebaut auf den Prinzipien der Dimensionsanalysis und der Ähnlichkeit, zu konstruieren, wenn eine vollständige mathematische Formulierung des Prototyps unmöglich ist.

Einem unähnlichen Modell liegt gegenüber dem Prototyp eine vollständig unterschiedliche physikalische Wirkungsweise zugrunde. Mit seiner Hilfe gelangt man zu dem gesteckten Untersuchungsziel, wenn die beiden differenten physikalischen Systeme die gleiche mathematische Formulierung besitzen. Prototyp und Modell sind in diesem Fall analog. Der elektrolytische Trog als Analogon für elektrische, magnetische, Gravitations- und Strömungsfelder einschließlich Impedanz-Funktionen, auch die mechanisch-elektrische Analogie für akustische Probleme, z. B. bei der Untersuchung elektroakustischer Wandler, sind wohlbekannte Beispiele aus der Physik und Technik.

Auch der Analogrechner hat diese Charakteristik, jedoch zeichnet ihn seine Anpassungsfähigkeit derart aus, daß man die Analogie auf fast homologer Basis gestalten kann, d. h. dieselben Gleichungen bzw. dasselbe Gleichungssystem nachbilden und lösen kann. Dadurch, daß außerdem das Gleichungssystem des Prototyps auf verschiedene Art transformiert werden kann, wobei jede Transformation unterschiedlichen Analogiedarstellungen bei Erhaltung der prototypen Funktion entspricht, wird die Variabilität der als Modell arbeitenden Analogieanlagen weiterhin vergrößert.

Obwohl Analogien und Modelle in erster Linie der Analyse physikalischer Vorgänge und der Entwicklung technischer Konstruktionen dienen, darf nicht unerwähnt bleiben, daß mit ihrer Hilfe auch neue wissenschaftliche Konzeptionen entstehen. Die Geschichte der Wissenschaften zeigt, daß viele experimentelle und theoretische Weiterentwicklungen das Ergebnis eines Erkennens ähnlicher Begriffe und der Gesetzmäßigkeiten zwischen ihnen auf gänzlich anderen Gebieten sind. Auch wenn das Ergebnis der analogen Betrachtung nicht immer in seiner Gesamtheit treffend bzw. richtig ist, so wurde doch dadurch die Lösung des Problems näher gebracht.

B. Analogien und Modelle der Physik

Im folgenden soll auf einige Analogien und Modellvorstellungen der Physik eingegangen werden, die dem Fortschritt bedeutungsvolle Impulse erteilten. Wir wissen heute, daß die Natur nicht, wie man früher annahm, rein mechanisch-anschaulich vollkommen verstanden werden kann. Die elektrischen und optischen Erscheinungen sind nicht mechanischer Art. Es liegt aber in der Natur des Menschen beim Forschen mit dem Ziel weiterer Erkenntnis, sich eines vorstellbaren, mechanischen Modells der nichtmechanischen Vorgänge zu bedienen, das mit den in Frage stehenden Erscheinungen im Grunde sehr wenig zu tun hat. Es ist ein unentbehrliches gedankliches Hilfsmittel und erfüllt seinen Zweck nur dadurch, daß sein Verhalten durch dieselben Gleichungen beschrieben wird. In der Optik ist die Physik zum ersten Male vor die Tatsache gestellt worden, daß ein einziges Modell keineswegs zur Deutung eines Erscheinungsbereiches genügt, sondern daß man hierfür zwei völlig verschiedene Modelle benötigt, die elektromagnetische Welle und das Korpuskel (Photon). Das erste Modell ist sinnvoll für die Beschreibung von Lichtausbreitungsvorgängen, das zweite für die Deutung der Lichtentstehung und der Wechselwirkungen des Lichtes mit den Atomen und Molekülen. Beide Modelle stehen gleichberechtigt nebeneinander.

Auch die Eigenschaften des Atoms und des Atomkerns lassen sich nur vollständig erfassen, wenn man sich gleichzeitig mehrerer, grundsätzlich verschiedenartiger Modelle bedient. Kernmodelle sind auf Grund verhältnismäßig grober geometrischer Anschauungen entwickelt worden, wobei sich die Autoren darüber klar waren, daß sie damit nicht ein in allen Punkten getreues Bild der Wirklichkeit gezeichnet hatten. Trotzdem haben diese Modelle, insbesondere das von WEFELMAIER entwickelte, wertvolle Beiträge zur Aufklärung der Systematik der Atomkerne und zur Vorhersage von Eigenschaften noch unbekannter Atomkerne gegeben. Die beachtlichen Erfolge des WEFELMAIER-Modells beruhen darauf, daß gerade gewisse interessierende Eigenschaften der Kernbausteine richtig auf ein einfaches, geometrisches System als deren Modell abgebildet werden.

Anfang des 19. Jahrhunderts wandte HAMILTON seine Aufmerksamkeit der bemerkenswerten Analogie zwischen der NEWTONschen Mechanik und der geometrischen Optik zu. Die Grundgesetze beider Gebiete lassen sich in einer mathematisch identischen Form darstellen. Das bedeutet, daß man ebenso wie die Bewegung eines materiellen Punktes in einem Feld mit dem Potential $V(x, y, z)$ auch die Ausbreitung von Lichtstrahlen in einem optisch inhomogenen Medium mit dem entsprechend gewählten Brechungsindex $\mu(x, y, z)$ betrachten kann. Indem DE BROGLIE zeigte, daß materiellen Punkten neben den korpuskularen Eigenschaften auch Wellencharakter zuzuschreiben ist, stellte er der Wellenoptik eine Wellenmechanik gegenüber, die auch auf interatomare Vorgänge anwendbar ist. Damit war die HAMILTONsche Analogie auf die beiden Gesamtgebiete Mechanik und Optik erweitert. Analogiebetrachtungen führten hierbei in den letzten Jahrzehnten zu wechselseitiger Befruchtung und erteilten der Physik einen beachtlichen Entwicklungsimpuls. Die Wellen- und Quantenmechanik hat in der modernen Physik das Ziel, die Gesamtheit aller prinzipiell beobachtbaren Erscheinungen richtig und vollständig zu beschreiben, so wie dieses vor HEISENBERG schon KIRCHHOFF als das einzige Ziel der Physik hinstellte. Die hierfür benutzten Modelle, in denen früher als Wesentliches eine „Erklärung" der Naturerscheinungen gesehen wurde, bilden nur ein zwar unentbehrliches, aber durch keinerlei Erklärungswert ausgezeichnetes Hilfsmittel zur Lösung neuer physikalischer Probleme.

Aus dem Vorangegangenen ist ersichtlich, daß die Schaffung geeigneter Modelle den ersten Schritt zur Begründung einer wissenschaftlichen Theorie darstellt, die von Begriffsdefinitionen zu Gesetzen führt. Die Entwicklung der theoretischen Biologie zeigt, daß infolge Fehlens eines Modells nur geringe Fortschritte zu verzeichnen waren, bis Rafferty 1950 mit seinen mathematischen Modellen, derer sich heute viele Biologen bedienen, einen beachtlichen Durchbruch erzielte.

Im folgenden soll nunmehr erläutert werden, wie die Transformationen und die Abbildung der prototypen Vorgänge im Modell durchgeführt werden: Die Vorbereitung des beim Prototyp zu untersuchenden Problems für die Analogieabbildung — die Programmierung — ist die Abstimmung der Objekte des Prototyps mit denen des Modells. Hierbei wird die Transformationsregel definiert, nach der die eine in die andere Objektart umgewandelt wird. Die interessierenden Objekte können beispielsweise bei einem Regelkreis, in welchem eine bestimmte Anzahl von Regelelementen in vorgeschriebener Gesetzmäßigkeit zusammenwirkt, abhängige veränderliche Größen, die Knotenpunkte des Netzwerkes oder auch die wechselseitigen Beziehungen zwischen diesen Variablen sein. Auf einige Wege der Analogie- bzw. Abbildungsmethode für das Studium ähnlicher Systeme sei nunmehr eingegangen.

Eine Theorie für ein Netzwerk wurde von C. G. Hempel veröffentlicht. Bei ihr stellen die Knoten Begriffe der Theorie und deren Verbindungen Hypothesen und Definitionen dar. Das Netzwerk ist über die Beobachtungsebene gespannt und mit ihr durch Leinen, die selbst nicht zur Theorie gehören, verbunden. Sie stellen den Konnex zwischen bestimmten Punkten der Theorie und der Beobachtungsebene dar.

Für die Begriffsbildung in einer Erfahrungswissenschaft geht man von bestimmten beobachteten Fakten der Beobachtungsebene aus, von dort längs einer Verbindungsleine zum theoretischen Netzwerk. Von dem erreichten Knotenpunkt aus gelangt man nun auf den Wegen der Netzfäden zu anderen Punkten des Netzwerkes und kehrt schließlich von hier aus über andere Verbindungsleinen wieder zur Beobachtungsebene zurück. Hierbei haben die Verzweigungen des Netzes keine unmittelbare Korrespondenz mit der Beobachtungsebene, während die analoge Zuordnung von Punkten der Beobachtung mit Knoten der Theorie Anspruch auf Vollständigkeit erheben muß.

Das theoretische Hempel-Netzwerk ist also ein Modell der Theorie und ihrer Anwendung, die Theorie selbst eine Abstraktion.

Bei der technischen Entwicklung und Konstruktion eines physikalischen Systems wendet man notwendigerweise bekannte Prinzipien an. Deren Analyse kann mittels eines Analogieprozesses durchgeführt werden. Hierzu wird das System durch ein sogenanntes Wirkschaltbild, ein Blockschaltbild oder einen Koppelplan mit den analytischen Beziehungen zwischen den wirksamen veränderlichen physikalischen Größen zeichnerisch dargestellt. Dieses Schema ist eine Abbildung der Knoten und Zweige des prototypen physikalischen Systems und ist homolog, wenn jedem Element des Ursystems ein korrespondierendes dieser Darstellung zugeordnet wird.

Bei der Schaffung eines Modells, für das eine komplette mathematische Formulierung nicht vorliegt, kann trotzdem die Transformation vom Prototyp aufs Modell vollständig sein, wenn nämlich alle physikalischen Punkte mit den Eigenschaften aller Teile abgebildet werden. Die geometrische Abbildung aller Punkte erfordert, daß ein bestimmtes Übertragungsmaß bzw. -faktor festgehalten wird. Werden mehrere Übertragungsfaktoren nebeneinander benutzt, dann erhält man ein verzerrtes Modell. Eine Verzerrung ist dann bedingt, wenn beim Modell nicht die gleichen Bauelemente verwendet werden, wie sie im Prototyp enthalten sind.

Eine zweite Methode, die physikalischen Eigenschaften bei der modellmäßigen Abbildung zu erhalten, ist die Darstellung der analytischen Beziehungen. Sie liegt den Analogie- und Ziffernrechenmaschinen zugrunde. Bei der Übertragung eines physikalischen Systems auf derartige Maschinen kann man so vorgehen, daß man sämtliche Koeffizienten und abhängigen Variablen des vollständigen, unveränderten Gleichungssystems abbildet oder indem man die Gleichungen des Prototyps mathematisch in solche umformt, die dem Modell besser angepaßt sind. Auch im letzteren Fall wird die Wirkung des Originalsystems qualitativ und quantitativ von Eingang bis Ausgang exakt erfaßt. Die Abbildung kann kontinuierlich oder diskret, d. h. schrittweise, erfolgen, je nachdem, ob man ein geometrisches Modell des Prototyps verwendet, bei dem alle Punkte des Originals ihre zugeordneten Abbildungspartner haben, oder ob nur eine begrenzte Punktauswahl des Prototyps der Modellübertragung unterworfen wird. Wird die Originalfunktion für die Übertragung auf eine Analogieanlage vorher mathematisch umgeformt — wie es aus Gründen der Zweckmäßigkeit häufig geschieht —, dann kann die Übereinstimmung nur hinsichtlich Eingangs- und Ausgangsveränderlichen gewahrt sein, während alle zwischenliegenden Korrespondenzen verloren gehen können. Bei der Analogieabbildung eines dynamischen Linearsystems ist wichtig, daß die jeweiligen Pole und Nullstellen erhalten bleiben, ausgenommen bei einer durch die Zeitskala des Analogrechners bedingten Umformung in Polarkoordinaten. Während die Pole und Nullstellen eines Temperaturregelungssystems, das normalerweise große Zeitkonstanten besitzt, relativ dicht am Anfang liegen, können diese bei einem schnell arbeitenden elektronischen Kreis weiter entfernt sein.

In beiden Fällen kann die Zeitskalenänderung erforderlich sein, um der Analogieanlage eine Reihe Nullstellen und Pole zu übergeben, die sowohl mit ihren eigenen Grenzen als auch mit denen des Rechners übereinstimmt. Auch ein Wechsel der Skala der abhängigen Veränderlichen erweist sich häufig als notwendig, ebenso die Anwendung mehrerer unterschiedlicher Skalen. Reswick zeigte, daß beide Typen der Skalenwechsel sich als zeichnerische Transformation zwischen Blockschaltbildern erfassen lassen.

Im allgemeineren Sinn haben zwei physikalische Systeme dann ähnliche dynamische Charakteristiken, wenn ihre Kennlinien ähnlich sind und aufeinander abgebildet werden können. Beim Beginn mit korrespondierenden Anfangsbedingungen müssen zwei aufeinander abgebildete Systemstellen in proportionalen Zeiten ähnliche Endstadien erreichen, wobei die Zahl und Art der Singularitäten natürlich erhalten bleiben muß.

Bei einem wahren Modell werden sämtliche geometrischen und physikalischen Eigenschaften des Prototyps abgebildet, das Verhalten beider stimmt dann exakt überein. Hierbei braucht nicht die vollständige mathematische Formulierung bekannt zu sein. Im Gegensatz hierzu bildet der Analogrechner — wie bereits bemerkt — häufig nur zwei Punkte des Originalsystems ab, nämlich die Eingangs- und die Ausgangsvariablen. Es ist ersichtlich, daß der Grad und die Vollständigkeit der Abbildung desto größer sind, je mehr sich das Modell praktisch einer Kopie des Prototyps nähert. Dann ist aber allgemein ein schöpferischer Wert für das Erkennen des Neuen kaum noch wirksam. Grad und Vollständigkeit der modellmäßigen Abbildung stehen gewissermaßen im umgekehrten Verhältnis zur Vollständigkeit der mathematischen Formulierung. Je besser die mathematische Erfassung eines Problems möglich ist, desto größeren Nutzeffekt haben Analogien und Modelle, eine desto größere Beschleunigung erfährt die Entwicklung jeder Naturwissenschaft und der Technik. Ist eine Analogienachbildung nur unvollständig und skizzenhaft möglich, dann ist der Impuls für eine Gedankenassoziation desto größer. Bei der Untersuchung eines wahren Modells ergibt sich relativ wenig bzw. keine neue Erkenntnis, wohingegen die für Analogierechenmaschinen erforderlichen Transformationen zu konstruktiven Vorschlägen für die Verbesserung des Originalsystems führen können. Auf jeden Fall sind unvollständige Analogien und nichtähnliche Modelle imstande, Fragen aufzuwerfen, die zwar nicht unmittelbar Hilfe geben können, aber das Verständnis der Vorgänge des Prototyps fördern.

Nach diesem allgemeinen Überblick über Analogien und Modelle werden im folgenden einige für die Technik interessante Beispiele einer Betrachtung unterzogen.

C. Beispiele der Lösungsvereinfachung bei Problemen der angewandten Physik und Technik durch Analogiediskussionen

1. Analogien zwischen statischen und elektrischen Relationen

Betrachtet man eine einseitig im Punkt Z gespeiste elektrische Verteilungsleitung mit mehreren Verzweigungen I, II, III, . . . , in denen die Ströme J_1, J_2, J_3, . . . abgenommen werden, so wird der Betrag des Spannungsverlustes auf der gesamten Leitung

$$\Delta U = J_1 R_1 + J_2 (R_1 + R_2) + J_3 (R_1 + R_2 + R_3) + \cdots.$$

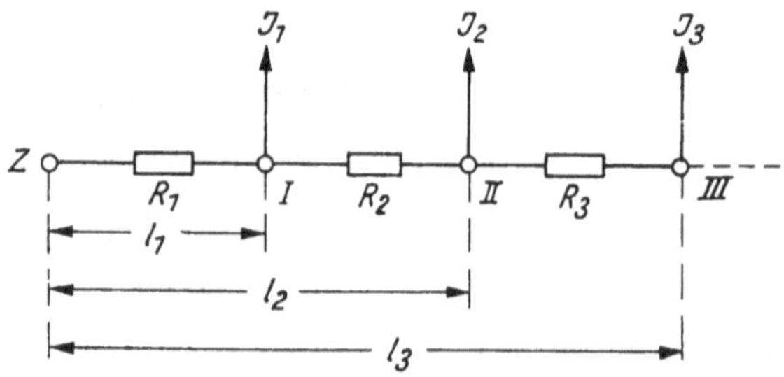

Abb. 1. Einseitig gespeistes Verteilernetz

Hat die Leitung einen durchgehend gleichen Querschnitt A, so wird gemäß Abb. 1

$$R_1 = \frac{2\,l_1}{\varkappa \cdot A}\,; \qquad R_1 + R_2 = \frac{2\,l_2}{\varkappa \cdot A}\,; \quad \ldots,$$

wobei die Hin- und Rückleitung berücksichtigt ist.

Damit wird der Spannungsabfall

$$\Delta U = \frac{2}{\varkappa \cdot A}\,(J_1\,l_1 + J_2\,l_2 + J_3\,l_3 + \ldots)\,,$$

woraus sich der Leitungsquerschnitt ergibt:

$$A = \frac{2}{\varkappa\,\Delta U}\sum_1^n J_k\,l_k\,.$$

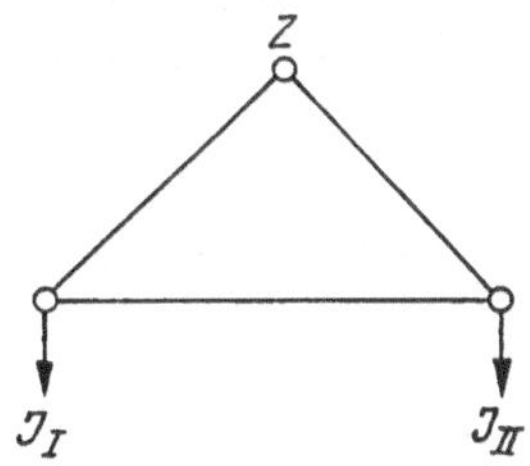

Abb. 2. Ringnetz mit 2 Speisepunkten, Speise- und Ausgleichsleitungen

Der Ausdruck $\Sigma\,J_k\,l_k$ ist die „Strommomentensumme" in bezug auf den Einspeisepunkt.

Bei einem geschlossenen Ringnetz kann die Berechnung entsprechend durchgeführt werden, wobei man sich das Ringnetz (Abb. 2) im Zentralspeisepunkt Z aufgeschnitten denkt und dadurch dann eine zweiseitig gespeiste Leitung erhält. Die von den beiden Speisepunkten gelieferten Ströme bei n Verzweigungspunkten (Abb. 3) ergeben sich zu

$$J_A = \frac{\Sigma\,J_k\,l_k}{l_0} \quad \text{und} \quad J_B = \frac{\Sigma\,J_k\,l_k}{l_0}\,,$$

wobei die Strommomentensumme stets auf das gegenüberliegende Leitungsende bezogen ist. Es gilt

$$J_A + J_B = \Sigma\,J_k\,.$$

Sind J_A und J_B bekannt, so liegt die Stromverteilung fest, und es läßt sich leicht

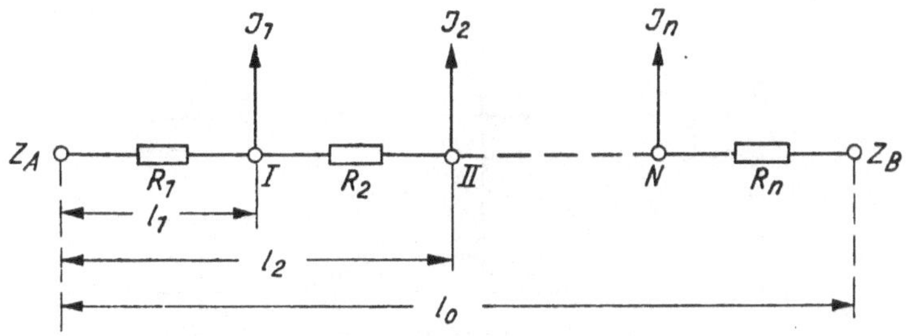

Abb. 3. Zweiseitig gespeistes Verteilernetz

der „Schwerpunkt der Leitung" bestimmen, der von beiden Einspeiseseiten Strom geliefert erhält. Die Stromverteilung ändert sich nicht, wenn man die Leitung im Schwerpunkt trennt und man erhält dann wiederum einseitig gespeiste Leitungen, deren Querschnitt man wie oben ermitteln kann.

Eine Analogie hierzu ist der einseitig eingespannte Balken bzw. der Balken auf 2 Stützen. Analoge Größen hierbei sind:

Strom J	und	Kraft F,
Widerstand R	und	Hebelarm l,
Spannungsabfall ΔU	und	Moment $M = l \cdot F$.

Aus Abb. 4 ist ersichtlich, daß das Einspannmoment

$$M_E = M_1 + M_2 + M_3 + \ldots = F_1 l_1 + F_2 (l_1 + l_2) + F_3 (l_1 + l_2 + l_3) + \cdots$$

beträgt, wobei F_k die angreifenden Kräfte darstellen.

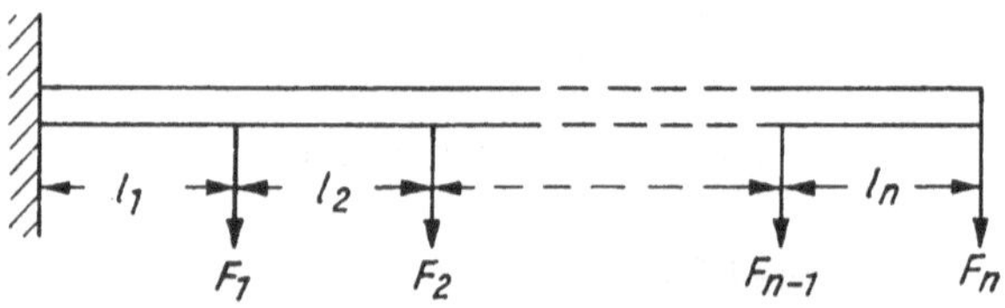

Abb. 4. Einseitig eingespannter, mehrfach belasteter Balken

Somit sind das einseitig gespeiste Verteilernetz und der einseitig eingespannte, mit mehreren Kräften an verschiedenen Stellen belastete Balken analog, jedes von beiden ist das Modell des anderen Systems.

Für den Balken auf 2 Stützen (Abb. 5) gelten die Beziehungen

$$F_A = \frac{\sum l_k \cdot F_k}{l_0} \quad \text{und} \quad F_B = \sum F_k - F_A \,.$$

Der Querkraftverlauf entspricht hierbei dem Stromverlauf des zweiseitig gespeisten Verteilernetzes.

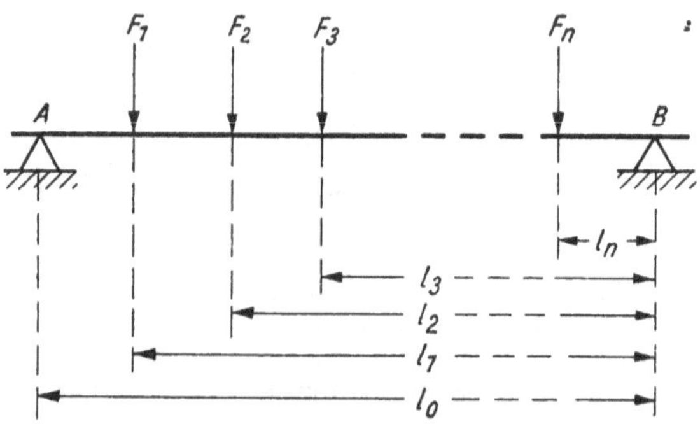

Abb. 5. Balken auf 2 Stützen

Schließlich besteht auch eine Analogie zwischen einer wandernden Stromentnahme längs einer Leitung, z. B. bei der elektrischen Straßenbahn, unter der Voraussetzung, daß zwischen den Einspeisepunkten kein Spannungsunterschied existiert, und einer auf einem Balken wandernden Einzellast. Das eine System ist Modell des anderen und zwar wechselseitig.

2. Die Analogie Hebel-Transformator

Während ein Hebel Kräfte und Geschwindigkeiten übersetzt, formt ein Transformator Stromstärken und Spannungen um. Analoge Größen hierbei sind:

Elektr. Spannung u	und	Geschwindigkeit v,
Elektr. Stromstärke i	und	Kraft F,
Windungszahl w	und	Hebellänge l,
Amperewindungszahl $i\,w$	und	Drehmoment M.

Die Übersetzung des Hebels $\ddot{U}$ beträgt $\frac{v_1}{v_2} = \frac{F_2}{F_1} = \frac{l_1}{l_2}$, die des Transformators $\ddot{U} = \frac{u_1}{u_2} = \frac{i_2}{i_1} = \frac{w_1}{w_2}$.

Man erkennt die Übereinstimmung der Gesetzmäßigkeiten für Hebel, Transformator und dessen Ersatzschaltbild mit ohmschen Widerständen R und Induktivitäten L bzw. der Gegeninduktivität M (Abb. 6). Beim Transformator fließen die Ströme auf der Primär- und Sekundärseite in verschiedenen Richtungen, auch beim Hebel sind die Kräfte gegeneinander wirksam:

$$i_1 w_1 = -i_2 w_2 ; \quad M_1 = l_1 F_1 = -l_2 F_2 = -M_2 .$$

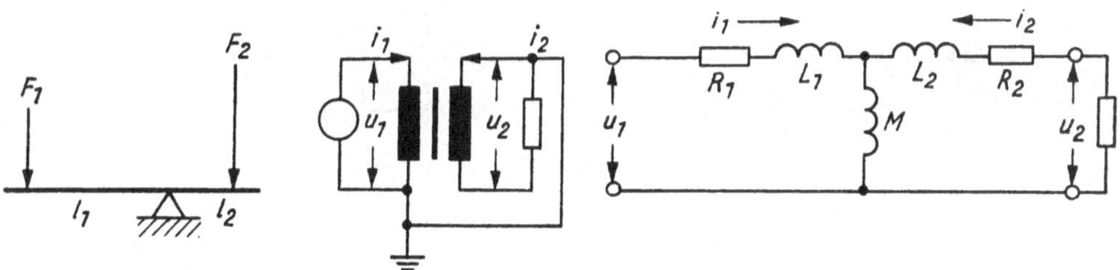

Abb. 6. Analogie Hebel-Transformator

3. Analogien bei mechanischen und elektrischen Schwingungen

Bevor die Analogien der Schwingungslehre behandelt werden, sei auf die Ähnlichkeiten der elektrischen und mechanischen Schaltbilder und deren mathematische Formulierungen hingewiesen (Abb. 7).

In den in Abb. 7 dargestellten Schaltbildern und Gleichungen haben (1) und (6), (2) und (5), (3) und (4), (7) und (12), (8) und (11) sowie (9) und (10) gleichen Inhalt. (1), (4), (7) und (10), ebenso (2), (5), (8) und (11) sowie (3), (6), (9) und (12) haben denselben Aufbau, d. h. diese Gruppen stellen analoge Systeme dar.

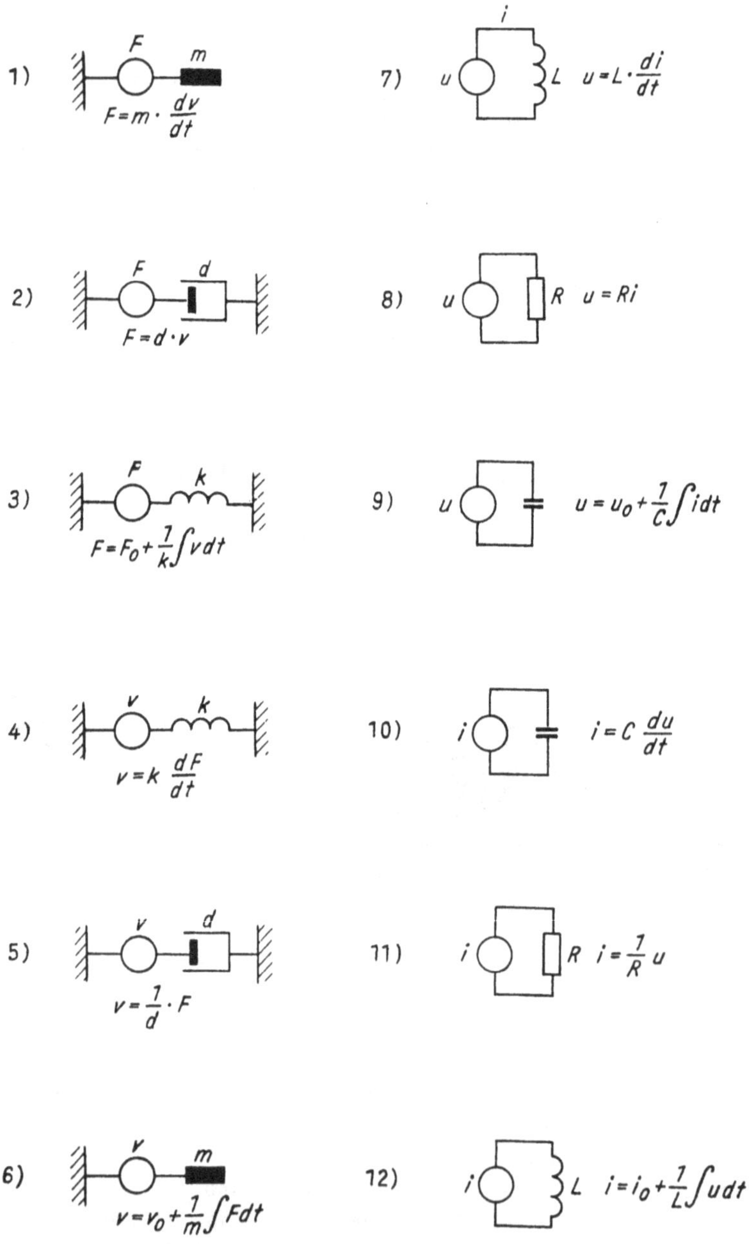

Abb. 7. Analogie mechanischer und elektrischer Schaltbilder

Hierin treten folgende analoge physikalische Größen in Erscheinung:

1. System		2. System		3. System		4. System	
Geschwindigkeit	v	Kraft	F	Stromstärke	i	Spannung	u
Masse	m	Elastizität	k	Induktivität	L	Kapazität	C
Kraft	F	Geschwindigkeit	v	Spannung	u	Stromstärke	i
Elastizität	k	Masse	m	Kapazität	C	Induktivität	L
Dämpfung	d	Rezipr. Dämpfung	$1/d$	Widerstand	R	Leitfähigkeit	G

In jeder Zeile stehen die in den mechanischen und elektrischen Systemen analogen Begriffe.

Kräftekreisbilder der Mechanik entsprechen den *Stromkreisbildern* der Elektrik. Bei mechanischen Systemen bilden die Zug- bzw. Drucklinien, bei elektrischen Systemen die elektrischen Feldlinien geschlossene Kreise.

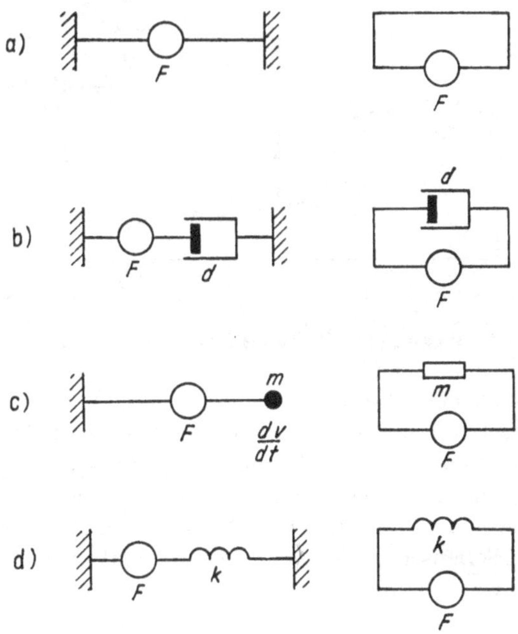

Abb. 8. Kräftekreisbilder einfacher mechanischer Systeme

Abb. 8 zeigt vier Kräftekreisbilder der daneben dargestellten elementaren Systeme: a) Kraftquelle zwischen zwei festen Punkten (die Kraftquelle ist in diesem Fall kurzgeschlossen), b) Kraftquelle und Reibungswiderstand, c) Kraftquelle mit beschleunigter Masse und d) Kraftquelle mit Nachgiebigkeit (Feder). Hinsichtlich des Kraftflusses nimmt die Masse insofern eine Sonderstellung ein, als die die Hemmung durch Trägheit darstellende, in der Abb. 8 nicht gezeichnete

Spannungslinie zwischen einem relativ zum Beobachter ruhenden Punkt und dem Punkt, an dem sich die Masse befindet, verläuft. Die Masse ist also in Kräftekreisbildern stets zwischen einen relativ zum Beobachter beweglichen und einen ruhenden Punkt des Gebildes geschaltet. Für die Kräftekreisdarstellung eines mechanischen Vorganges gilt folgendes: Die Verbindung der mechanischen Elemente bleibt erhalten, die Masse schaltet man stets zwischen den ihr und der mechanischen

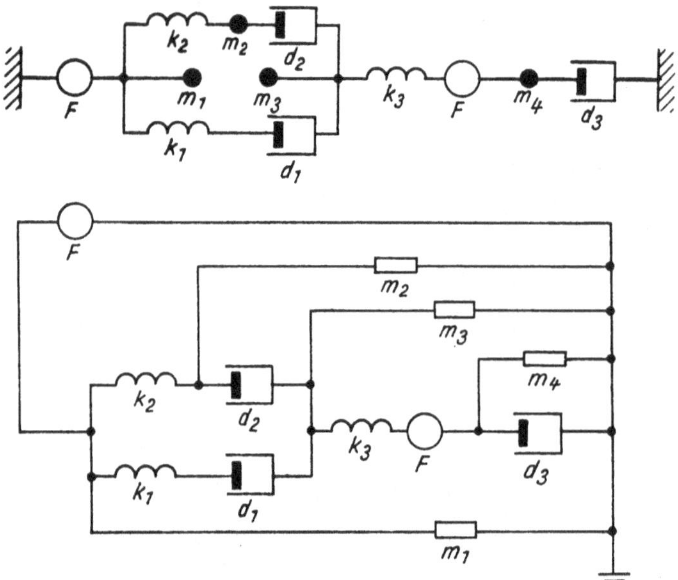

Abb. 9. Masse-Feder-Reibungs-System und Kräftekreisbild

Anordnung zukommenden und den ruhenden Punkt. Alle ruhenden Punkte werden im Kräftekreisbild unmittelbar verbunden. Die Anwendung dieser Regel ist aus einem in Abb. 9 dargestellten Masse-Feder-Reibungs-Beispiel ersichtlich.

Die Analogien zwischen mechanischen und elektrischen Parallel- und Serienkreisschwingungen veranschaulicht Abb. 10. I und II sind hierbei Parallelschwingkreise, III und IV Serienschwingkreise. Die mathematischen Formulierungen der vier Systeme lauten:

I) $$m\frac{dv}{dt} + d \cdot v + \frac{1}{k}\int v\,dt = F(t)$$ [Mech. Parallelschaltung]

II) $$C \cdot \frac{du}{dt} + \frac{1}{R} \cdot u + \frac{1}{L}\int u\,dt = i(t)$$ [Elektr. Parallelschaltung]

III) $$k\frac{dF}{dt} + \frac{1}{d}F + \frac{1}{m}\int F\,dt = v(t)$$ [Mech. Serienschaltung]

IV) $$L\frac{di}{dt} + R \cdot i + \frac{1}{C}\int i\,dt = u(t)$$ [Elektr. Serienschaltung]

Technische Bedeutung haben diese Analogien und die daraus geschaffenen Modelle vor allem für die elektroakustischen Wandler.

Zusammenfassend wurde festgestellt, daß zwischen elektrischen Netzwerken und bestimmten mechanischen Systemen analoge Relationen vorhanden sind. Der grundsätzliche Unterschied liegt darin, daß bei mechanischen Bewegungen 6 Freiheitsgrade (3 translatorische und 3 rotorische) in Erscheinung treten können,

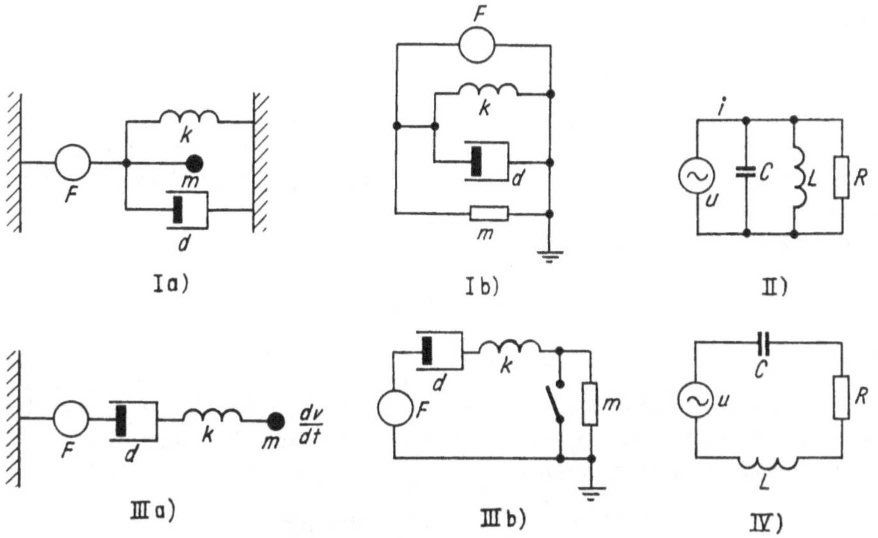

Abb. 10. Parallel- und Serienkreisschwingungen

während bei elektrischen Netzwerken die Bewegung der Ladungsträger stets nur eindimensional erfolgt. Bei letzteren existieren nur wenige Variationen der Zusammenschaltung einzelner Schaltelemente, nämlich die Parallel-, Serien- und Kreuzschaltung. Daher ist es bei elektrischen Gebilden auch unmöglich, lineare Elemente zu nichtlinearen Netzwerken zusammenzuschalten. Mechanische Systeme unterliegen dieser Einschränkung nicht. Das bedeutet, daß jedem elektrischen Netzwerk-Prototyp ein mechanisches Modell zugeordnet werden kann, umgekehrt jedoch nur beschränkt.

4. Analogien zwischen Strömungsfeldern der Mechanik der Kontinua und der Elektrodynamik

Die Bewegungsgleichung einer Flüssigkeit mit innerer Reibung lautet

$$\varrho \cdot \frac{d\mathfrak{v}}{dt} = \mathfrak{f} - \operatorname{grad} p + \eta\left(\Delta\mathfrak{v} + \frac{1}{3}\operatorname{grad}\operatorname{div}\mathfrak{v}\right).$$

Weiterhin gelten die Kontinuitätsgleichung

$$\frac{d\varrho}{dt} + \varrho \cdot \operatorname{div}\mathfrak{v} = 0$$

und die Materialgleichung

$$p = p(\varrho)\,.$$

Hierbei bedeuten: ϱ = Massendichte, $\mathfrak{v}$ = Strömungsgeschwindigkeit, $\mathfrak{f}$ = räumliche Kraftdichte, p = Druck und η = Reibungskoeffizient. Das Geschwindigkeitspotential Φ ist definiert durch

$$\mathfrak{v} = \operatorname{grad} \Phi\,.$$

Dann gilt

$$\varrho \frac{\partial \Phi}{\partial t} + \varphi + p + \frac{\varrho}{2} \operatorname{grad}^2 \Phi = \text{const}$$

und $\Delta\Phi = 0$, falls $\eta = 0$, $\operatorname{rot} \mathfrak{v} = 0$, $\operatorname{div} \mathfrak{v} = 0$ und $\operatorname{grad} \varrho = 0$ ist. Auf die Lösung dieser Differentialgleichung mit Berücksichtigung der durch die Begrenzung der Strömung gegebenen Randbedingungen laufen die meisten Probleme der Hydrodynamik hinaus.

Für kleine Geschwindigkeiten erhält man

$$\varrho \cdot \frac{\partial \mathfrak{v}}{\partial t} = \mathfrak{f} - \operatorname{grad} p + \eta\, \Delta \mathfrak{v}$$

bzw.

$$\eta\, \Delta \mathfrak{v} = \operatorname{grad} p - \mathfrak{f}\,.$$

Die Analogie zwischen Hydrodynamik und Elektrodynamik besteht nur dann, wenn die Flüssigkeit reibungsfrei, inkompressibel sowie homogen und die Strömung wirbelfrei ist, d. h. wenn

$$\eta = 0, \quad \operatorname{div} \mathfrak{v} = 0, \quad \operatorname{grad} \varrho = 0$$

und

$$\operatorname{rot} \mathfrak{v} = 0 \text{ sind.}$$

In diesem Fall gilt für die Strömungslehre und die Elektrizitätslehre die gleiche Grundgleichung der Potentialtheorie, die LAPLACEsche Differentialgleichung

$$\Delta\Phi = \operatorname{div} \operatorname{grad} \Phi = \frac{\partial^2 \Phi}{\partial x^2} + \frac{\partial^2 \Phi}{\partial y^2} + \frac{\partial^2 \Phi}{\partial z^2} = 0.$$

Sie ist die Potentialgleichung für das raumladungsfreie Feld.

Ist $\operatorname{rot} \mathfrak{v}$ als Funktion des Ortes gegeben, so läßt sich das Strömungsfeld berechnen. Für den Fall eines einzigen Wirbelfadens von der Wirbelstärke Γ ist die Berechnung analog dem elektromagnetischen Feld eines dünnen, vom Strom i durchflossenen Leiters

$$\mathfrak{v} = \frac{\Gamma}{4\pi} \int \frac{d\mathfrak{s} \times \mathfrak{r}_0}{r^2}, \qquad \mathfrak{H} = \frac{i}{4\pi} \int \frac{d\mathfrak{s} \times \mathfrak{r}_0}{r^2}.$$

$\Gamma \mathrel{\hat{=}} i$; $\mathfrak{v} \mathrel{\hat{=}} \mathfrak{H}$ und $\frac{\Gamma}{A} \mathrel{\hat{=}} G$. ($A$ = Querschnitt, G = Stromdichte).

Nach dem BIOT-SAVARTschen Gesetz bildet sich um den Wirbelfaden ein Geschwindigkeitsfeld aus.

5. Wärmeströmungsvorgänge und ihre meßtechnische Behandlung mit Hilfe elektrischer Modellabbildungen

a) Stationäre Wärmeströmung

Der Wärmestrom durch eine Ebene ist gegeben durch

$$J_W = \frac{\lambda \cdot A \cdot \Delta\vartheta}{l} = \frac{\Delta\vartheta}{W}.$$

Hierin sind λ = Wärmeleitzahl, A = Querschnittsfläche, l = Länge, $\Delta\vartheta$ = Temperaturdifferenz und W = Wärmeleitungswiderstand.

Die analoge Relation der Elektrodynamik hat die Gestalt

$$J_E = \frac{\varkappa \cdot A \cdot \Delta\varphi}{l} = \frac{\varkappa \cdot A \cdot U}{l} = \frac{U}{R},$$

mit J_E = Stromstärke, $\varkappa$ = Leitvermögen, A = Leiterquerschnitt, l = Leiterlänge, $\Delta\varphi$ = Potentialdifferenz, U = Spannung und R = Widerstand.

Eine geschichtete Wand entspricht einer Serienschaltung von Widerständen:

$$W = W_1 + W_2 + \cdots = \Sigma\, W_k; \qquad R = R_1 + R_2 + \cdots = \Sigma\, R_k\,;$$

$$J_W = \frac{\Delta\vartheta}{\Sigma\, W_k}; \qquad J_E = \frac{\Delta\varphi}{\Sigma\, R_k} = \frac{U}{\Sigma\, R_k}.$$

Nebeneinander liegende Schichten verschiedener Wärmeleitzahlen kann man als parallel-geschaltete Widerstände auffassen:

$$J_W = \Delta\vartheta\, \Sigma \frac{1}{W_k}; \qquad J_E = U\, \Sigma \frac{1}{R_k}.$$

Allgemein gelten für inhomogene Leiter

$$\mathfrak{G} = -\lambda \cdot \operatorname{grad} \vartheta; \quad \mathfrak{G} = -\varkappa \cdot \operatorname{grad} \varphi \quad (\mathfrak{G} = \text{Stromdichte}).$$

Die Ähnlichkeit aller angeführten Relationen ist nur formaler Natur, die Analogie daher nur auf die Strömungen selbst zu beziehen. Beispielsweise lassen sich die Leistungen nicht in der gleichen analogen Art gegenüberstellen.

Bei Analogiebetrachtungen und Modelluntersuchungen ist also allgemein nicht nur das Herausstellen der Ähnlichkeiten von Bedeutung; das Erkennen der Unterschiede ist ebenso wichtig, um die Grenzen der Modellstudien zu kennen.

Die Bedeutung der elektrischen Modelle für die Untersuchungen von Wärmeströmungsvorgängen darf nicht unterschätzt werden, da die Wärmelehre naturbedingt relativ beschränkte meßtechnische Möglichkeiten aufweist, weil direkt nur Temperaturmessungen durchgeführt werden können. Die elektrischen Feldlinien des Modells entsprechen den Wärmestromlinien des Prototyps, die Äquipotentiallinien den Temperaturschichtlagen. Während man bei zweidimensionalen Wärmeproblemen praktisch mit metallischen Leitern arbeitet, bedient man sich bei Dreidimensionalität der Strommessung in Elektrolyten.

b) Wärmeausgleich bei nichtstationärer Strömung

Der Vorgang der nichtstationären Wärmeströmung hat sein Analogon in der Aufladung eines elektrischen Kabels. Die analogen Größen hierbei sind:

	Wärmeströmung		Elektr. Strömung
Speicherung	$-\frac{\partial q}{\partial x} = c\,\varrho\,\frac{\partial \vartheta}{\partial t};$	Aufladung	$-\frac{\partial i}{\partial x} = C_0\,\frac{\partial u}{\partial t},$
Leitung	$q_x = -\lambda\,\frac{\partial \vartheta}{\partial x};$	Leitung	$i = -\frac{1}{r_0}\,\frac{\partial u}{\partial x},$
Ausgleich	$\frac{\partial^2 q}{\partial x^2} = \frac{1}{a}\,\frac{\partial q}{\partial t};$	Ausgleich	$\frac{\partial^2 i}{\partial x^2} = r_0\,C_0\,\frac{\partial i}{\partial t},$
	$\frac{\partial^2 \vartheta}{\partial x^2} = \frac{1}{a}\,\frac{\partial \vartheta}{\partial t};$		$\frac{\partial^2 u}{\partial x^2} = r_0\,C_0\,\frac{\partial u}{\partial t}.$

Ein eindimensionales Wärmeproblem läßt sich durch ein Kabel mit $L = G = 0$ als Modell untersuchen.

Das Analogiemodell für die Aufheizung einer einfachen Wand ist in Abb. 11 und für eine geschichtete Wand in Abb. 12 dargestellt. Gemäß den o. a. Gleichungen entsprechen einander folgende Größen: Ohmscher Widerstand und Wärmeleitungswiderstand, elektrische Kapazität und Wärmekapazität, elektrische Spannung und Temperatur, elektrischer Strom und Wärmestrom. Abb. 13 erläutert die Aufheizung bei gleichbleibender Leistung durch elektrische Abbildung, mit

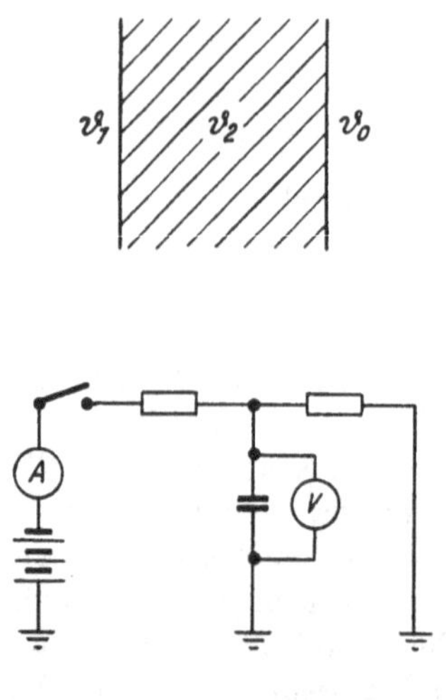

Abb. 11.
Aufheizung einer einfachen Wand

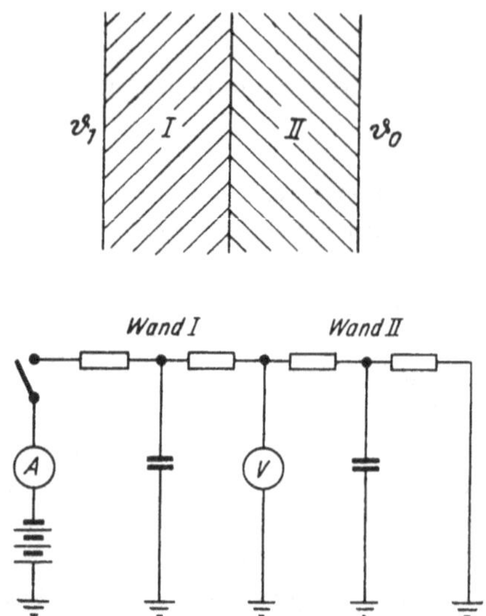

Abb. 12.
Aufheizung einer Doppelschichtwand

der Schaltung nach Abb. 14 wird die Wärmekonvektion untersucht. Die Berücksichtigung einer zusätzlichen Wärmeübertragung durch Infrarotstrahlung kann leider auf ebenso einfache Art nur angenähert elektrisch modelliert werden, da dieser

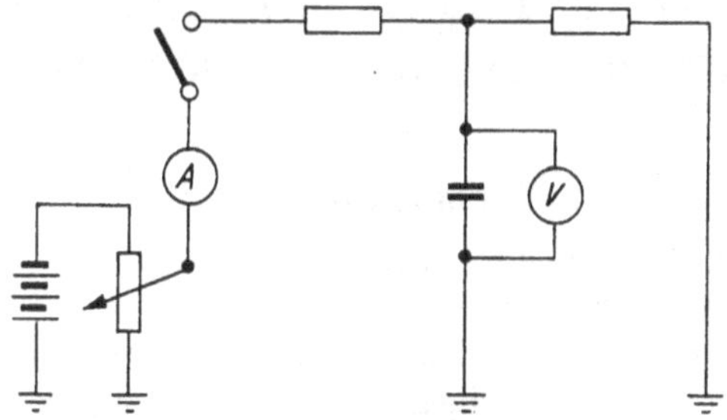

Abb. 13. Aufheizung einer Wand bei konstanter Leistung

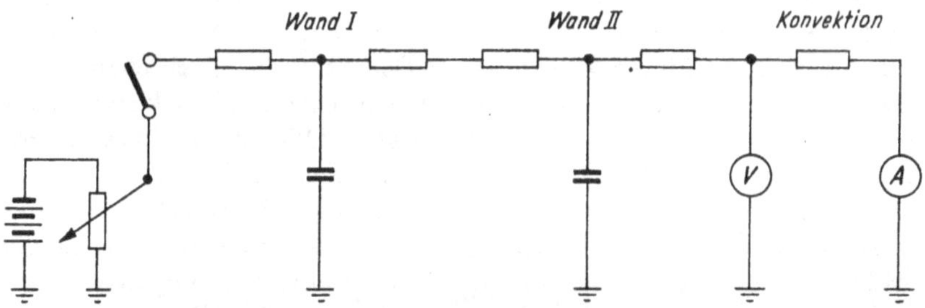

Abb. 14. Berücksichtigung der Wärmekonvektion bei Aufheizung einer Doppelschichtwand

Vorgang nichtlinear verläuft. Hierbei kann aber eine elektrische Analogierechenanlage, die über gewisse nichtlineare Analogieelemente verfügt — darüber wird in einem späteren Kapitel geschrieben —, Hilfe leisten.

In der Elektrotechnik ist es gebräuchlich, die Schaltschemen der elektrischen Modelle als *Ersatzschaltbilder* für den Prototyp zu bezeichnen.

II. WIRKSCHALTBILDER, BLOCKSCHALTBILDER, STRUKTURBILDER UND KOPPELPLÄNE

A. Definitionen der Begriffe

Die Voraussetzung für die Untersuchung eines physikalischen Systems ist seine übersichtliche, schematische Darstellung. Über das „Wirkschaltbild" gelangt man zum „Blockschaltbild", das die Wirkungsweise qualitativ und quantitativ besonders hervorhebt, wobei die einzelnen Blocks gerichtete, d. h. rückwirkungsfreie Glieder darstellen. Die Beziehungen zwischen den einzelnen hierin auftretenden physikalischen Größen charakterisieren das Verhalten des physikalischen Systems, wobei allerdings das einzelne Systemelement nicht mehr erscheint, wie dieses beispielsweise bei „elektrischen Schaltbildern" der Fall ist. Soll die schematische Darstellung des betrachteten Vorganges den Charakter des Blockschaltbildes ohne gleichzeitigen Verzicht auf die den gerätetechnischen Aufbau kennzeichnenden Systemelemente haben, so muß man die Blocks der Blockschaltbilder so zerlegen, daß diese auch die volle Struktur des Systems erkennen lassen. Hierfür führte E. Krohmann die Bezeichnung „Strukturbild" ein. Strukturbilder stellen Systeme gekoppelter Differentialgleichungen bzw. Operatorengleichungen bildlich dar, wobei auf der Darstellungsweise der Blockschaltbilder aufgebaut wird. Sie bieten den Vorteil gegenüber den üblichen mathematischen Formulierungen, daß sie eine größere Anschaulichkeit besitzen und Nichtlinearitäten relativ einfach einbezogen werden können. Wird das allgemeine Strukturbild den Eigenarten einer Analogierechenanlage angepaßt, dann spricht man vom „Koppelplan". Ist es speziell für Regelkreisuntersuchungen zugeschnitten, so wird auch vielfach die Bezeichnung „Frequenzkennlinienbild" angewandt.

Die Elemente der elektrischen Wirkschaltbilder — sie werden entsprechend dem Titel dieses Buches hier besonders hervorgehoben — sind die von den üblichen elektrischen Schaltbildern her bekannten und weitgehend international abgestimmt. Die gebräuchlichsten schematischen Symbole, deren sich auch die Rechenelektronik bedient und wie sie in der fremd- und deutschsprachigen Literatur verwandt werden, sind in Abb. 15 zusammengestellt. Diese Zusammenstellung soll auch dem mit der Elektrik weniger vertrauten Leser, der das Buch in erster Linie wegen der Anwendung der elektronischen Analogieanlagen studiert, das Verständnis der rein gerätetechnischen Kapitel erleichtern.

B. Die Umformung von Wirkschaltbildern mechanischer Systeme in Strukturbilder und Koppelpläne

Wenn man die Elemente eines Blockschaltbildes als gerichtet oder rückwirkungsfrei ansieht, dann bedeutet diese Charakteristik, daß die Ausgangsgröße

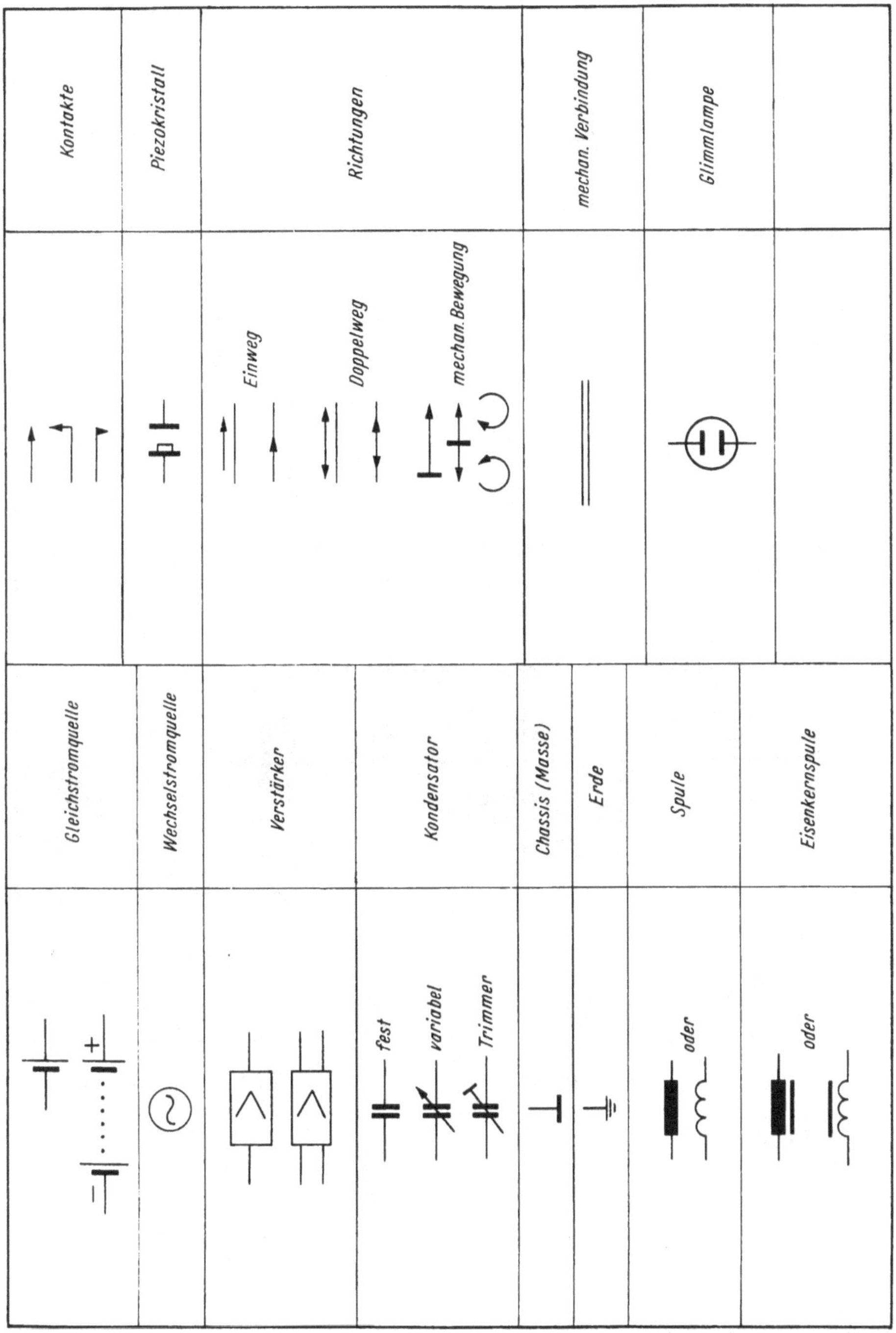
Gleichstromquelle
+
−
Wechselstromquelle
Verstärker
Kondensator
fest
variabel
Trimmer
Chassis (Masse)
Erde
Spule
oder
Eisenkernspule
oder
Kontakte
Piezokristall
Richtungen
Einweg
Doppelweg
mechan. Bewegung
mechan. Verbindung
Glimmlampe

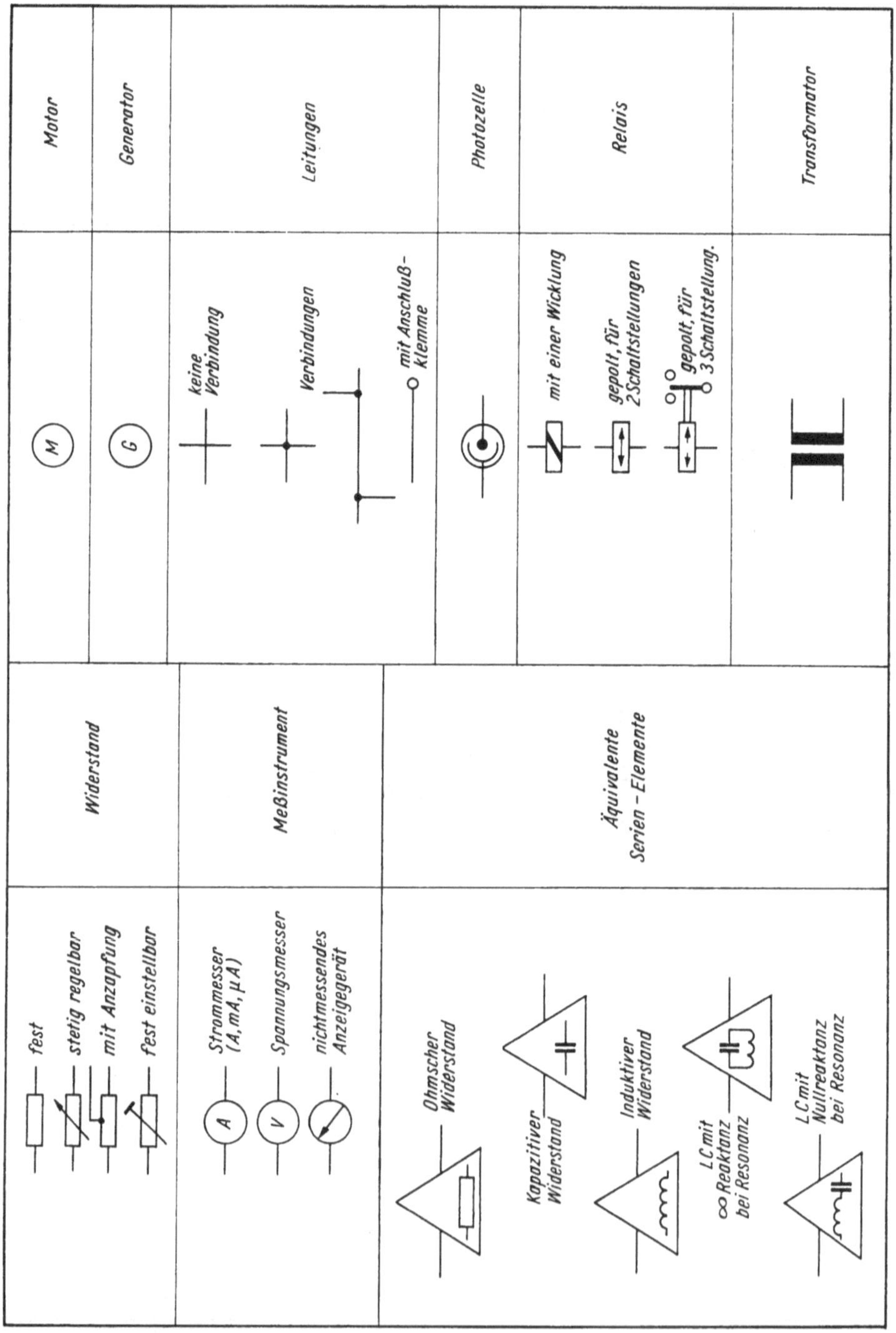

Abb. 15. Standard-Symbole für Rechenelektronik

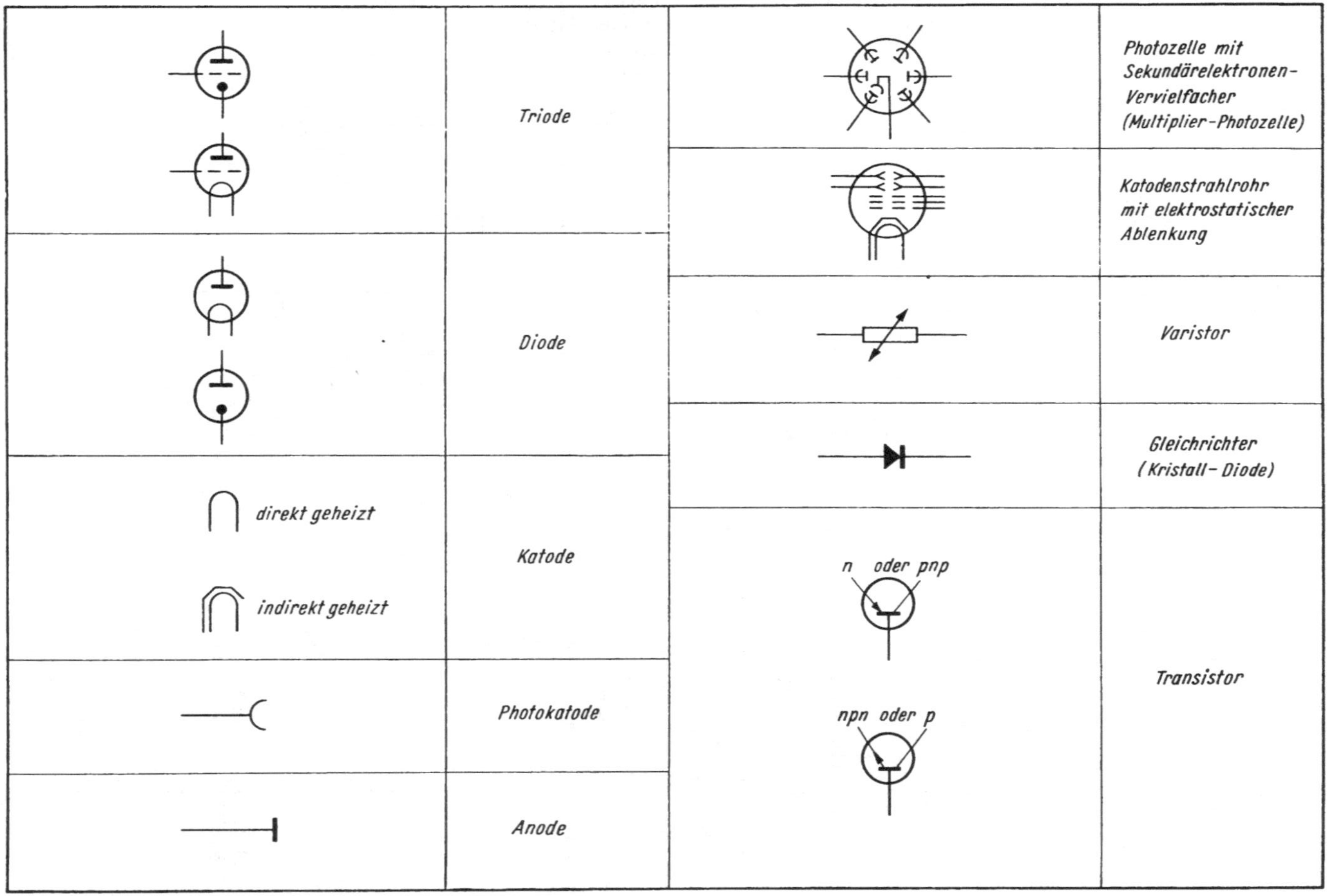

Abb. 15. Standard-Symbole für die Rechenelektronik

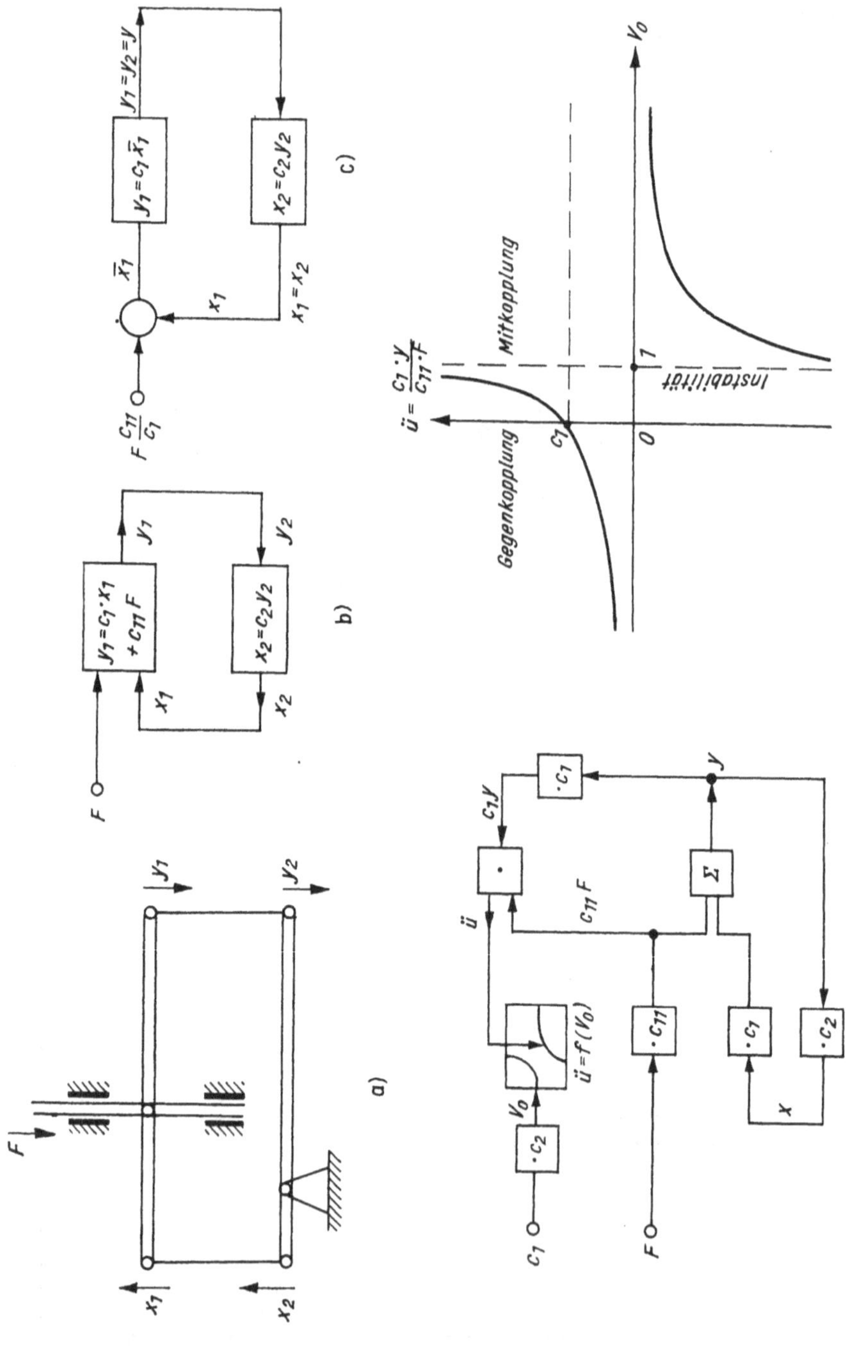

Abb. 16. Mechanischer Wirkungskreis mit Hebel-Übertragungsgliedern

a) Wirkschaltbild, b) Blockschaltbild, c) Strukturbild, d) Koppelplan, e) Kennlinienbild

eines jeden Blocks lediglich von der Eingangsgröße abhängt und unabhängig von der Belastung des Ausganges ist. Die Übertragungsfunktion $A = f(E)$ des einzelnen Übertragungsgliedes ist also eindeutig; die Einwirkung anderer mit diesem Glied zusammengeschalteter ist gleich Null. Demnach ist eine Hebelübertragung auch ein in diesem Sinne gerichtetes Übertragungsglied, das nicht nur einseitig steuerbar zu sein braucht. Als Regeln für die Umformung von Wirkschaltbildern

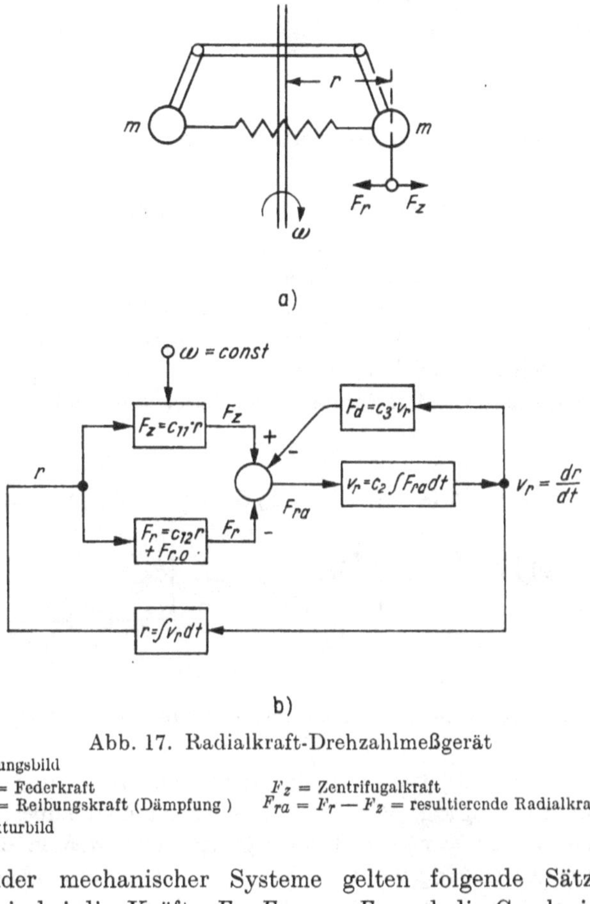

Abb. 17. Radialkraft-Drehzahlmeßgerät

a) Wirkungsbild

F_r = Federkraft — F_z = Zentrifugalkraft

F_d = Reibungskraft (Dämpfung) — $F_{ra} = F_r - F_z$ = resultierende Radialkraft

b) Strukturbild

in Strukturbilder mechanischer Systeme gelten folgende Sätze: „Systemgrößen" sind hierbei die Kräfte $F_1, F_2, \ldots, F_n$ und die Geschwindigkeiten $v_1, v_2, \ldots, v_m$ oder Winkelgeschwindigkeiten $\omega_1, \omega_2, \ldots, \omega_m$, wobei die Indizes die Bezifferung der Bauelemente — Massen, Federn, Dämpfungen — angeben, auf die sich die betreffenden physikalischen Größen, die als Richtungspfeile eingetragen werden, beziehen. Sodann werden die äußeren Einflüsse erfaßt, wobei die Umformung rein formal oder über ein elektrisches Ersatzschaltbild geschehen kann. Sie ist gut in dem in Abb. 16 dargestellten Beispiel für die Transformation eines „Wirkungskreises", dessen Übertragungsglieder aus Hebelübersetzungen bestehen, ersichtlich. Die Abbildung zeigt die 5 analogen Darstellungen desselben dynamischen Systems, das Wirkschaltbild, das Blockschaltbild, das Strukturbild, den Koppelplan für Analogieanlagen und das Kennlinienbild. Das Übertragungsmaß ist $\ddot{u} = \frac{c_1 y}{c_{11} F}$, die innere Verstärkung $V_0 = c_1 \cdot c_2$. Auf die Umformung der Wirkbilder in Koppelpläne, anders ausgedrückt, auf die Programmierung der physikalischen Probleme für die rechnerische Behandlung mittels Analogieanlagen, wird an anderer Stelle speziell eingegangen.

Abb. 17 stellt die entsprechenden Schemata für ein Radialkraft-Drehzahlmeßgerät dar.

C. Bildumformungen bei elektromechanischen und elektrischen Systemen

Der Umformung des Wirkschaltbildes elektromechanischer oder elektrischer Systeme in ein Strukturbild bzw. Koppelplan liegen die folgenden Richtlinien zugrunde: Systemgrößen sind die Ströme $J_1, J_2, \ldots, J_n$ und die Spannungen $U_1, U_2, \ldots, U_m$ oder die Widerstände $Z_1, Z_2, \ldots, Z_m$. Die Indizes entsprechen der Bezifferung der einzelnen Wirkelemente. Ströme und Spannungen erhalten Richtungspfeile. Knotenpunkte werden zu Summierungsstellen des Strukturbildes, an denen die dazugehörigen Gleichungen vermerkt werden. Analog verfährt man mit den die Maschen darstellenden Summierungsstellen und schließlich wird bei den

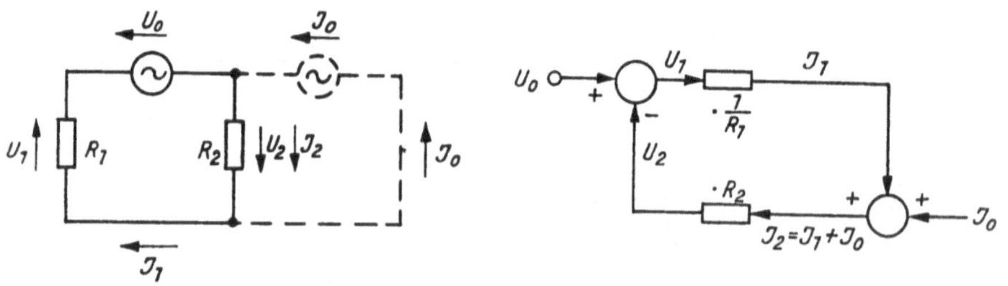

Abb. 18. Analogie zwischen elektrischem Stromkreis und Wirkungskreis

Elementen mit einem Zeitverhalten die erwünschte Steuerungsrichtung eingetragen, worauf die Eingänge mit den entsprechenden Summierungsstellen verbunden werden. Die Ausgänge der Übertragungsglieder werden abschließend mit den entsprechenden Eingängen der Summierungsstellen verbunden. Allgemein ergibt sich zwischen Wirkungs- und Stromkreis die Analogie, wenn man Widerständen willkürlich Steuerungseinrichtungen zuordnet. In Abb. 18 ist als Beispiel R_1 spannungsgesteuert und R_2 stromgesteuert angenommen. Sind die Widerstände komplexer Natur, so müssen einfach die beiden Blocks die gleichen Komplexwerte besitzen. Die Umformung des Wirkschaltbildes eines Gleichstromnebenschlußmotors mit konstanter Felderregung in ein analoges Strukturbild als Beispiel eines elektromechanischen Systems ist in Abb. 19 erfolgt. Hierin werden die Ankerinduktivität L und der Ankerwiderstand R als spannungsgesteuerte Komplexwiderstände aufgefaßt, wobei die Relation zwischen Ankerstrom J

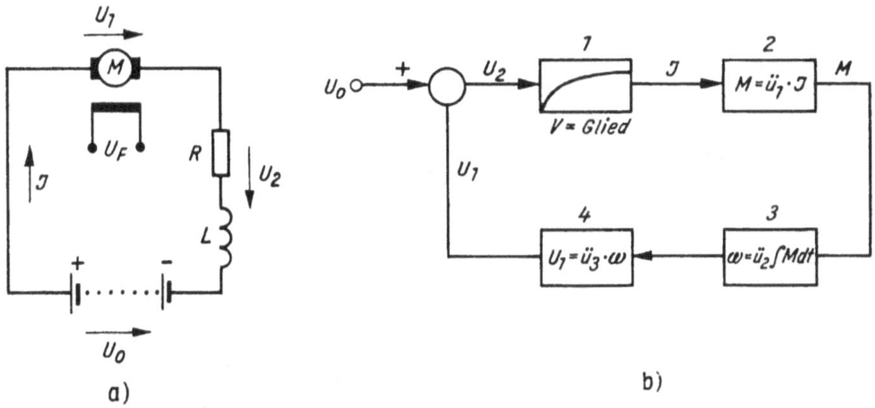

Abb. 19. Gleichstromnebenschlußmotor mit konstanter Felderregung

a) Wirkschaltbild
U_0 = Netzspannung, U_1 = „Elektromotorische Kraft“,
U_2 = Induktionsspannung, J = Ankerstrom,
U_F = Spannung an der Feldwicklung,

b) Strukturbild
$ü$ = Übertragungsfunktion,
M = Ankerdrehmoment,
ω = Winkelgeschwindigkeit

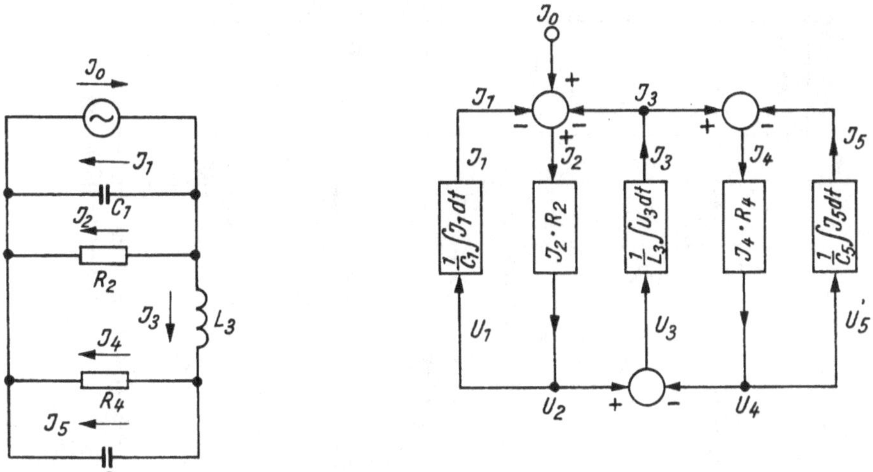

$$J_0 = J_1 + J_2 + J_3; \quad J_3 = J_4 + J_5$$
$$U_1 = U_2; \quad U_2 = U_3 + U_4; \quad U_4 = U_5$$

Abb. 20. Wirkschaltbild und Strukturbild eines elektrodynamischen Netzwerkes

und Elektromotorischer Kraft U_1 durch die vom Motor induzierte Spannung über die drei Blocks (2, 3 und 4) mit den Zwischengrößen M (Ankerdrehmoment) und ω (Winkelgeschwindigkeit des Ankers) hergestellt wird. Der Übertragungsfaktor $ü$ ist dem Produkt $ü_1 \cdot ü_2 \cdot ü_3$ gleich. Es gilt

$$U_1 = ü \int J \, dt .$$

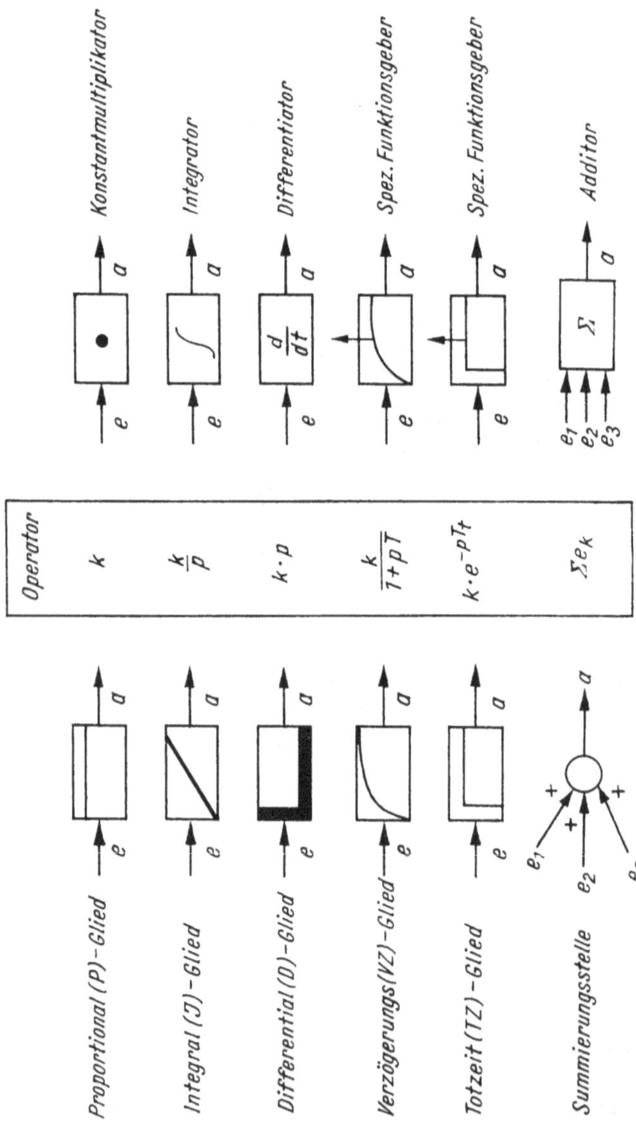

Abb. 21. Schematische Symbole für Strukturbilder der Regelungstechnik und für Koppelpläne der Analogie-Rechenelektronik

Relativ einfacher ist die Umformung eines elektrischen Schaltbildes bzw. Ersatzschaltbildes, beispielsweise das eines elektroakustischen Wandlers, in ein Strukturbild oder in einen Koppelplan, wie aus Abb. 20 ersichtlich ist. Elemente des Strukturbildes sind hierbei: 3 Summierungsglieder, 3 Integral (I)-Glieder mit dem Operator k/p und 2 Proportional (P)-Glieder mit dem Operator k.

Man erkennt an den gezeigten Beispielen, daß Strukturbilder als ein umfassendes Darstellungsmittel von Schaltungssystemen mechanischer und elektrischer Art anzusehen sind, die — wie später gezeigt — die Basis für die Operationen mit elektronischen Analogieanlagen bilden. Abb. 21 gibt dem nicht mit der Regelungstechnik vertrauten Leser eine Zusammenstellung der häufigsten Begriffe und schematischen Symbole, die der Strukturbilddarstellung allgemein als Elemente dienen.

D. Systematische Ermittlung des Frequenzganges und der Stabilität bei Regelungsvorgängen mit Hilfe von Strukturbildern und Koppelplänen

Von besonderer Bedeutung in der Automatisierung ist die systematische Ermittlung von Frequenzganggleichungen für Regelsysteme, die sich mit Erfolg der Darstellung des Wirkungsplanes eines bestimmten physikalischen Systems als Blockschalt- und Strukturbild bedient. Viele theoretische Untersuchungen, beispielsweise der Stabilitätsprobleme und ähnlicher, gehen von der den Regelungsvorgang kennzeichnenden ,,charakteristischen Differentialgleichung“ aus, die in der Frequenzganggleichung enthalten ist. Mit Hilfe des vorliegenden Umformungsverfahrens ist es möglich, in die Struktur der kompliziertesten Regelungssysteme anschaulich Einblick zu erhalten und die theoretischen Erörterungen zu erleichtern, insbesondere dadurch, daß man dann über die Strukturbilder die Probleme von allgemeinen Analogierechenanlagen beziehungsweise speziellen elektronischen Modellregelkreisen automatisch zur Lösung bringen lassen kann. Hierdurch wird außerdem viel formaler Rechenballast vermieden. Das Fundament einer derartigen systematischen Ermittlung von Frequenzganggleichungen nach H. Henning bilden folgende Struktur- bzw. Blockschaltbilder (Abb. 22):

1. Serienschaltung:

$$f = f_1 \cdot f_2 \cdots f_n \qquad \text{(Abb. 22a)}$$

2. Parallelschaltung:

$$f = f_1 + f_2 + \cdots + f_n \qquad \text{(Abb. 22a)}$$

3. Einfache Rückführung:

$$f = \frac{f_{11}}{1 - f_{12}} \qquad \text{(Abb. 22b)}$$

4. Parallelrückführungen:

$$f = \frac{f_{11}}{1 - f_{11} - f_{12}} \qquad \text{(Abb. 22c)}$$

5. Serienrückführung:

$$f = \frac{f_{11}}{1 - f_{21}} \cdot \frac{f_{21}}{1 - f_{22}} \qquad \text{(Abb. 22d)}$$

6. Kettenrückführungsbeispiel:

$$f = \cfrac{f_{11}}{1 - \cfrac{f_{12} f_{21}}{1 - \cfrac{f_{22} f_{31}}{1 - f_{32}}}} \qquad \text{(Abb. 22e)}$$

Hierin sind die Eingangsgrößen mit e_{ik} und die Ausgangsgrößen mit a_{ik} bezeichnet, wobei allgemein

$$a = f \cdot e$$

die Grunddefinition darstellt.

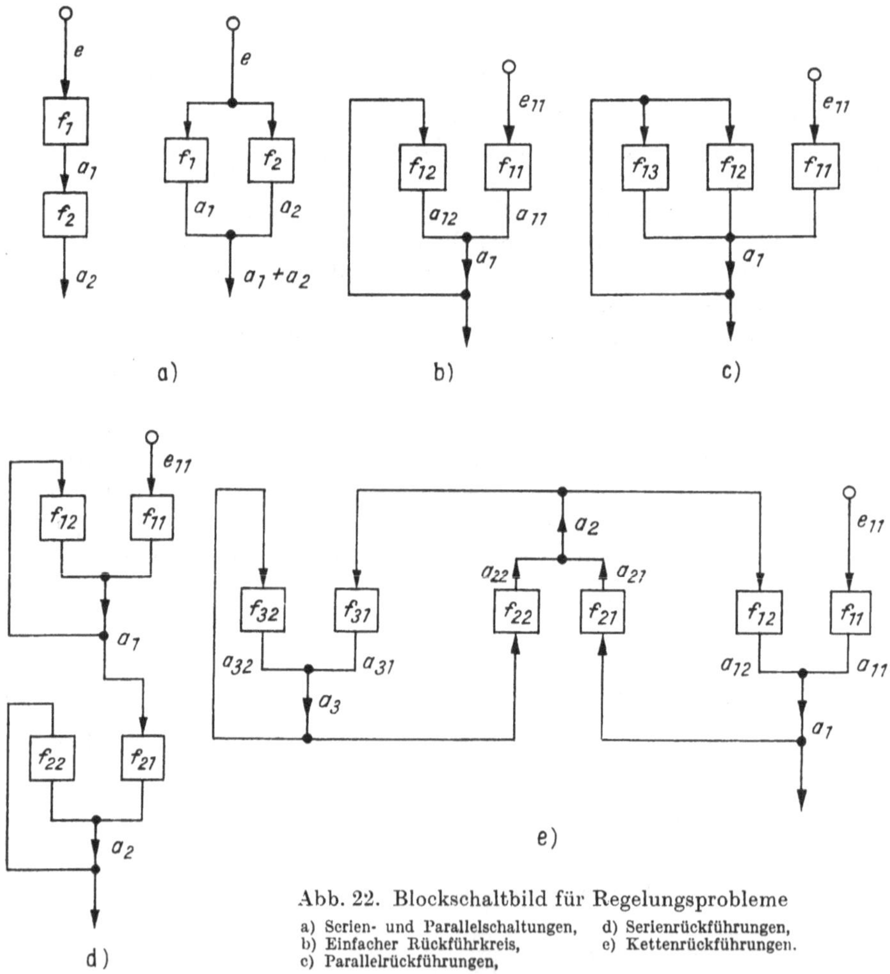

Abb. 22. Blockschaltbild für Regelungsprobleme

a) Serien- und Parallelschaltungen, b) Einfacher Rückführkreis, c) Parallelrückführungen, d) Serienrückführungen, e) Kettenrückführungen.

III. EINTEILUNG DER ELEKTRISCHEN ANALOGIEANLAGEN UND ZUSAMMENSTELLUNG DER LINEAREN UND NICHTLINEAREN ANALOGIERECHENELEMENTE

A. Überblick: Elektrische Analogieanlagen

Die Rechentechnik und Regelungsautomatik umfaßt drei sich teilweise überschneidende Arbeitsgebiete:

1. Die Analogierechentechnik, die durch die ,,Association Internationale pour le Calcul Analogique" (AICA) international vertreten wird,
2. die Digitalrechentechnik, deren Interessen noch nicht international zentralisiert sind und
3. die Regelungsautomatik, international vertreten durch die ,,Fédération Internationale d'Automatique" (IFAC).

Die Analogierechentechnik überschneidet sich mit der Regelungsautomatik auf den Sektoren:

Analogierechenanlagen, bei denen die Regelungsautomatik angewandt wird sowie
Regelkreise, die Analogrechner enthalten.

Mit der Digitalrechentechnik arbeitet die Analogierechentechnik auf folgenden Teilgebieten zusammen:

Kombinierte Analog-Digital-Rechner und
Regelungskreise, die Analog-Digital-Rechner enthalten.

Aufgabe dieses Buches ist es, einen Überblick und eine Einführung in die Analogierechenelektronik als bedeutungsvollen Zweig des Gebietes der Analogierechentechnik zu vermitteln.

In einer Analogieanlage werden allgemein stetige Veränderliche als mechanische oder elektrische Größen dargestellt und verarbeitet. Demgemäß unterscheidet man *mechanische* und *elektrische* (bzw. elektronische) *Analogieanlagen*, die entweder durch *universelle* oder *spezielle* Einsatzfähigkeit gekennzeichnet sind. Hinsichtlich der Rechenzeit gibt es *Kurzzeitanlagen*, die repetierend arbeiten, und *Langzeitanlagen*. Erstere eignen sich vorrangig zur Auflösung von Differentialgleichungen (*Integrieranlagen*) und liefern die Lösung als Kurven auf dem Leuchtschirm einer Katodenstrahlröhre, wobei man beispielsweise den Einfluß von Parameteränderungen unmittelbar beobachten kann. Dagegen eignen sich Langzeitrechner, sofern ihre Arbeitsweise elektronisch ist, gut zur Nachbildung von Regelkreisen; sie gestatten, Probleme in wahrer Zeit zu lösen und enthalten Komponenten des wirklichen, zu untersuchenden Systems. Derartige Anlagen bezeichnet man in Anlehnung an den englischen Sprachgebrauch als *Simulatoren*. Mechanische Analogierechenanlagen, im allgemeinen mit elektrischen Antrieben versehen, sind grundsätzlich Langzeitanlagen ohne simulatorische Einsatzfähigkeit; sie erreichen höhere Genauigkeiten gegenüber den elektronisch arbeitenden.

Die Einteilung aller Analogieanlagen läßt sich wie folgt durchführen:

1. Elektronische Analogieanlagen
   a) Repetierende Analogieanlagen = Kurzzeitanalogieanlagen,
   Hauptvertreter: Integrieranlagen
   b) Langzeitanalogieanlagen,
   Hauptvertreter: Simulatoren, Modellregelkreisanlagen
2. Rheoelektrische Analogieanlagen
   Hauptvertreter: Elektrolytischer Rechentrog
3. Mechanische und elektromechanische Integrieranlagen
4. Elektrische Netzwerk-Analogieanlagen
   Hauptvertreter: Netzmodelle für die elektrische Energieverteilung
5. Spezielle Analogieanlagen
   Hierzu gehören beispielsweise *Hydraulische Analogieanlagen* für Wärmeprobleme oder Gasversorgungsuntersuchungen und Spezialrechner für Antennendiskussionen.

   W. W. Soroka führt in seinem Buch „Analog Methods in Computation and Simulation" viele derartige spezielle Beispiele an.

Bei den Analogieanlagen stehen in den letzten Jahren die *elektronischen* Anlagen im Mittelpunkt des Interesses. Die heute gebauten elektronischen Analogrechner sind praktisch universell verwendbar; sie sind aus einzelnen Recheneinheiten für die mathematischen Operationen (Integration, Addition, Multiplikation, Funktionsdarstellung usw.) aufgebaut und enthalten teilweise noch spezielle, für Regelungsaufgaben benötigte Elemente zur Darstellung von Nichtlinearitäten, wie Totzeitgeber, Begrenzer, Absolutbetragbildner, Hysteresegeber und ähnliche. Alle Analogierechenelemente werden entsprechend dem vorliegenden Problem in geeigneter Weise miteinander gekoppelt, teilweise auf einer zentralen Schalttafel. Die Kopplung erfolgt in geschlossenen Kreisen gemäß dem Prinzip der Rückkopplung, von W. Thomson (Lord Kelvin) 1876 aufgestellt.[1]) Obwohl bei elektronischen Analogrechnern der Zeitmaßstab in einem weiten Bereich wählbar ist und sich daher zwischen Kurz- und Langzeitrechnern keine scharfen Grenzen ziehen lassen, sind für die technisch-physikalische Entwicklung der Recheneinheiten verschiedene Anforderungen an Verstärkungsgrad, Stabilisierung und Frequenzgang maßgebend.

[1]) „Mechanical integration of the general linear differential equation of any order with variable coefficients." Proc. Royal Soc. London **24** (1876) S. 269—275.

B. Arten und Symbole elektrischer Analogierechenelemente

Bei den Analogieelementen der Rechenelektronik unterscheidet man 4 Gruppen:

a) Eingabe-Analogieelemente (Abb. 23),

b) Lineare Analogieelemente (Abb. 24),

c) Nichtlineare Analogieelemente (Abb. 25) und

d) Ausgabe-Analogieelemente (Abb. 26).

Die Bezeichnungen der einzelnen Analogieelemente, ihre Gruppenzugehörigkeit, Schaltsymbole für Koppelpläne, Anlagengleichungen und Operationen sind aus den Abbildungen ersichtlich. Abb. 27 zeigt einige Beispiele für elektromechanische Analogieelemente zur Darstellung nichtlinearer elektrischer Spannungsfunktionen und deren Multiplikation mit Veränderlichen sowie zur Integration nach einer abhängigen Variablen. Der Eingangsblock des Servointegrators verkörpert ein Servopotentiometer.

Während die schematischen Symbole für allgemeine elektrische Schaltbilder (Abb. 15) weitgehend international vereinheitlicht sind und innerhalb Deutschlands entsprechende DIN-Blätter maßgebend sind, ist die Symboldarstellung in der Rechenelektronik bzw. der maschinellen Rechentechnik noch vollkommen uneinheitlich, abgesehen von derzeitigen ersten Anfängen in der diesbezüglichen Abstimmung auf internationaler Ebene. Die vorliegenden Bilder der Koppelplanelemente (Abb. 23 bis 26) wurden entsprechend der größten Häufigkeit in der Vielzahl der in der Spezialliteratur angewandten Symbole zusammengestellt bzw. nach Ansicht des Verfassers als am günstigsten angesehen.

Bezeichnung	Koppelplansymbol	Anlagengleichung	Operation
Konstantgeber		$c = \text{konstant}$	Konstantenbildung
Funktionsgenerator oder Funktionsgeber		$x = f(t)$	Bildung einer beliebig vorgegebenen Funktion von einer Veränderlichen (Zeit)
Spezieller Funktionsgenerator, zum Beispiel: Sinusgenerator	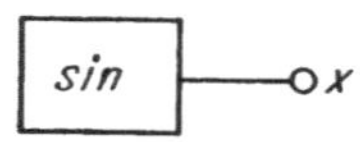	$x = \sin t$	Sinusbildung
Rechteckgenerator	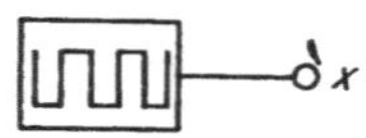		Erzeugung von Rechteckimpulsen
e-Generator ≙ Verzögerungs(VZ)-Glied	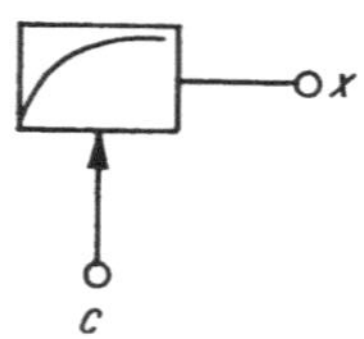	$x = e^{ct}$	Erzeugung von Potenzen zur Basis e.

Abb. 23. Eingabe-Analogieelemente

Bezeichnung	*Koppelplan-Symbol*	*Anlagengleichung*	*Operation*
Koeffizientenpotentiometer	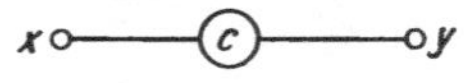	$y = cx$ $0 \leqq c \leqq 1$	Multiplikation mit konstanten Koeffizienten kleiner als 1
Vorzeicheninverter oder Umkehrverstärker	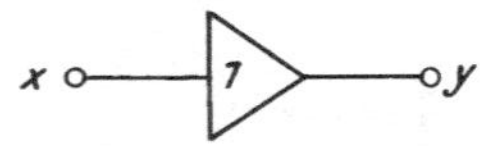	$y = -x$	Vorzeichenumkehr
Konstantmultiplikator	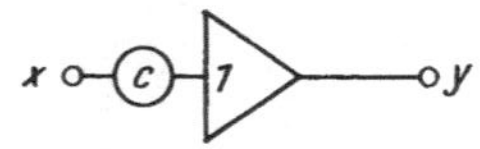	$y = -cx$ $0 \leqq c \leqq 1$	Multiplikation mit konstanten Koeffizienten und Vorzeichenumkehr
Additor oder Additionsverstärker	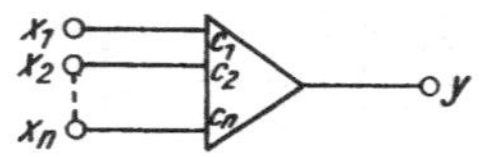	$y = -\sum_1^n c_K x_K$	Addition, Multiplikationen mit konstanten Koeffizienten und Vorzeichenumkehr
Integrator oder Integrationsverstärker	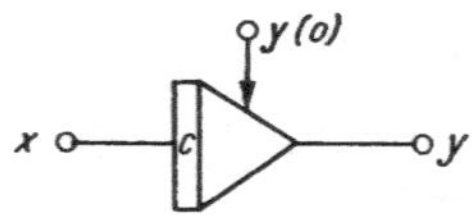	$y = y(0) - c\int x\,dt = y(0) - \frac{c}{p}x$	Multiplikation mit konstanten Koeffzienten, Vorzeichenumkehr und Integration mit vorgegebenem Anfangswert
Integrationsadditor	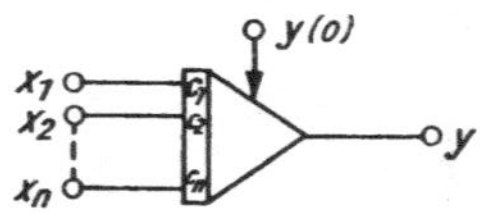	$y = y(0) - \sum_1^n c_K \int x_K\,dt = y(0) - \sum_1^n \frac{c_K}{p} x_K$	Addition, Multiplikationen mit konstanten Koeffizienten, Vorzeichenumkehr u. Integration mit vorgegebenem Anfangswert
Differentiator oder Differentiationsverstärker	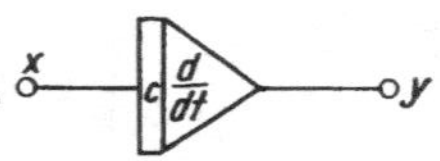	$y = -c\frac{dx}{dt} = -c\,px$	Multiplikation mit konstanten Koeffizienten und Differentiation
Diodenbegrenzer oder Totzeitgeber	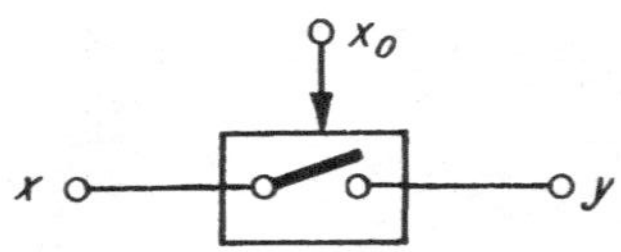	$y = 0$ für $x < x_0$ $y = y$ für $x > x_0$	Eingabe von Totzeit
Absolutbetragformer	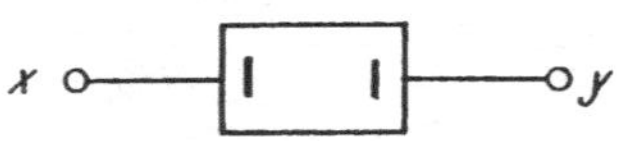	$y = \lvert x \rvert$	Bildung des Absolutwertes

Abb. 24. Lineare Analogieelemente

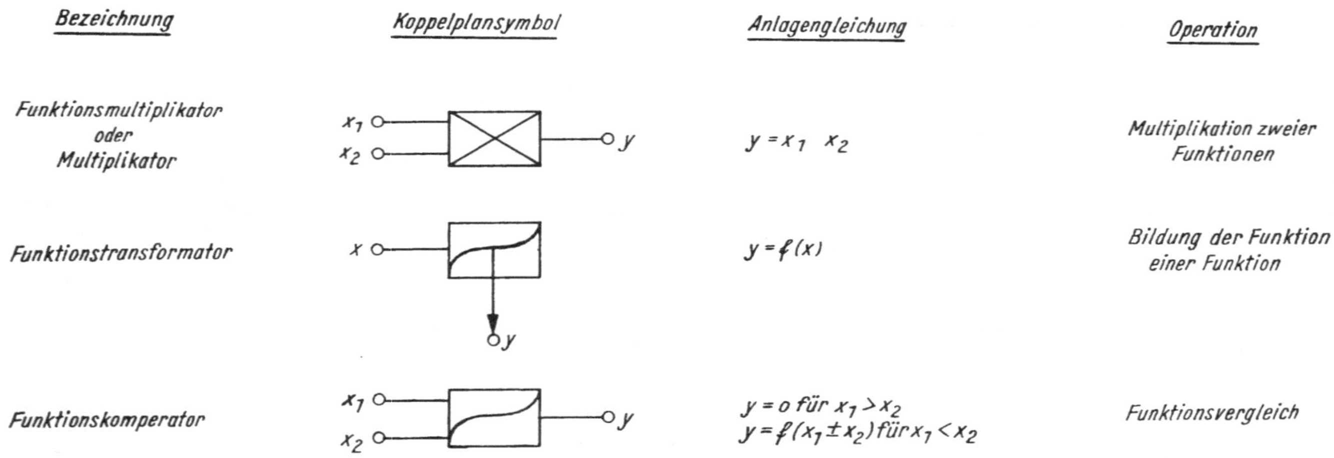

Abb. 25. Nichtlineare Analogieelemente

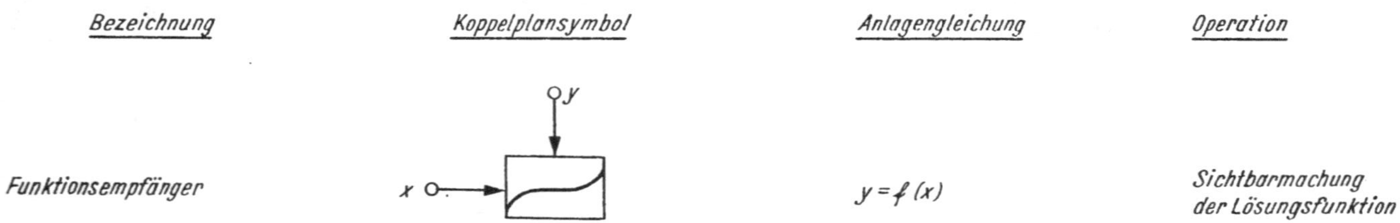

Abb. 26. Ausgabe-Analogieelemente

Bezeichnung	Koppelplansymbol	Anlagengleichung	Operation
Elektromechanischer Multiplikationsfunktions- generator	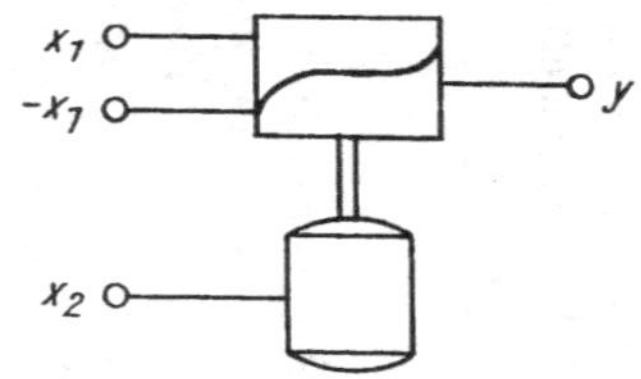	$y = x_1 f(x_2)$ $0 \leq \lvert f(x_2) \rvert \leq 1$	Multiplikation einer Veränderlichen mit der Funktion einer zweiten Veränderlichen
Servointegrator	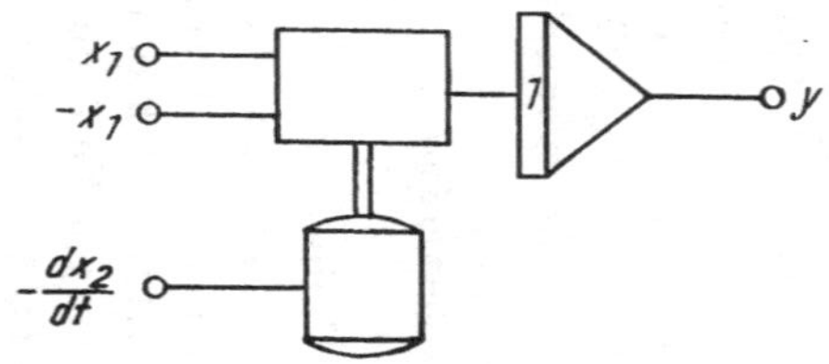	$y = +\int x_1 \, dx_2$ $= +\int x_1 \frac{dx_2}{dt} dt$	Integration nach einer abhängigen Variablen

Abb. 27. Spezielle elektromechanische Analogieelemente

IV. DAS ZUSAMMENWIRKEN DER RECHENELEKTRONISCHEN ANALOGIEELEMENTE

A. Analogieanlagen-Veränderliche, Umrechnungsfaktoren und Zeitfaktor, Analogieanlagengleichungen und Koppelplan[1])

Um ein wissenschaftliches oder technisches, durch ein System von Differentialgleichungen charakterisiertes Problem zu untersuchen, ist es erforderlich, die elektronische Analogieanlage so zu schalten, daß die zusammenwirkenden, im vorangegangenen Kapitel geschilderten Analogieelemente die gleichen Relationen repräsentieren. Hierbei werden die variablen physikalischen Größen des prototypen Systems durch elektrische Spannungen analogisiert; beispielsweise werden Änderungen von Zustandsgrößen wie Geschwindigkeit v, Winkelgeschwindigkeit ω, Volumen V, Druck p, Temperatur ϑ, Schallintensität J, magnetischer Fluß Φ oder Beleuchtungsstärke E grundsätzlich durch elektrische Spannungsänderungen ΔU entsprechend dem Ähnlichkeitsprinzip abgebildet. Die elektrischen Spannungen U werden bei derartigen Analogien und Modellen als abhängige *Analogieanlagenvariable* bezeichnet. Die Grenzen des Spannungsbereiches, die konstruktiv bedingt sind, z. B. $\pm$ 100 V, heißen *Analogieanlageneinheiten*, in denen man die Größe der Analogieanlagenvariablen gemäß konventioneller Festlegung angibt, d. h. $-1 \leq U \leq +1$ (z. B. 1 Anlagen-Spannungseinheit = 100 Volt).

Die *Transformationsgleichung*

$$U_x = a_x \cdot x$$

kennzeichnet die Umformung der prototypen physikalischen Größe x in die ihr analoge elektrische Spannung U_x, wobei a_x *Umrechnungsfaktor* genannt wird. Durch o. a. Gleichung ist jede Spannung zahlen- und dimensionsmäßig als das Produkt von Umrechnungsfaktor und Originalvariable bestimmt und umgekehrt erhält man die prototype Veränderliche, indem man die korrespondierende Spannung durch jenen Faktor dividiert. Es gilt:

$$\text{Umrechnungsfaktor} \leq \frac{1}{\text{Maximalwert von } |x|} \left[\frac{\text{Anlageneinheiten}}{\text{Originaleinheit}}\right].$$

Ist die Zeit t unabhängige Veränderliche des zu untersuchenden Problems, so gibt die Transformationsgleichung

$$\tau = \alpha_t \cdot t$$

[1]) Da analogieelektronische Modelle infolge ihrer weitgehenden Veränderungsmöglichkeit der dynamischen Strukturen und Anpassungen den Charakter einer elektrischen Anlage und nicht einer Maschine haben, wird bewußt die Bezeichnung „Elektronische Analogieanlage" anstelle der im engeren Sinne gebräuchlichen Begriffe Analogierechenmaschine bzw. Analogrechner gewählt. Dementsprechend sind auch die hiervon abgeleiteten Wortbildungen Analogieanlagen-Veränderliche und Analogieanlagen-Gleichung gegenüber den wörtlichen Übersetzungen von machine-variable und machine-equation treffender.

ihre Relation zu der unabhängigen, variablen Analogieanlagenzeit τ an. α_t ist der dimensionslose *Zeitfaktor* (Zeit-Umrechnungsfaktor).

Die Zeit-Transformationsgleichung läßt sich umformen zu

$$p = \frac{d}{dt} = \alpha_t \cdot \frac{d}{d\tau} = \alpha_t \cdot P,$$

wobei p bzw. P die allgemein übliche Schreibart des Differentialoperators ist. Beträgt der Wert von α_t beispielsweise 10, so werden alle natürlichen Änderungen des prototypen Systems im Modell im Verhältnis 10:1 verlangsamt (Zeitlupeneffekt), bei $\alpha_t = 0{,}1$ findet dagegen eine Zeitraffung im Verhältnis 1:10 statt.

Bei einer Reihe von Problemen tritt als unabhängige Veränderliche die Zeit t oder eine gewisse Funktion derselben auf, beispielsweise in der Differentialgleichung

$$\dot{y} = \frac{dy}{dt} = p\,y = -y + t - t^2 - 2\sin t\,.$$

In solch einem Fall ist es erforderlich, für die Zeit des Prototyps die Analogieanlagenvariable U durch eine Transformationsgleichung

$$U_t = a_t \cdot t$$

mit t zu korrespondieren. Hierbei darf der Umrechnungsfaktor a_t nicht mit dem Zeitfaktor α_t verwechselt werden; beide sind zahlen- und dimensionsmäßig verschieden. Bei der Lösung derartiger Aufgaben wird U_t als eine Funktion der unabhängigen Analogieanlagenvariablen (Anlagenzeit) τ, die die wirkliche unabhängige Veränderliche des Modells ist, erzeugt.

Um die *Analogieanlagengleichungen* aufzustellen, die tatsächlich durch die elektronischen Analogieanlagen bearbeitet werden, geht man von dem das prototype System charakterisierenden, mathematischen Originalgleichungssystem aus und setzt die durch die Eigenart des Modells bedingten Transformationsgleichungen in dieses ein.

Beispiel:

Das Gleichungssystem des Prototyps lautet

$$\frac{d^2x}{dt^2} + b_1\frac{dy}{dt} + b_2\frac{dx}{dt} + b_3\,y + b_4\,x = b_5$$

und

$$\frac{d^2y}{dt^2} + c_1\frac{dy}{dt} + c_2\frac{dx}{dt} + c_3\,y + c_4\,x = c_5\,.$$

Für den Umrechnungsfaktor und Zeitfaktor seien folgende Größen als notwendig erkannt:

$$a_x = a_y = a \qquad \left[\frac{\text{Analogieanlageneinheiten}}{\text{Einheit des Prototyps}}\right]$$

und

$$\alpha_t = \alpha \qquad \left[\frac{\text{Sekunden}}{\text{Einheit des Prototyps}}\right].$$

Die Transformationsgleichungen lauten dann

$$x = \frac{1}{a}\,U_x; \quad y = \frac{1}{a}\cdot U_y; \quad t = \frac{1}{\alpha}\tau; \quad p = \alpha \cdot P.$$

Das Originalsystem kann unter Anwendung des Differentialoperators p auch wie folgt geschrieben werden:

$$p^2 x + b_1 p y + b_2 p x + b_3 y + b_4 x = b_5$$

und

$$p^2 y + c_1 p y + c_2 p x + c_3 y + c_4 x = c_5.$$

Durch Einsetzen der Transformationsgleichungen ergibt sich

$$P^2 U_x + \frac{1}{\alpha} b_1 P U_y + \frac{1}{\alpha} b_2 P U_y + \frac{1}{\alpha^2} b_3 U_x + \frac{1}{\alpha^2} b_4 U_x = \frac{a}{\alpha^2} b_5$$

und

$$P^2 U_y + \frac{1}{\alpha} c_1 P U_y + \frac{1}{\alpha} c_2 P U_x + \frac{1}{\alpha^2} c_3 U_y + \frac{1}{\alpha^2} c_4 U_x = \frac{a}{\alpha^2} c_5 .$$

Dieses sind die Analogieanlagengleichungen, die in üblicher Schreibart folgende Form haben:

$$\frac{d^2 U_x}{d\tau^2} + \frac{1}{\alpha} b_1 \frac{dU_y}{d\tau} + \frac{1}{\alpha} b_2 \frac{dU_x}{d\tau} + \frac{1}{\alpha^2} b_3 U_y + \frac{1}{\alpha^2} b_4 U_x = \frac{a}{\alpha^2} b_5 , \tag{1}$$

$$\frac{d^2 U_y}{d\tau^2} + \frac{1}{\alpha} c_1 \frac{dU_y}{d\tau} + \frac{1}{\alpha} c_2 \frac{dU_x}{d\tau} + \frac{1}{\alpha^2} c_3 U_y + \frac{1}{\alpha^2} c_4 U_x = \frac{a}{\alpha^2} c_5 . \tag{2}$$

Hierin sind U_x und U_y zwei verschiedene, abhängige, elektrische Spannungsvariable der elektronischen Analogieanlage, τ die unabhängige Veränderliche, die Analogieanlagenzeit, und a sowie α die zwei festgelegten konstanten Umrechnungsfaktoren.

Schließlich wird das Anlagengleichungssystem in einem *Koppelplan* abgebildet, nach welchem die Analogieelemente der Anlage zusammengeschaltet werden müssen, um die Lösung erhalten zu können. Die erhaltene Lösung wird abschließend wieder entsprechend dem Ausgangsproblem zurücktransformiert. Bei dem angegebenen Beispiel dienen hierzu die folgenden Transformationsgleichungen:

$$U_x = a \cdot x , \quad U_y = a\, y \quad \text{und} \quad \tau = \alpha \cdot t .$$

B. Die Lösungen einiger einfacher Differentialgleichungen

1. Sinus- und Kosinusfunktion, Kreistest

Bei der Lösung einer Differentialgleichung mit Hilfe eines Analogrechners geht man nach dem üblichen Integrationsverfahren von der höchsten Ableitung, die explizit darstellbar sein muß, durch fortgesetzte Integration bis zur 0-ten Ableitung, so daß sämtliche Ableitungen gerätemäßig zur Verfügung stehen. Der Zusammenhang zwischen den einzelnen Größen geschieht mit Hilfe der Additionsverstärker. In Abb. 28 handelt es sich um die Lösung von Differentialgleichungen 2. Ordnung.

Für die Integration der Gleichung

$$\ddot{y} + y = 0 \quad \text{oder} \quad \dot{y} = -\int y\, dt$$

hat man den Koppelplan a). Der erste Integrationsverstärker erhält $\ddot{y}$ als Integranden und die Zeit t als Integrationsvariable. Er bildet durch Integration $\dot{y}$.

Diese Größe wird im zweiten Integrator ebenfalls integriert, so daß nunmehr eine aus 2 Integrationsverstärkern bestehende Rechenstrecke vorliegt, die die Werte $\ddot{y}$, $\dot{y}$ und y realisiert. Laut Vorschrift der zu lösenden Gleichung ist $\ddot{y} = -y$. Das heißt, der Ausgang des zweiten Analogierechenelementes ist als Eingangsgröße des

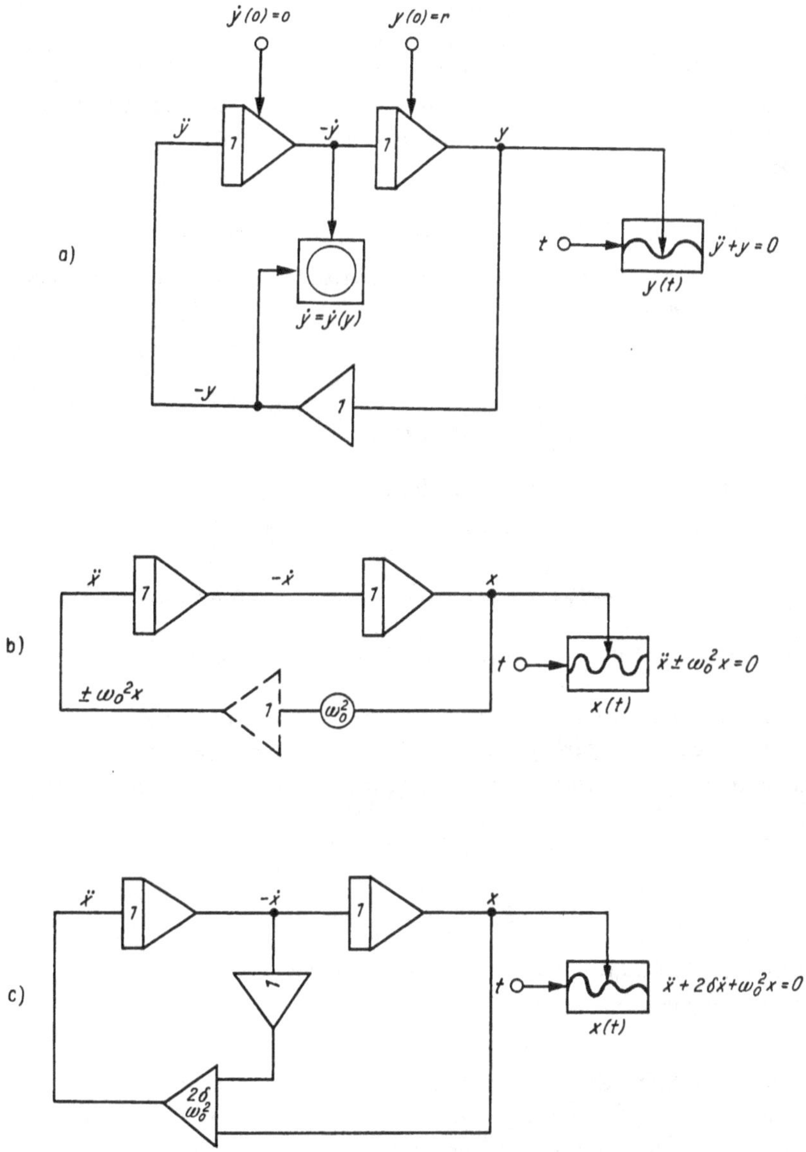

Abb. 28. Koppelpläne für homogene Differentialgleichungen zweiter Ordnung

ersten zu betrachten, der THOMSONsche Rückkopplungskreis ist damit geschlossen. Wählt man als Anfangswerte $\dot{y} = 0$ und $y = r$, so wird der Elektronenstrahl auf dem Bildschirm des Funktionsempfängers mit y als Abzisse und $\dot{y}$ als Ordinate einen Kreis beschreiben; denn die Lösung ergibt

$$y = r \cdot \cos\varphi\,, \quad \dot{y} = -r\sin\varphi\,, \quad \text{also} \quad \dot{y}^2 + y^2 = r^2\,.$$

Dieses an den Anfang gestellte Beispiel dient als eine Testaufgabe für die Genauigkeitsprüfung der elektronischen Analogieanlage, wobei der Fehler in Prozent des Radius angegeben wird — *Kreistest.* Ferner dient diese Differentialgleichung der Einführung von Sinus- bzw. Kosinusfunktionen durch Integration. Ihr realisierter Koppelplan kann demnach als *Sinusgenerator* in Analogieanlagen Verwendung finden.

2. Freie elastische Schwingungen

Abb. 28b ist der Koppelplan für die Untersuchung einer *ungedämpften freien Linearschwingung*

$$m \cdot \frac{d^2x}{dt^2} + Dx = 0$$

oder

$$\ddot{x} + \frac{D}{m}\,x = 0 \quad \text{bzw.} \quad \ddot{x} + \omega_0^2\,x = 0\,.$$

(D = Richtgröße oder Direktionskraft, m = Masse).

Unter geeigneten Anfangsbedingungen liefern die Integrationsverstärker die bekannten Resultate

$$x = x_0 \sin \omega_0\,t \qquad \text{und} \qquad \dot{x} = x_0\,\omega_0 \cos\omega_0\,t$$

mit $\omega_0 = \sqrt{\frac{D}{m}} = 2\,\pi\,f_0$ = Kreisfrequenz und x_0 = Amplitude.

Es ist klar, daß durch Umkehr des Vorzeichens mit dem gleichen Koppelplan die entsprechenden hyperbolischen Funktionen erzeugt werden können.

Die *gedämpfte freie Linearschwingung* wird durch die Gleichung

$$m\,\frac{d^2x}{dt^2} + k\dot{x} + Dx = 0$$

oder

$$\ddot{x} + \frac{k}{m}\,\dot{x} + \frac{D}{m}\,x = 0$$

beschrieben. Mit $k/m = 2\,\delta$ (δ = Dämpfungsglied) und $D/m = \omega_0^2$ nimmt die Gleichung folgende Form an:

$$\ddot{x} + 2\,\delta\,\dot{x} + \omega_0^2\,x = 0\,.$$

Die gleiche Relation charakterisiert ebenfalls eine Drehschwingung. Hierbei ist allerdings $\delta = k^*/2\,\Theta$ und $\omega_0^2 = D^*/\Theta$, wobei Θ das Massenträgheitsmoment, D^* die Winkelrichtgröße und k^* den Reibungsfaktor darstellen. x ist eine zeitabhängige Winkelgröße.

Diese gedämpften linearen Schwingungen bzw. gedämpften Drehschwingungen werden durch den in Abb. 28c ersichtlichen Koppelplan nachgebildet.

Der elektronische Funktionsempfänger zeigt dann das Lösungsbild

$$x = x_0\, e^{-\delta t} \cos \omega t \quad \text{mit} \quad \omega = \sqrt{\omega_0^2 - \delta^2}\,.$$

ω_0 ist hierbei die Kreisfrequenz, mit der der Oszillator ohne Dämpfung schwingen würde.

3. Freie elektrische Schwingungen

Auch für Schwingungen von elektrischen Kreisen, bei denen ein Kondensator C durch einen Widerstand R und eine Induktivität L geschlossen ist, gelten analoge Formeln:

$$\ddot{U} + \frac{R}{L}\dot{U} + \frac{1}{LC}U = 0\,, \qquad \delta = \frac{1}{2}\frac{R}{L} \quad \text{und} \quad \omega_0^2 = \frac{1}{LC}\,.$$

Eine nach dem in Abb. 28c dargestellten Koppelplan geschaltete Analogieanlage liefert als Lösung den Spannungsverlauf

$$U = U_0\, e^{-\delta t} \cos \omega t$$

mit

$$\omega = \sqrt{\omega_0^2 - \delta^2}\,,$$

bzw. die Stromstärke-Funktion

$$i = U_0 \sqrt{\frac{C}{L}}\, e^{-\delta t} \cos(\omega t - \varphi)\,,$$

wobei $\varphi = \arcsin \frac{\omega}{\omega_0} = \arccos \frac{\beta}{\omega_0}$ mit

$$\beta = \sqrt{\omega_0^2 - \omega^2}$$

ist.

4. Einschwingvorgang eines Transformators

Um die Beschreibung der Programmierung eines in Gestalt einer Differentialgleichung vorliegenden Problems nicht von vornherein zu komplizieren, wurden zunächst bei den vorangegangenen Beispielen die Umrechnungsfaktoren beziehungsweise Zeitfaktoren nicht berücksichtigt. Die Hauptaufgabe besteht hierbei grundsätzlich in der Transformation der abhängigen und unabhängigen Variablen mit dem Ziel, daß alle Koeffizienten des Systems an der Analogieanlage einstellbar sind und keine Übersteuerungen eintreten.

Durch die Zeittransformation kann man den zeitlichen Ablauf des untersuchten Vorganges raffen oder dehnen; beispielsweise wird ersteres bei der Berechnung thermischer Ausgleichsvorgänge mit kleinen Temperaturleitzahlen, letzteres bei der mathematischen Untersuchung von Prellschwingungen bei Relaiskontakten unerläßlich. Ein zweiter, bei der Programmierung eines Analogrechners zu beachtender Punkt ist die beschränkte Anzahl der Integratoren und Additoren. Die Zahl der erforderlichen Integratoren ist gleich der Ordnung des Differentialgleichungssystems und kann auf keine Art verringert werden.

Als einfaches Beispiel zur Lösung technischer Probleme mit der Analogierechenanlage soll nunmehr der *Einschwingvorgang eines Transformators* vollständig behandelt werden. Den Ingenieur interessiert diese Untersuchung insbesondere wegen der Einstellung der Schutzrelais, die durch zu hohe oder zu lang dauernde

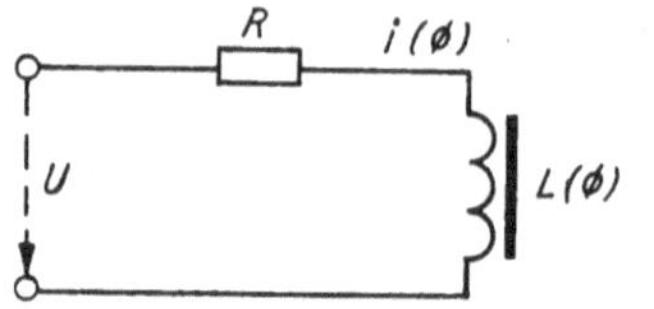

a)

Abb. 29. Nachbildung des Transformators in der Analogierechenanlage
a) Ersatzschaltbild, b) Koppelplan

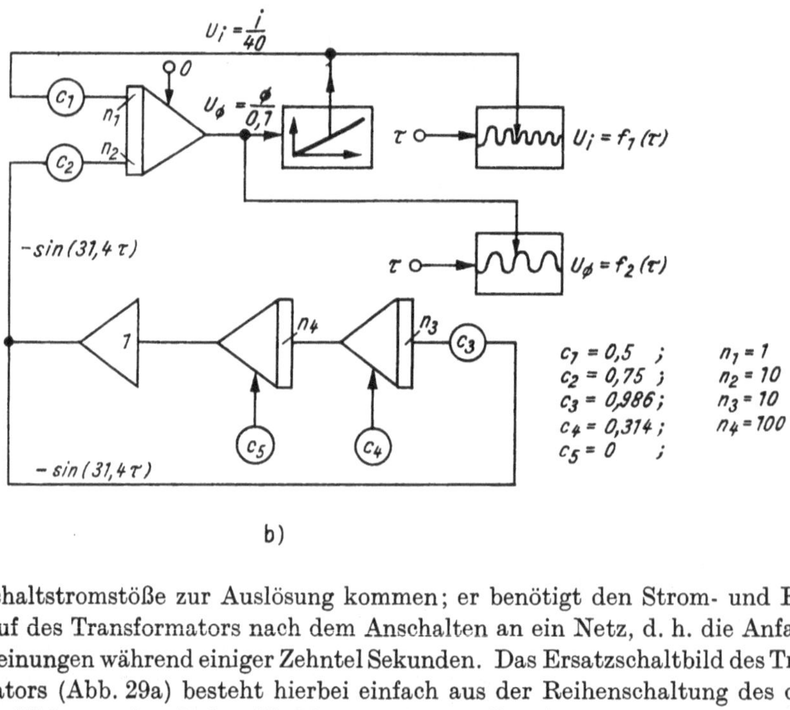

b)

Einschaltstromstöße zur Auslösung kommen; er benötigt den Strom- und Flußverlauf des Transformators nach dem Anschalten an ein Netz, d. h. die Anfangserscheinungen während einiger Zehntel Sekunden. Das Ersatzschaltbild des Transformators (Abb. 29a) besteht hierbei einfach aus der Reihenschaltung des ohmschen Widerstandes R der Wicklung und einer Induktivität L mit Eisenkern. L ist hierbei vom magnetischen Fluß Φ, dieser wiederum vom Strom i abhängig. Die mathematische Formulierung dieses Stromkreises ist folgende:

$$U = i(\Phi) \cdot R + w \frac{d\Phi(i)}{dt} \quad \text{mit} \quad \Phi(0) = 0\,,$$

wobei $U = U_0 \sin \omega t$ die angelegte Spannung und w die Windungszahl ist. Die Magnetisierungskennlinie des Eisenkerns $\Phi = \Phi(i)$ ist gegeben. Die Umformung ergibt

$$\Phi = \int_0^t \left[\frac{U}{w} - \frac{R}{w}\, i(\Phi)\right] \cdot dt\,.$$

Die Behandlung dieser nichtlinearen Differentialgleichung 1. Ordnung ist mit den üblichen mathematischen Methoden der theoretischen Elektrotechnik schwierig und sehr zeitraubend. Bei der analogiemäßigen Lösung wird die Funktion $i(\Phi)$ durch einen elektronischen Funktionstransformator derart nachgebildet, daß zu jedem Eingangswert Φ der der Kennlinie entsprechende Wert i als Ausgangsgröße erscheint. Um eine Übersteuerung der Analogierechenelemente zu verhindern, müssen die Größen i und Φ normiert werden, d. h. es müssen obere Schranken (Maximalwerte) angegeben werden. Sie mögen mit i_m und Φ_m bezeichnet sein.

Die *Amplituden-Umrechnungsfaktoren* müssen den Bedingungen entsprechen:

$$a_i \leq \frac{1}{i_m} \quad \left[\frac{\text{Anlageneinheiten}}{\text{Ampere}}\right] \quad \text{und} \quad a_\Phi \leq \frac{1}{\Phi_m} \quad \left[\frac{\text{Anlageneinheiten}}{\text{Voltsekunde}}\right].$$

Hinsichtlich der Zeit ist eine Dehnung ($\alpha_t > 1$) oder Raffung ($\alpha_t < 1$) erforderlich, je nachdem die Rechenzeit (Analogieanlagenzeit τ) größer beziehungsweise kleiner als die interessierende Maximalzeit des prototypen Systems ist. Im vorliegenden Fall möge der zu untersuchende Einschwingvorgang in der Größenordnung von 10^{-1} bis 1 s liegen. Benutzt man beispielsweise eine Analogielangzeitanlage mit einer Rechenzeiteinstellung von 10 s, so erscheint als *Zeit-Umrechnungsfaktor* (Zeitfaktor)

$$\alpha_t = \frac{\tau}{t} = 10$$

günstig. t ist die wirkliche Zeit, τ die Analogieanlagenzeit als unabhängige Variable.

Folgende Größen mögen dem zu untersuchenden 200 kVA-Transformator zugrunde liegen:

$$\begin{aligned} U_0 &= 6\,\text{kV} \qquad & i_m &= 40\,\text{A} \\ R &= 10\,\Omega & \Phi_m &= 0{,}1\,\text{Vs} \\ w &= 800 \\ \omega &= 314\,\text{Hz} \end{aligned}$$

Damit empfehlen sich folgende Transformationsgleichungen:

$$U_i = a_i \cdot i(\Phi); \qquad i(\Phi) = \frac{1}{a_i} U_i; \qquad a_i = \frac{1}{40} \quad \left[\frac{\text{Anlageneinheiten}}{\text{Ampere}}\right];$$

$$U_\Phi = a_\Phi \cdot \Phi; \qquad \Phi = \frac{1}{a_\Phi} U_\Phi; \qquad a_\Phi = \frac{1}{0{,}1} \quad \left[\frac{\text{Anlageneinheiten}}{\text{Voltsekunde}}\right];$$

$$\tau = \alpha_t \cdot t; \qquad t = \frac{1}{\alpha_t} \cdot \tau; \qquad \alpha_t = 10\,.$$

Diese in die Originalgleichung

$$\Phi = \int_0^t \left[\frac{U_0 \cdot \sin \omega t}{w} - \frac{R}{w} i(\Phi)\right] dt$$

eingesetzt, führt zu der *Analogieanlagengleichung* (Maschinengleichung)

$$0{,}1\, U_\Phi = \int_0^\tau \left[\frac{6000 \sin 314 \cdot 0{,}1\,\tau}{800} - \frac{10}{800} \cdot 40\, U_i(\Phi) \right] \frac{d\tau}{10}$$

oder

$$U_\Phi = \int_0^\tau [7{,}5 \sin 31{,}4\,\tau - 0{,}5\, U_i]\, d\tau\,,$$

wobei $U_i = \frac{i(\Phi)}{40}$ als Kurve zur elektronischen Abtastung, aus $i = i(\Phi)$ ermittelt, vorliegt.

Die Funktion $\sin 31{,}4\,\tau$ wird als Lösung der Differentialgleichung

$$\frac{d^2x}{d\tau^2} + 31{,}4^2\, x = 0; \quad x\,(0) = 0; \quad \frac{dx}{d\tau} = 31{,}4 \quad \text{für} \quad \tau = 0$$

dargestellt. Den Koppelplan für dieses Problem zeigt Abb. 29b. An den beiden Funktionsempfängern erscheinen als Lösungskurven

$$U_i = f_1(\tau) \qquad \text{und} \qquad U_\Phi = f_2(\tau)\,.$$

Nach Rücktransformation gemäß den Gleichungen

$$U_i = \frac{1}{40}\, i(\Phi)\,, \qquad U_\Phi = \frac{1}{0{,}1}\, \Phi \qquad \text{und} \qquad \tau = 10\, t\,,$$

d. h. Maßstabsänderung der elektronisch geschriebenen und eventuell fotografischen Funktionsdarstellungen ergeben sich die beiden für den Einschwingvorgang des Transformators interessierenden Ergebnisse:

$$i = f_1(t); \quad t \text{ in s}, \qquad \Phi = f_2(t)\,; \quad t \text{ in s}\,,$$
$$i \text{ in A} \qquad\qquad \Phi \text{ in Vs}\,.$$

5. Gekoppelte Schwingungssysteme

Als weiteres Beispiel zur Lösung technischer Probleme mit Analogierechenanlagen folgt die Untersuchung gekoppelter Schwingungssysteme, bei denen der Resonator auf den Erreger rückwirkt, etwa die gegenseitige Beeinflussung einer elastischen Längsschwingung und einer Torsionsschwingung. Solch ein physikalisches System ist in Abb. 30 dargestellt. Die Eigenfrequenz der Längsschwingung ω_L ist durch die Masse m und die Direktionskraft D der Federung bestimmt, während die Torsionsschwingungsfrequenz ω_T durch das Massenträgheitsmoment Θ und das Direktionsmoment D^* festgelegt ist. Die Abstimmung der beiden Eigenfrequenzen aufeinander läßt sich durch Verschieben der Massen auf dem Querstab bewirken, wodurch Θ bei konstantem m verändert wird. Es gilt

$$\omega_L = \sqrt{\frac{D}{m}}\,; \quad D = \frac{F}{x} \quad \text{und} \quad \omega_T = \sqrt{\frac{D^*}{\Theta}}\,; \quad D^* = \frac{M}{\varphi} \text{ mit } M = \text{Drehmoment};$$

im Resonanzfall ist $\omega_L = \omega_T$.

Die Bewegungsgleichungen (ohne Dämpfung) lauten

$$m \frac{d^2x}{dt^2} + Dx - k\varphi = 0 \quad \text{(Kräftegleichung)}$$

und

$$\Theta \frac{d^2\varphi}{dt^2} + D^* \varphi - k^* x = 0 \quad \text{(Drehmomentengleichung)}$$

oder

$$\ddot{x} + \frac{D}{m} x - \frac{k}{m} \varphi = 0\,, \qquad \ddot{\varphi} + \frac{D^*}{\Theta} \varphi - \frac{k^*}{\Theta} x = 0\,.$$

In diesem Differentialgleichungssystem für die zu untersuchenden gekoppelten Schwingungen bedeuten: x = Linearschwingungsweg, φ = Drehwinkel, m = Masse, Θ = Massenträgheitsmoment, D = resultierende Direktionsgröße der Linearschwingung, D^* = resultierende Winkelrichtgröße der Torsionsschwingung und k bzw. k^* die beiden Schwingungsgebilden gemeinsamen Richtgrößen. Die Verhältnisse k/D bzw. k^*/D^* sind die Kopplungskoeffizienten der beiden physikalischen Gebilde und stellen die Verhältnisse der beiden Teilschwingungsenergien zur Gesamtschwingungsenergie dar. $\frac{k\,k^*}{DD^*}$ ist das Quadrat des Kopplungsfaktors des aus den beiden Schwingungsgebilden bestehenden Schwingungssystems. Der Kopplungsfaktor ist also eine dimensionslose Zahl.

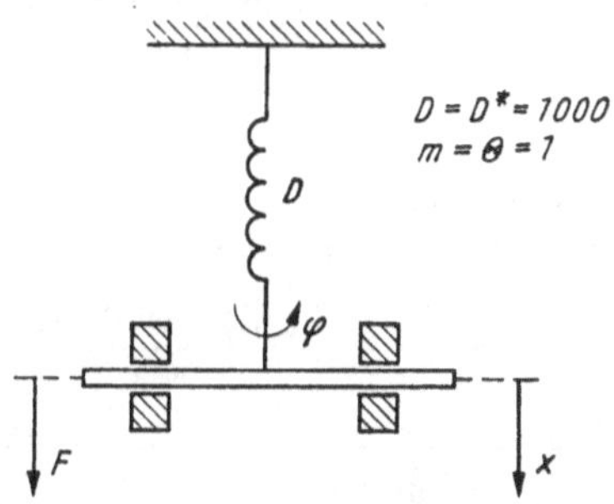

Abb. 30.
Kopplungssystem einer elastischen Linear- und Torsionsschwingung

Ermittelt man aus den beim Schwingungssystem gegebenen Größen m, Θ, D und D^* die im Differentialgleichungssystem auftretenden reduzierten Koeffizienten, so mögen beispielsweise die Gleichungen

$$\frac{d^2x}{dt^2} + 1000\,x - 100\,\varphi = 0 \quad \text{und} \quad \frac{d^2\varphi}{dt^2} + 1000\,\varphi - 100\,x = 0$$

resultieren, die durch eine Analogierechenanlage zu lösen sind. Als Anfangsbedingungen sollen hierbei vorgeschrieben sein

$$x(0) = 5 \text{ cm}, \quad \varphi(0) = 0 \quad \text{und} \quad \frac{dx}{dt}(0) = \frac{d\varphi}{dt}(0) = 0\,.$$

Die ungedämpften wirklichen Kreisfrequenzen sind

$$\omega_t = \sqrt{1000} = 31{,}6 \text{ rad/s}\,,$$

die Frequenz für beide Schwingungsarten somit

$$f_t = \frac{31{,}6}{2\pi} = 5 \text{ Hz}\,.$$

Je nach der Rechenzeit bzw. der Repetitionsfrequenz der zur Verfügung stehenden elektronischen Analogieanlage wird man nunmehr einen günstigen Zeitumrechnungsfaktor (Zeitfaktor) wählen, bei Langzeitanlagen $\alpha_t \geq 1$, was einer Zeitdehnung entspricht, bei repetierenden, d. h. Kurzzeitanlagen $\alpha_t \leq 1$. Unter der Annahme $\alpha_t = 5$ lautet dann die Zeit-Transformationsgleichung

$$\tau = \alpha_t \cdot t\,, \quad t = \frac{1}{\alpha_t} \cdot \tau\,, \quad \alpha_t = 5\,,$$

mithin

$$t = 0{,}2\,\tau\,.$$

Für die Wahl der Amplituden-Umrechnungsfaktoren ist vorgeschrieben

$$a \leq \frac{1}{\text{Maximalwert}} \left[\frac{\text{Anlageneinheiten}}{\text{Originaleinheit}}\right].$$

Aus den Anfangsbedingungen geht hervor, daß für $t = \tau = 0$ die Gesamtenergie des Systems in Form von potentieller Linearschwingungsenergie der Feder, die auf eine Länge von 5 cm gedehnt ist, existiert. In Anbetracht der Systemeigenfrequenz von 5 Hz bzw. 31,6 rad/s betragen dann die Amplitudenänderungen

$$-5 \leq x \leq +5$$

und $-1{,}58$ rad $\leq \varphi \leq +1{,}58$ rad.

Diese Intervallgrenzen führen zu folgenden Amplituden-Umrechnungsfaktoren:

$$a_x \leq \frac{1}{5} \left[\frac{\text{Anlageneinheiten}}{\text{cm}}\right] \quad \text{und} \quad a_\varphi \leq \frac{1}{1{,}58} \left[\frac{\text{Anlageneinheiten}}{\text{rad}}\right].$$

Nimmt man $a_x = 0{,}2$ und $a_\varphi = 0{,}5$ an, so lauten schließlich die drei Transformationsgleichungen

$$U_x = a_x \cdot x\,, \quad x = \frac{U_x}{a_x}\,, \quad a_x = 0{,}2\,,$$

$$U_\varphi = a_\varphi \cdot \varphi\,, \quad \varphi = \frac{U_\varphi}{a_\varphi}\,, \quad a_\varphi = 0{,}5\,,$$

$$\tau = \alpha_t \cdot t\,, \quad t = \frac{\tau}{\alpha_t}\,, \quad \alpha_t = 5\,,$$

oder

$$x = 5\,U_x\,, \quad \varphi = 2\,U_\varphi \quad \text{und} \quad t = 0{,}2\,\tau.$$

Setzt man diese Relationen in das zu untersuchende Bewegungsgleichungssystem ein, so ergibt sich

$$\frac{d^2(5\,U_x)}{d(0{,}2\,\tau)^2} + 1000\,(5\,U_x) - 100\,(2\,U_\varphi) = 0$$

und

$$\frac{d^2(2\,U_\varphi)}{d(0{,}2\,\tau)^2} + 1000\,(2\,U_\varphi) - 100\,(5\,U_x) = 0\,.$$

Die Weiterrechnung führt zu

$$125\,\frac{d^2 U_x}{d\tau^2} + 5000\,U_x - 200\,U_\varphi = 0$$

und

$$50\,\frac{d^2 U_\varphi}{d\tau^2} + 2000\,U_\varphi - 500\,U_x = 0\,.$$

Mithin lauten die Analogieanlagengleichungen

$$\frac{d^2 U_x}{d\tau^2} + 40\, U_x - 1{,}6\, U_\varphi = 0 \quad \text{und} \quad \frac{d^2 U_\varphi}{d\tau^2} + 40\, U_\varphi - 10\, U_x = 0\,.$$

Der diesem System von Differentialgleichungen 2. Ordnung entsprechende Koppelplan ist in Abb. 31 dargestellt. Die in der Analogierechenanlage erscheinenden Lösungskurven werden gemäß den Gleichungen

$$U_x = 0{,}2\, x, \qquad U_\varphi = 0{,}5\, \varphi \quad \text{und} \quad \tau = 5\, t$$

zurücktransformiert und ergeben die gewünschten Lösungen

$$x = f_1(t)\,, \qquad \varphi = f_2(t) \quad \text{und} \quad x = f_3(\varphi)\,.$$

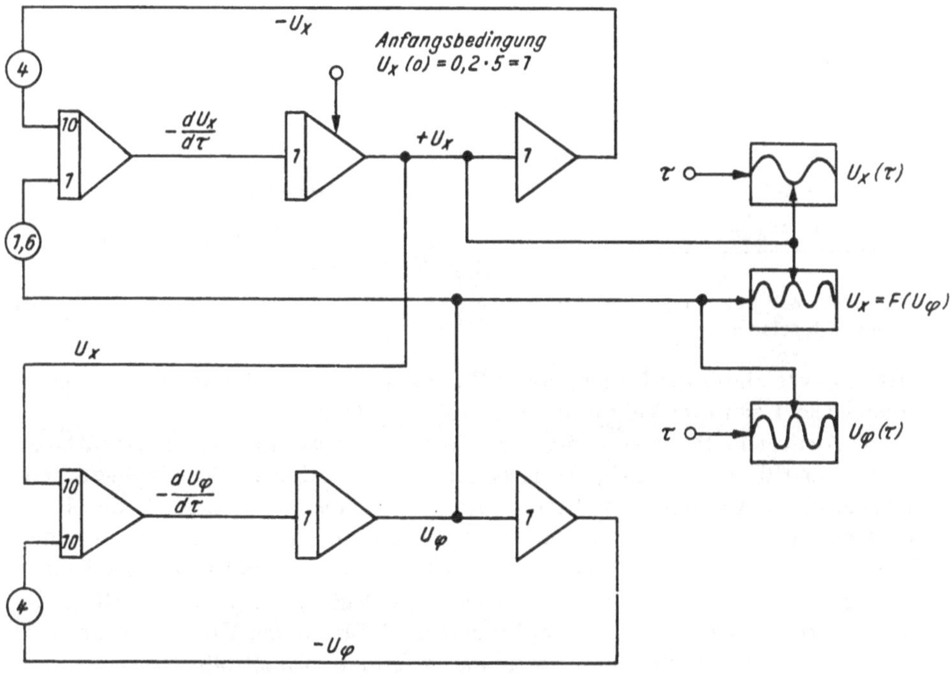

Abb. 31. Koppelplan für die gekoppelte elastische Linear-Torsionsschwingung

6. Bewegung eines elektrisch geladenen Teilchens in einem elektrischen und magnetischen Feld

Dieses Problem tritt beispielsweise bei den Entwicklungen der verschiedenartigen Elektronenstrahlablenkröhren und der Teilchenbeschleunigungsanlagen auf. Zur Vereinfachung der Darstellung mögen hierbei die Gravitation und der relativistische Effekt vernachlässigt werden. Wird die Masse der Partikel mit m, ihre Ladung mit q, ihre Geschwindigkeit mit $\mathfrak{v}$, ihre Beschleunigung mit $\mathfrak{a}$, das elektrische Feld mit $\mathfrak{E}$ und das magnetische Feld mit $\mathfrak{H}$ bezeichnet, dann gilt die Vektorgleichung

$$\frac{m}{q}\mathfrak{a} = \mathfrak{E} + \mathfrak{v} \times \mathfrak{H} .$$

Wie in Abb. 32 dargestellt, soll das Koordinatensystem so fixiert sein, daß die magnetische Feldrichtung mit der Richtung der z-Achse übereinstimmt, und die elektrische Feldrichtung sei durch die Winkelangaben φ und ψ (Abb. 32) festgelegt.

Für die Bearbeitung einer Vektorgleichung mit der elektronischen Analogierechenanlage werden deren Komponentengleichungen betrachtet.

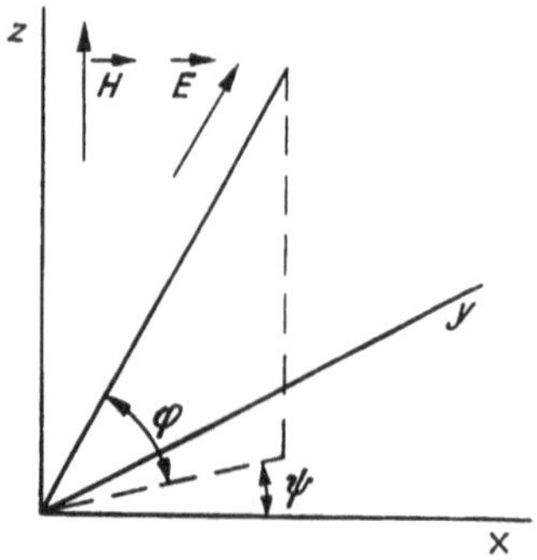

Abb. 32. Zur Bewegung eines elektrisch geladenen Teilchens

$$\frac{m}{q}\ddot{x} = E_x + H_z\dot{y} - H_y\dot{z} ,$$

$$\frac{m}{q}\ddot{y} = E_y + H_x\dot{z} - H_z\dot{x} ,$$

$$\frac{m}{q}\ddot{z} = E_z + H_y\dot{x} - H_x\dot{y} .$$

Hierbei ist

$$E_x = E\cos\varphi\cos\psi ,$$
$$E_y = E\cos\varphi\sin\psi ,$$
$$E_z = E\sin\varphi ,$$

ferner

$$H_x = H_y = 0 .$$

Den Koppelplan für die Lösung dieses Problems zeigt Abb. 33; er ist aus 3 Teilen entsprechend den drei Vektorkomponenten aufgebaut.

Die Analogiemethode ist durchaus nicht auf konstante Felder beschränkt. Sind $\mathfrak{H}$ und $\mathfrak{E}$ veränderlich, dann benutzt man hierfür Funktionsgeneratoren anstelle der konstant eingestellten Eingangsspannungen und anstelle der Konstantmultiplikatoren elektronische Funktionsmultiplikatoren für die Produktbildungen $H_z\dot{x}$, und $H_z\dot{y}$. Wird die Richtung der magnetischen Feldstärke nicht parallel zu einer Koordinatenachse festgelegt, dann ist erforderlich, die H_x- und H_y-Terme einzuführen, wofür zusätzlich Sinus- und Kosinusgeneratoren sowie bei Feldvariabilität außerdem weitere Funktionsmultiplikatoren notwendig sind.

Hinsichtlich der Wahl der Amplituden- und Zeit-Umrechnungsfaktoren sei folgendes bemerkt:

Angenommen, es interessiert die Bewegung in dem Raum

$$0 \leq x \leq 20 \text{ cm}, \qquad 0 \leq y \leq 20 \text{ cm}, \qquad 0 \leq z \leq 10 \text{ cm}.$$

Dann werden die Amplituden-Umrechnungsfaktoren entsprechend gewählt

$$a_x = a_y \leq \frac{1}{20} = 0{,}05 \qquad \left[\frac{\text{Anlageneinheiten}}{\text{cm}}\right]$$

und

$$a_z \leq \frac{1}{10} = 0{,}1 \qquad \left[\frac{\text{Anlageneinheiten}}{\text{cm}}\right].$$

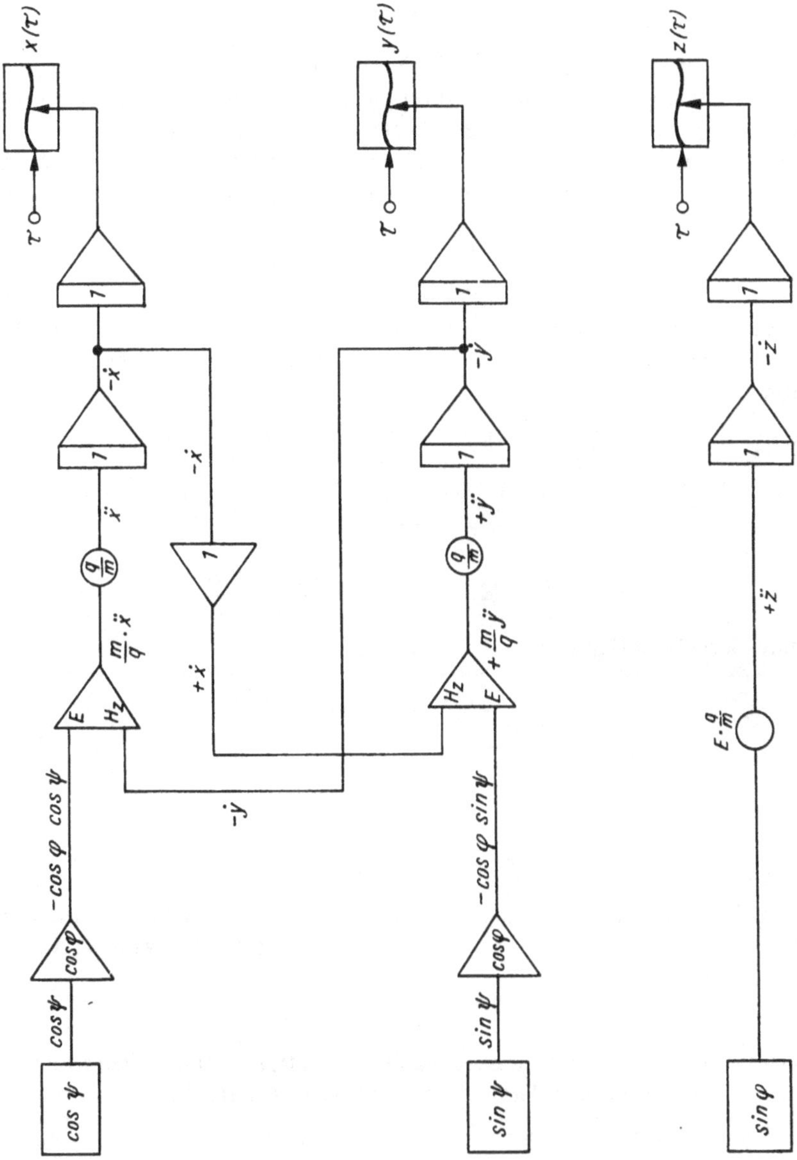

Abb. 33. Die Bewegung eines elektrisch geladenen Teilchens im elektrischen und magnetischen Feld

Es gilt hiermit beispielsweise

$$U_x = a_x\, x = 0{,}05\, x \quad \text{bzw.} \quad x = 20\, U_x\,,$$

$$U_y = a_y\, y = 0{,}05\, y \quad \text{bzw.} \quad y = 20\, U_y\,,$$

und

$$U_z = a_z\, z = 0{,}1 \quad z \quad \text{bzw.} \quad z = 10\, U_z\,.$$

Zur Wahl des Zeit-Umrechnungsfaktors geht man davon aus, welches Zeitmaximum $t_{\max}$ für den eben angegebenen interessierenden Ausbreitungsraum bei der bewegten elektrisch geladenen Korpuskel auftritt. Dieser Wert hängt von den gegebenen Größen des Feldes und des bewegten Teilchens ab. Hieraus ergeben sich

$$\alpha_t \leq \frac{\tau}{t_{\max}} \quad \text{und} \quad t = \frac{\tau}{\alpha_t}.$$

Setzt man die 4 Transformationsgleichungen für x, y, z und t in die prototype Vektorgleichung ein, so ergeben sich die in Komponenten ausgedrückten 3 Analogieanlagengleichungen

$$\frac{m}{q}\,\frac{d^2(20\,U_x)}{d(\tau/\alpha)^2} = E_x + H_z\,\frac{d(20\,U_y)}{d(\tau/\alpha)} - H_y\,\frac{d(10\,U_z)}{d(\tau/\alpha)}\,,$$

$$\frac{m}{q}\,\frac{d^2(20\,U_y)}{d(\tau/\alpha)^2} = E_y + H_x\,\frac{d(10\,U_z)}{d(\tau/\alpha)} - H_z\,\frac{d(20\,U_x)}{d(\tau/\alpha)}\,,$$

$$\frac{m}{q}\,\frac{d^2(10\,U_z)}{d(\tau/\alpha)^2} = E_z + H_y\,\frac{d(20\,U_x)}{d(\tau/\alpha)} - H_x\,\frac{d(20\,U_y)}{d(\tau/\alpha)}$$

oder mit Berücksichtigung von $H_x = H_y = 0$:

$$\frac{d^2U_x}{d\tau^2} = \frac{1}{20\,\alpha^2}\cdot\frac{q}{m}\left(E_x + 20\,\alpha\,H_z\,\frac{dU_y}{d\tau}\right),$$

$$\frac{d^2U_y}{d\tau^2} = \frac{1}{20\,\alpha^2}\cdot\frac{q}{m}\left(E_y - 20\,\alpha\,H_z\,\frac{dU_x}{d\tau}\right),$$

$$\frac{d^2U_z}{d\tau^2} = \frac{1}{10\,\alpha^2}\cdot\frac{q}{m}\cdot E_z\,.$$

Diese Analogieanlagengleichungen werden dann anstelle der prototypen Vektorgleichung der Aufstellung des Koppelplans zugrunde gelegt, Abb. 33 wäre entsprechend umzuformen.

C. Zusammenfassung: Programmierung der zu untersuchenden Probleme für die elektronische Analogiebearbeitung und deren Lösung

Im folgenden wird eine systematische, die einzelnen Schritte hervorhebende Zusammenstellung der Programmierungsarbeiten gegeben, wie sie in den Abschnitten A und B auftraten. Weitere praktische Anwendungsbeispiele für elektronische Analogieanlagen aus Physik und Technik werden im darauf folgenden Kapitel erläutert.

Für das recheneelektronische Studium eines vorliegenden Problems ist es günstig, ein Versuchsprotokoll zu führen, das folgende, in untenstehender Reihenfolge geordnete Arbeitsschritte enthält:

1. Problem-Titel
2. Kurze Darstellung des Problems mit Skizzen und gegebenenfalls mit Diagrammen der bereits vorliegenden, in die Lösungen eingehenden Parameterfunktionen (beispielsweise Magnetisierungskennlinie u. ä.)
3. Spezifizierung der gewünschten Resultate
4. Aufstellung aller mathematischen Gleichungen und Ungleichungen, die für die theoretische Behandlung von Bedeutung sind — genannt Systemgleichungen oder Prototypgleichungen bzw. -ungleichungen.
5. Fixierung einer Kontrollösung — soweit bekannt
6. Aufstellung der Wertetabelle für die gegebenen Konstanten
7. Angabe der „Analogieanlageneinheiten" (z. B. ± 100 Volt) und der Rechenzeit der Analogieanlage (z. B. $20 \cdots 200$ ms)
8. Kennzeichnung der Intervalle für die im prototypen System auftretenden Veränderlichen, notfalls Abschätzung derselben
9. Festlegung der Intervalle, innerhalb derer die Problem-Parameter variieren
10. Ermittlung des Zeit-Umrechnungsfaktors (Zeitfaktor)

$$\alpha = \frac{\tau}{t},$$

wobei t die veränderliche Zeit des prototypen Systems und τ die der Analogieanlage darstellt
11. Ermittlung der Amplituden-Umrechnungsfaktoren, damit kein Analogieelement der Anlage übersteuert wird, gemäß der Bedingung

$$a \leq \frac{1}{\text{Absolutbetrag des prototypen Maximums}} \left[\frac{\text{Anlageneinheiten}}{\text{Einheit des Prototyps}}\right].$$

Aufstellung der Transformationsgleichungen:

$$U_x = a_x \cdot x\,, \quad U_y = a_y \cdot y\,, \ldots$$
12. Transformation der prototypen Systemgleichungen zu Analogieanlagengleichungen
13. Festlegung der Anfangsbedingungen
14. Zeichnung des Koppelplanes für die Analogieanlagengleichungen mit Eintragung der Faktorenwerte und der Anfangsbedingungen
15. Schaltung der Analogieanlage entsprechend dem Koppelplan, Eingabe der Anfangsbedingungen und Einstellung der Koeffizientenpotentiometer, Einschalten der Anlage, Entnahme der Lösungsfunktionen

16. Veränderung der Einstellknöpfe der Analogieanlage für die Untersuchung von Parametereinflüssen (z. B. bei der Lösung von Randwertproblemen) und Entnahme der jeweiligen Lösungsfunktionen, falls erwünscht durch Fotografieren
17. Rücktransformation der Modellösungen auf die Prototyplösungen des Systems durch die Relationen

$$t = \frac{\tau}{\alpha} \quad \text{und} \quad x = \frac{U_x}{a_x}, \qquad y = \frac{U_y}{a_y}, \ldots$$

18. Interpretation der Ergebnisse.

Damit ist das gestellte Problem normalerweise gelöst. Manchmal empfiehlt es sich, eine sich günstiger auswirkende Abänderung der gewählten Umrechnungsfaktoren vorzunehmen und die Programmierung ab Schritt 10 neu durchzuführen.

V. ANWENDUNGEN ELEKTRONISCHER ANALOGIEANLAGEN

A. Überblick

1. Praktische Mathematik und maschinelle Rechentechnik

Mathematisches Denken und die Entwicklung elektronischer Rechenmaschinen stehen in sich gegenseitig befruchtender Wechselwirkung. Der praktische Mathematiker wird vor neuartige Probleme gestellt: Nicht mehr die Schaffung von Methoden zur numerischen und graphischen Lösung von Gleichungen und deren vielfach langwierige, zeitraubende Anwendungen stehen im Zentrum seines Denkens, sondern die mathematische Vorbereitung der Probleme für die automatische Bearbeitung durch elektronische Rechenanlagen. Der auf dem Gebiet der Rechenelektronik schöpferisch gestaltende Physiker und Elektronik-Ingenieur erhält andererseits von den mit den mathematischen Anlagen auf den mannigfaltigsten Gebieten operierenden Wissenschaftlern und Ingenieuren, insbesondere von den Mathematikern, wertvolle Anregungen für seine Forschungs- und Entwicklungsarbeiten. Bei der Vorbereitung des zu lösenden Problems sind nicht nur die Analogieanlagengleichungen und ein diesen entsprechender Koppelplan aufzustellen, sondern es ist auch zu untersuchen, welches die günstigste Kopplung hinsichtlich Aufwand, Genauigkeit und Stabilität der Anlage ist, wie sich die Analogieanlage beim Auftreten von Vieldeutigkeiten (mehrere Wurzeln) verhält, ob Übersteuerungen beziehungsweise Sperrungen auftreten können, der rückgekoppelte Gesamtschaltplan eventuell in einzelne in sich geschlossene Kreise zerfällt oder ob ähnliche instrumentelle mißliche Ereignisse sich bei der automatischen Arbeit einstellen können. All diese Erörterungen bilden den Gegenstand einer „Analogie-Schaltungssystematik", eines noch sich in der Anfangsentwicklung befindlichen neuen Zweiges der praktischen Mathematik beziehungsweise der Rechenelektronik. Weiterhin machen Analogieanlagen präzise Aussagen über die Möglichkeiten von Funktionsdarstellungen erforderlich. Funktionen einer Variablen lassen sich in Kurvenform eingeben, Funktionen von zwei Veränderlichen als eine Kurvenschar, bei der sukzessiv von einer Kurve zur anderen übergegangen wird (oder durch eine Fläche im Raum, die elektrisch abgetastet wird). Oft kann man letztere mit Additionsverstärkern, Funktionsmultiplikatoren und Funktionsgeneratoren in Rückkopplungsschaltung aus Funktionen einer Variablen zusammensetzen.

Bei der Behandlung von Funktionen mit mehr als zwei Veränderlichen lassen sich teilweise unter Anwendung der Lehre von den Schachtelfunktionen ähnliche Vereinfachungen durchführen. Allgemein drängt sich so der praktischen Mathematik eine große Reihe bisher ungelöster, aber äußerst wichtiger Fragen auf. Analogie-Schaltungssystematik und Darstellungsmöglichkeiten von Funktionen mehrerer Veränderlichen sind die zwei Hauptdisziplinen der sich anbahnenden experimentell-heuristischen Mathematik. Zusammengefaßt sei festgestellt, daß die elektronischen Analogieanlagen dem Mathematiker neue Ausblicke, neue Denk- und Arbeitsmöglichkeiten bei der Programmierung, Durchführung und Kontrolle der Maschinenarbeit sowie für die Auswertung eröffnen. Der mit elektronischen Analogieanlagen operierende Wissenschaftler, Ingenieur und Ökonom muß sein mathematisches Rüstzeug entsprechend den Erfordernissen der hier angewandten Methoden ergänzen und wird durch eine stattliche Erweiterung des Umfanges der zu bearbeitenden Probleme entlohnt, insbesondere dann, wenn ihm repetierende elektronische Systeme hoher Arbeitsgeschwindigkeit zur Verfügung stehen.

2. Nach Fachrichtungen gegliederte Zusammenstellung einiger Anwendungsbeispiele

Für eine systematische Übersicht der mannigfachen Anwendungen elektronischer Analogieanlagen ist es zweckmäßig, die Terminologie und Einteilung mathematischer Gleichungen zugrunde zu legen. Gerade durch die Analogie bedingt entsprechen einem bestimmten Gleichungstyp viele analoge Vorgänge in der Physik und Technik, man denke nur beispielsweise an die Schwingungsgleichung. Demgemäß wird auch die in den folgenden Abschnitten angewandte Gliederung gewählt. Für die Lösung jeder Gleichungsart wird ein Beispiel erläutert, jedoch zur Vermeidung von Weitschweifigkeit auf die jeweilige Wahl der erforderlichen Amplituden- und Zeit-Umrechnungsfaktoren verzichtet. Diese ist in den Kapiteln IV A, B und C ausführlich beschrieben.

Die folgende Aufstellung mag als Anregung gewertet werden, weitere Anwendungsgebiete für elektronische Analogieanlagen hinzuzufügen. Sie erhebt keinerlei Anspruch auf Vollständigkeit und kann zweifelsohne durch viele andere Probleme erweitert werden. Denn grundsätzlich werden in all den Fachrichtungen ihre Anwendungen unbedingt von erheblichem Vorteil sein, wo die Probleme mathematisch formulierbar sind, also praktisch auf jedem Sektor der Physik und der technischen Wissenschaften. Die aufgeführten Anwendungsbeispiele sind nicht spekulativ, sondern grundsätzlich bereits bearbeitet worden; sie sind vorhandener Spezialliteratur (siehe Literaturverzeichnis) entnommen:

a) Physik (einschl. Kernphysik):

Projektion drei- und mehrdimensionaler Funktionen bzw. Konfigurationen auf eine Ebene
Masse-, Feder-, Reibungsprobleme
Ballistische Kurven
Elastische Verformungen
Strömungen von Flüssigkeiten und Gasen
Diffusionserscheinungen
Wärmeübertragungen, insbesondere Wärmeflußgleichungen

Temperaturverlauf in Quecksilberhochdruckbogen
Theorie der Gasentladungen
Überschlagsuntersuchungen an Funkenstrecken
Analyse von linearen und nichtlinearen Stromkreisen, insbesondere von Wechselstromkreisen mit Eisenkerndrossel
Einschaltvorgänge
Studien von elektrischen Modulationssystemen
Elektronenoptische Vorgänge
Lösungen der SCHRÖDINGER-Gleichung in der Atomphysik
Phasenanalyse von Streuexperimenten mit schnellen Neutronen
Profilierung von Synchrozyklotronmagneten
Hochfahren von Reaktoren (Simulation)

b) Chemie:

Berechnung von Flammengeschwindigkeiten
Sonstige physikochemische Probleme
Chemische technologische Prozesse

c) Maschinenwesen (einschl. Technologie):

Schwingungsuntersuchungen, insbesondere im Kraftfahrzeugbau
Federungen und Schwingungsdämpfer
Dynamisches Verhalten von Maschinen
Torsionsschwingungen bei Kurbelwellen
Hydraulische Übertragungen
Strömungsprobleme
Analyse und Synthese von Servomechanismen
Automatische Kontrollsysteme
Frequenz- und Stabilitätsuntersuchungen
Werkzeugmaschinenautomatisierung

d) Verkehrswesen:

Fahrzeitenberechnung der Eisenbahn
Fahrplangestaltung
Automatisierung im Signalsystem

e) Luftfahrttechnik:

Flugbahnanalysen und -fixierung in Verbindung mit Radartechnik
Flugprobleme bei Überschallgeschwindigkeit
Entwicklung von Windkanälen
Automatische Kurssteuerungen
Schwingungen und nichtstationäres Flattern
Böenbelastungen
Ortungs- und Landesysteme

Hubschrauberschwingungen und -kontrolle
Raketenantrieb und -flug
Aerodynamische Stabilität beim Tanken im Flug

f) Stark- und Schwachstromtechnik:

Analyse von Übertragungssystemen elektrischer Energie, Verhalten von Starkstromnetzen mit Generatoren, Transformatoren, Übertragungsleitungen und Verbrauchern, Kurzschlußberechnungen vermaschter Netze, dynamische Stabilität vermaschter Netze
Drehzahlregelung von Wasserkraftmaschinensätzen, Drehmomentenverlauf und Torsionsschwingungen bei Kurzschluß von Netzkupplungsumformern
Berechnungen von Transformator-Stoßspannungen
Analyse rotierender Elektromaschinen, stationäre und dynamische Vorgänge, insbesondere elektromechanische Übergänge
Einschwingvorgänge bei Ankerstromregelungen
Grenzen der Synchronisierung einer elektrischen Maschine mit konstanter Einschaltphase
Simulation von Synchronmaschinen
Berechnung des Anlaufs von Asynchronmaschinen
Verhalten elektrischer Antriebe, Eisbrecheranlagen
Lichtbogendynamik
Rückkopplungsverstärker und automatische Kontrollsysteme
Probleme der elektrischen Regelungstechnik
Studium von Rauscheffekten in verbundenen Systemen
Entwicklung von Lautsprechersystemen und -gehäusen
Studium von Modulationsvorgängen
Antennenprobleme

g) Wirtschaftswissenschaften:

Ingenieurökonomische Probleme, soweit sie durch Differentialgleichungen formulierbar sind, beispielsweise in der Chemieproduktion, im Bergbau und Hüttenwesen, bei der Erdölgewinnung und -verteilung.

3. Elektronische Analogieanlage, elektromechanische Integrieranlage oder Ziffernrechenmaschine?

Die Frage, ob der Einsatz von Analog- oder Digitalrechner zweckmäßiger ist, hängt von dem zu behandelnden Aufgabenkomplex ab. Zwar kann von einem Digitalrechner jede numerisch auswertbare Aufgabe behandelt werden, jedoch ist das Analogie-Lösungsverfahren häufig zweckmäßiger. Dieses gilt insbesondere für alle Aufgaben, die sich als gewöhnliche, lineare und nichtlineare Differentialgleichungen, als Anfangs-, Rand- oder Eigenwertprobleme darbieten; der Lösungsvorgang wird hier ohne große Programmierungsarbeiten von der Analogieanlage selbst erzielt. Dienen die Lösungsergebnisse zur Bestimmung der Lösungsform und des Studiums des Einflusses einzelner Parameter, so ist die elektronische Analogieanlage allen anderen Rechenanlagen vorzuziehen, bei einer hohen Genauigkeitsforderung ist die elektromechanisch arbeitende Integrieranlage im Vorteil. Aufgaben, deren Lösung durch Anwendung von arithmetischen Algorithmen erfolgt, wie z. B. Lösung von algebraischen linearen Gleichungen nach den Matrizenverfahren, statistische Probleme und ähnliche sind das hauptsächlichste Arbeitsgebiet der ziffernrechnenden Maschinen.

B. Algebraische Gleichungen

1. Algebraische lineare Gleichungssysteme (simultane Gleichungen), Determinanten

Die elektronischen Analogieanlagen erweisen sich in der Praxis der maschinellen Rechentechnik als bedeutungsvolle Helfer bei der Lösung von solchen naturwissenschaftlichen und technischen Problemen, die mathematisch formuliert gewöhnlichen, insbesondere nichtlinearen Differentialgleichungen entsprechen und insbesondere bei der Simulation regelungstechnischer Vorgänge. So erhebt sich die Frage, ob auch mathematisch anders geartete Probleme vorteilhaft mit Analogrechnern behandelbar sind. Die Antwort: „Ja, aber nicht mit einer so umwegfreien Technik wie die ersteren.“ Diese Feststellung bezieht sich zum Beispiel auf algebraische Simultangleichungen, partielle Differentialgleichungen und die Wurzelbestimmung bei Polynomgleichungen.

Dieses Kapitel soll speziell die Analogie-Lösungsmethoden für algebraische Gleichungen aufzeigen, wie sie sich als zweckmäßig erwiesen haben. Auch diese basieren auf dem THOMSONschen Rückkopplungsprinzip, was ein einleitendes Beispiel erkennen läßt. Die quadratische Gleichung

$$x^2 + a\,x + b = 0$$

läßt sich maschinell lösen, indem man beispielsweise von der umgeformten Relation

$$x = -\frac{x^2 + b}{a}$$

ausgeht. Hierbei bildet ein elektronischer Funktionsmultiplikator x^2, ein Additionsverstärker fügt b hinzu, ein Koeffizientenpotentiometer vervielfacht das Zwischenergebnis auf das $1/a$fache, und ein Umkehrverstärker wechselt das Vorzeichen um, so daß an dessen Ausgang die Funktion

$$x = -\frac{x^2 + b}{a}$$

erscheint, die schließlich mit dem Eingang rückgekoppelt wird (Abb. 34). Dadurch erhält man x als algebraische Funktion von a und b.

Weitere theoretische Kopplungsmöglichkeiten gehen von den Umformungen

$$\dot{x} = -a - \frac{b}{x} \qquad \text{oder} \qquad x = \sqrt{-ax - b}$$

aus. Als vierte, für die Praxis besonders geeignete Möglichkeit kann man dem Koppelplan die Gleichung

$$x^2 + ax + b = 0$$

zugrundelegen.

Bedingt durch die Wirkungsweise der analogieelektronischen Elemente (siehe Kap. VI und VII) ist jedoch infolge des Vorhandenseins von zwei Wurzeln kein richtiges Ergebnis zu erhalten, sofern man die drei erstgenannten Koppelpläne in der Analogieanlage realisiert. Im Falle der zweiten und dritten Kopplungsart kommt noch der Umstand erschwerend hinzu, daß allgemein ein elektronischer Funktionsmultiplikator nicht unmittelbar Teilungsoperationen auszuführen vermag. In die Praxis umsetzbar ist demnach nur der vierte Koppelplan, obwohl auch die anderen formal richtig sind. Hierbei wird die Anfangswerteinstellung des Integrators variiert. Ist die Ausgangsspannung des Additionsverstärkers gleich Null, dann ist der hierzu gehörige, mit einem Funktionsempfänger (bzw. Gleichspannungsmesser) ermittelte Wert für x eine Wurzel der vorgegebenen Gleichung. Die zweite Wurzel läßt sich ebenso feststellen.

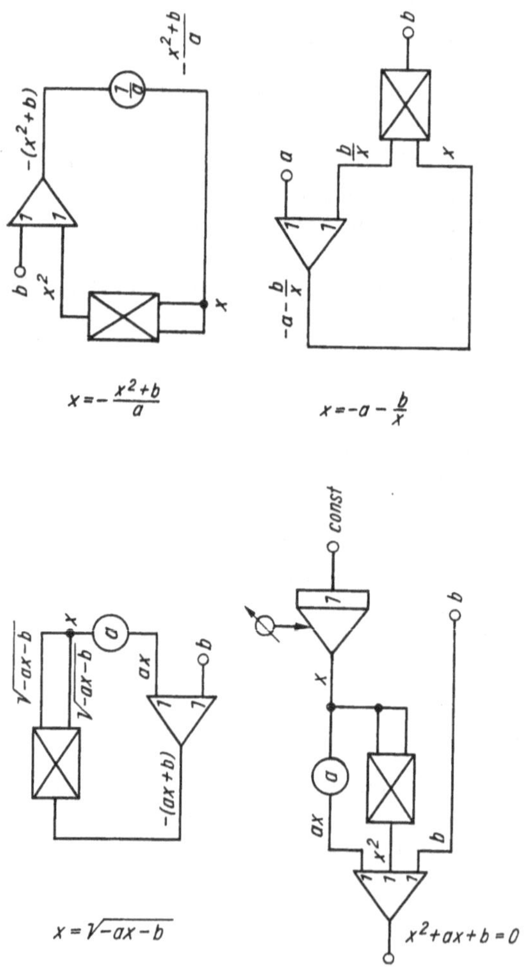

Abb. 34. Koppelpläne für die quadratische Gleichung $x^2 + ax + b = 0$

Um simultane algebraische Gleichungen nach der rechenelektronischen Analogiemethode lösen zu können, transformiert man diese in ein System linearer Differentialgleichungen.

Die prototypen Gleichungen haben die Form

$$\begin{array}{l} a_{11} x_1 + a_{12} x_2 + \cdots + a_{1i} x_i + \cdots + a_{1n} x_n + b_1 = 0 \\ \vdots \\ a_{i1} x_1 + a_{i2} x_2 + \cdots + a_{ii} x_i + \cdots + a_{in} x_n + b_i = 0 \\ \vdots \\ a_{n1} x_1 + a_{n2} x_2 + \cdots + a_{ni} x_i + \cdots + a_{nn} x_n + b_n = 0 . \end{array}$$

Dieses System wird so umgeformt, daß jede der n Gleichungen der zeitlichen Ableitung der Variablen x_i gleichgesetzt wird, wobei $1 \leq i \leq n$ ist:

$$\begin{array}{l} a_{11} x_1 + a_{12} x_2 + \cdots + a_{1i} x_i + \cdots + a_{1n} x_n + b_1 = -\frac{dx_1}{dt} \\ \vdots \\ a_{i1} x_1 + a_{i2} x_2 + \cdots + a_{ii} x_i + \cdots + a_{in} x_n + b_i = -\frac{dx_i}{dt} \\ \vdots \\ a_{n1} x_1 + a_{n2} x_2 + \cdots + a_{ni} x_i + \cdots + a_{nn} x_n + b_n = -\frac{dx_n}{dt} . \end{array}$$

Bei Eingabe dieses Systems in eine elektronische Analogieanlage wird Stabilität vorhanden sein, wenn die Realteile aller Wurzeln der charakteristischen Gleichung

$$\begin{vmatrix} a_{11} - \lambda & a_{12} & \ldots & a_{1n} \\ a_{21} & a_{22} - \lambda & \ldots & a_{2n} \\ \vdots & & & \vdots \\ a_{n1} & a_{n2} & \ldots & a_{nn} - \lambda \end{vmatrix} = 0$$

positiv sind. Dann werden die Analogieanlagen-Veränderlichen $x_1, \ldots, x_n$ die gesuchten Werte geben. Bei Instabilität des Anlagensystems muß man versuchen, das Original-Gleichungssystem anders zu ordnen oder einige der Gleichungen mit —1 zu multiplizieren. Führt dieses Verfahren nicht zu der für den maschinellen Lösungsvorgang erforderlichen Stabilität, ist man gezwungen, ein neues System von Anlagengleichungen zur Bestimmung der Unbekannten $x_1, \ldots, x_n$ aufzustellen:

$$\begin{array}{l} A_{11} x_1 + A_{12} x_2 + \cdots + A_{1n} x_n + B_1 = -\frac{dx_1}{dt} \\ \vdots \\ A_{n1} x_1 + A_{n2} x_2 + \cdots + A_{nn} x_n + B_n = -\frac{dx_n}{dt} . \end{array}$$

Hierbei bedeuten

$$A_{ik} = \sum_{l=1}^{n} a_{li} a_{il} \qquad \text{und} \qquad B_i = \sum_{l=1}^{n} a_{li} b_l$$

mit $i, k = 1, 2, \ldots, n$.

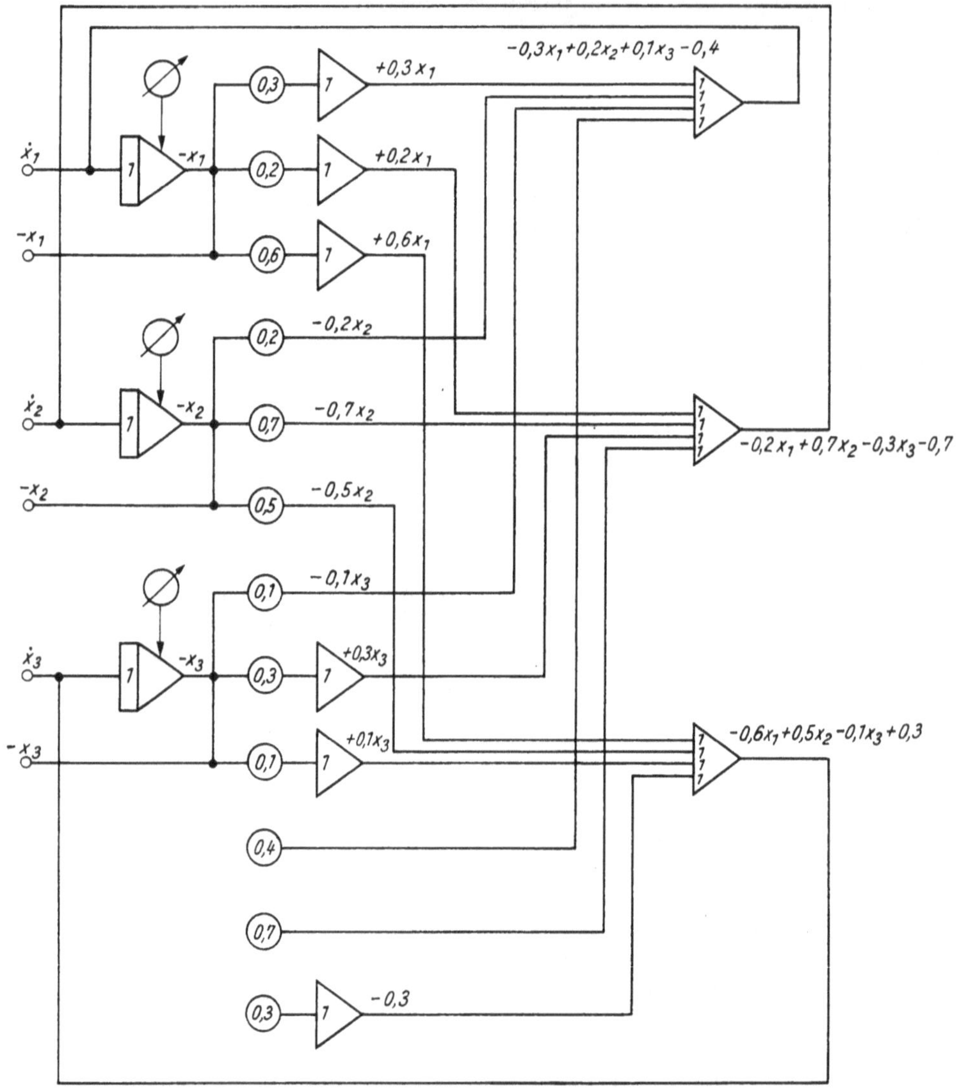

Abb. 35. Lösung eines algebraischen linearen Gleichungssystems

Mittels einer derartigen Transformation läßt sich immer erreichen, daß die Determinantengleichung $|A_{ik}| = 0$ positive reelle Wurzeln besitzt, außer wenn die Determinante $|a_{ik}|$ den Wert Null hat.

Es läßt sich also stets Stabilität der Analogieanlage erzielen, wobei der Aufwand allerdings so erheblich sein kann, daß es vorteilhafter ist, das vorliegende Problem mit Ziffernrechenmaschinen einer Lösung zuzuführen.

Abb. 35 zeigt den Koppelplan für das einfache Zahlenbeispiel

$$0{,}3\, x_1 - 0{,}2\, x_2 - 0{,}1\, x_3 + 0{,}4 = 0\,,$$
$$0{,}2\, x_1 - 0{,}7\, x_2 + 0{,}3\, x_3 + 0{,}7 = 0\,,$$
$$0{,}6\, x_1 - 0{,}5\, x_2 + 0{,}1\, x_3 - 0{,}3 = 0\,.$$

Die hierin unbekannten Spannungen x_1, x_2 und x_3 werden als Lösungen $x_1(\tau)$, $x_2(\tau)$ und $x_3(\tau)$ des analogen Anlagengleichungssystems

$$0{,}3\, x_1 - 0{,}2\, x_2 - 0{,}1\, x_3 + 0{,}4 = -\frac{dx_1}{d\tau},$$
$$0{,}2\, x_1 - 0{,}7\, x_2 + 0{,}3\, x_3 + 0{,}7 = -\frac{dx_2}{d\tau},$$
$$0{,}6\, x_1 - 0{,}5\, x_2 + 0{,}1\, x_3 - 0{,}3 = -\frac{dx_3}{d\tau}$$

mit $\frac{dx_1}{d\tau} = \frac{dx_2}{d\tau} = \frac{dx_3}{d\tau} = 0$ ermittelt. Wenn also alle Ableitungen identisch verschwinden, sind alle x-Werte konstant. Es müssen demnach die Anfangswerte der drei Integratoren so eingestellt werden, daß die mittels Funktionsempfänger gemessenen Spannungen $\dot{x}_1$, $\dot{x}_2$ und $\dot{x}_3$ gleich Null werden. Die hierzu gehörigen konstanten Spannungen x_1, x_2 und x_3, ebenfalls mit Funktionsempfängern gemessen, stellen sodann die Lösung des linearen Gleichungssystems dar. Anstelle der Funktionsempfänger können hierbei zwecks Verminderung des Aufwandes ebensogut Voltmeter (Nullpunkt in Skalenmitte) eingesetzt werden, deren Meßbereich dem Aussteuerbereich der Analogieanlage entspricht.

Im folgenden sei noch auf zwei spezielle Analogieanlagen-Typen hingewiesen, die nicht zu den elektronischen Rechnern gehören: Mallock benutzt für die Multiplikation elektrischer Spannungen mit Konstanten und deren Addition Transformatoren und löst damit algebraische lineare Simultangleichungen. Das Prinzip dieser Arbeitsweise mag an einem einfachen Beispiel beschrieben werden:

$$a_{11}\, x_1 + a_{12}\, x_2 - b_1 = 0$$
$$a_{21}\, x_1 + a_{22}\, x_2 - b_2 = 0\,.$$

Abb. 36 zeigt die hierfür erforderlichen Transformatoren. Der erste trägt 2 Wicklungen, deren Windungszahlen den Koeffizienten von x_1, nämlich a_{11} und a_{21}, proportional sind, der x_2-Transformator zwei mit den Koeffizienten a_{12} und a_{22} und der dritte zwei mit den absoluten Gliedern b_1 und b_2 proportionalen Windungszahlen. Alle drei Transformatoren besitzen ferner je eine, einander gleichdimensionierte Spule R zur Bestimmung des relativen magnetischen Flusses in den Kernen und einer der drei eine erregende Primärspule U. Liegt an der Primärspule eine Wechselspannung an, so wird im ersten Transformatorkern ein magnetischer Fluß erzeugt, welcher in den a_{11}- und a_{21}- sowie in der R-Spule Wechselspannungen induziert, die proportional den beiden Koeffizienten und der Konstanten sind, sofern der Trafo hinsichtlich der Verluste als ideal angesehen werden kann. Infolge der in der Abbildung ersichtlichen Schaltung werden

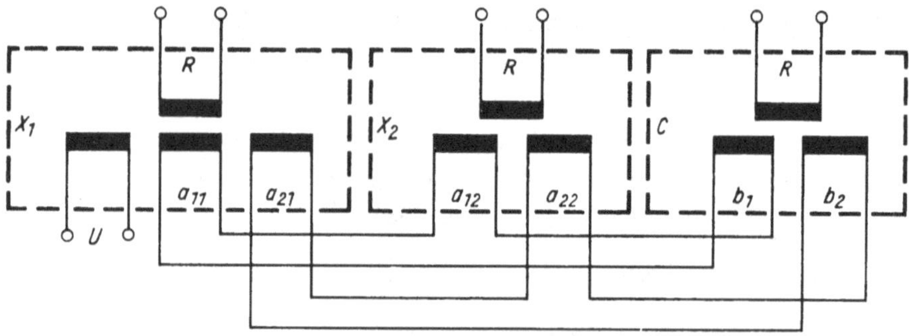

Abb. 36. Prinzip einer Transformatoren-Analogieanlage

die entsprechenden Ströme durch sämtliche Koeffizienten- und Konstantenspulen fließen und magnetische Wechselfelder erzeugen, die wiederum Spannungen induzieren, welche proportional den Windungszahlen und den magnetischen Flußstärken in den Kernen sind. Nach Beendigung des Einschwingvorganges wird Stabilität eintreten und die Klemmenspannungen an den Spulen werden folgende Werte haben:

$c\,a_{11}\,X_1$ an der a_{11}-Spule des x_1-Trafos,
$c\,a_{21}\,X_1$ an der a_{21}-Spule des x_1-Trafos,
$c\,R\;X_1$ an der R-Spule des x_1-Trafos,
$c\,a_{12}\,X_2$ an der a_{12}-Spule des x_2-Trafos,
$c\,a_{22}\,X_2$ an der a_{22}-Spule des x_2-Trafos,
$c\,R\;X_2$ an der R-Spule des x_2-Trafos,
$c\,b_1\;C$ an der b_1-Spule des C-Trafos,
$c\,b_2\;C$ an der b_2-Spule des C-Trafos und
$c\,R\;C$ an der R-Spule des C-Trafos,

wobei c die Proportionalitätskonstante bedeutet.

Die Summe aller Spannungen in einer geschlossenen Leiterschleife ist Null, d. h.

$$c\,a_{11}\,X_1 + c\,a_{12}\,X_2 - c\,b_1\,C = 0$$

und

$$c\,a_{21}\,X_1 + c\,a_{22}\,X_2 - c\,b_2\,C = 0$$

oder

$$a_{11}\frac{X_1}{C} + a_{12}\frac{X_2}{C} - b_1 = 0$$

und

$$a_{21}\frac{X_1}{C} + a_{22}\frac{X_2}{C} - b_2 = 0\,.$$

Diese Gleichungen korrespondieren mit dem zu lösenden Gleichungssystem

$$x_1 = \frac{X_1}{C} \qquad \text{und} \qquad x_2 = \frac{X_2}{C}.$$

Spannungsmessungen in den drei gleichwertigen Spulen R jedes Transformators ergeben somit die Lösungen, und zwar ist der Quotient aus der Spannung an R des x_1-Trafos und der Spannung an R des C-Trafos gleich x_1. Das Analoge gilt für x_2. Die Original-MALLOCK-Anlage ist für 10 simultane Gleichungen mit

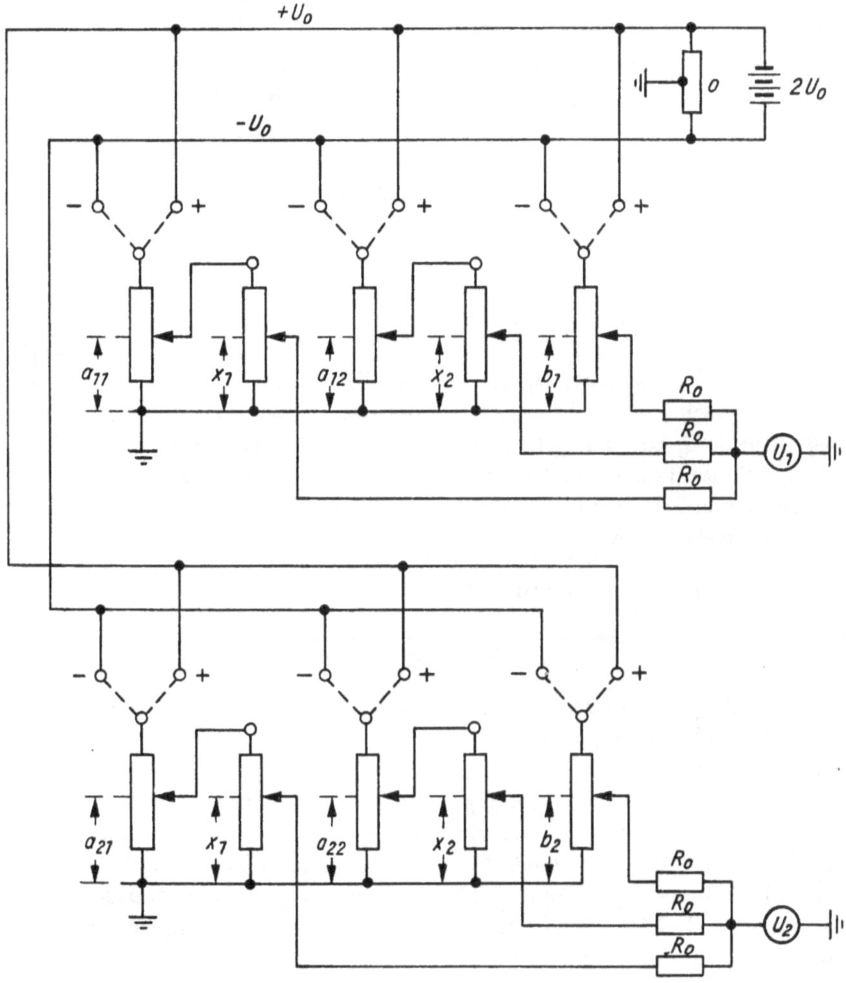

Abb. 37. Potentiometrische Analogieanlage für die Lösung von algebraischen linearen Gleichungssystemen ($n = 2$)

11 Transformatoren ausgerüstet, von denen jeder eine eigene Primärspule besitzt. Die Koeffizientenwindungen sind hierbei zwischen 1 und 1000 variierbar.

Ein weiteres elektrisches, erfolgreich angewandtes Lösungssystem für lineare Simultangleichungen und Determinanten basiert auf Potentiometernetzwerken. Abb. 37 zeigt für die im Vorangegangenen mit der MALLOCK-Analogieanlage behandelten beiden algebraischen simultanen Gleichungen das Potentiometernetzwerkbild. Von den beiden miteinander vermaschten Kreisen stellt der erste die Gleichung

$$a_{11}\,x_1 + a_{12}\,x_2 - b_1 = 0\,,$$

der zweite die Gleichung

$$a_{21}\,x_1 + a_{22}\,x_2 - b_2 = 0$$

dar. Jedem Koeffizienten und jeder Konstanten entspricht ein Potentiometer, an allen liegt entsprechend der Vorzeichenvorschrift wahlweise die konstante Spannung $+U_0$ oder $-U_0$. Angenommen, die beiden Gleichungen sind bereits normiert, d. h. jede der beiden Gleichungen sei durch den größten Absolutwert der auftretenden Koeffizienten und Konstanten dividiert, dann können alle vorgegebenen Zahlen als Spannungsteile der an den Potentiometerenden anliegenden Spannung eingestellt werden: Die Spannungen $a_{11}\,U_0$ und $a_{21}\,U_0$ sind die Eingangsspannungen der beiden x_1-Potentiometer, und die Spannungen $a_{12}\,U_0$ und $a_{22}\,U_0$ liegen an den beiden x_2-Potentiometern an. Werden nunmehr an den x_1- und x_2-Potentiometern die Abgriffe auf die Werte x_1 und x_2 eingestellt, so betragen die Teilspannungen $a_{11}\,x_1\,U_0$, $a_{12}\,x_2\,U_0$, $a_{21}\,x_1\,U_0$ und $a_{22}\,x_2\,U_0$ gegenüber Erde. Entsprechend erhält man ebenfalls durch Spannungsteilungen die konstanten Terme $b_1\,U_0$ und $b_2\,U_0$. Wie aus dem Schaltbild weiterhin ersichtlich, ergeben sich unter Zugrundelegung des 1. KIRCHHOFFschen (Knotenpunkts-) Gesetzes für die auf die beiden Meßinstrumente einwirkenden Spannungen U_1 und U_2 folgende Relationen:

$$\frac{U_0}{3}\,(a_{11}\,x_1 + a_{12}\,x_2 - b_1) = U_1$$

und

$$\frac{U_0}{3}\,(a_{21}\,x_1 + a_{22}\,x_2 - b_2) = U_2\,.$$

Wenn x_1 und x_2 die Wurzeln der normierten Gleichungen sein sollen, müssen U_1 und U_2 Null sein, da $U_0 \neq 0$ ist.

Zur Lösung eines vorliegenden algebraischen Gleichungssystems hat man also nach potentiometrischer Einstellung aller Werte a_{ik} und b_i die Potentiometereinstellungen x_i so zu variieren, daß die Voltmeter (oder Galvanometer) die Werte Null anzeigen. Eine nach dieser Methode arbeitende elektrische Analogieanlage für n Gleichungen mit n Unbekannten und n Konstanttermen erfordert somit $n\,(2\,n + 1)$ Potentiometer, $n\,(n + 1)$ Widerstände für die Additionen und n Meßgeräte. Die benötigte Potentiometerzahl kann günstigstenfalls auf $2\,n + 1$ reduziert werden, wenn für jede Spalte der Koeffizientenmatrix und die Spalte der Konstantterme je ein einziges Potentiometer mit n voneinander unabhängig einstellbaren Abgriffen Verwendung findet; in diesem Fall reichen $n + 1$ Additionswiderstände statt $n\,(n + 1)$ aus, und nur ein einziges Meßinstrument ist erforderlich. Mit Hilfe von Mehrpolumschaltern mit n Schaltstellungen geht man hierbei iterativ von Gleichung zu Gleichung über.[1])

[1]) C. E. BERRY, D. E. WILCOX, S. M. ROCK and H. W. WASHBURN, A Computer for Solving Linear Simultaneous Equations, J. Appl. Phys. 17 (1946) 262—272.

Die Lösung praktischer Probleme führt häufig auf algebraische Simultangleichungen mit *komplexen Koeffizienten* und entsprechend auch auf komplexe Wurzeln. Hierbei separiert man für die analogiemäßige Behandlung die Real- und die Imaginärteile. Die zu lösende Gleichung möge folgende Form haben:

$$(a_{11} + i\, b_{11})(x_1 + i\, y_1) + (a_{12} + i\, b_{12})(x_2 + i\, y_2) = c_1 + i\, d_1$$

$$(a_{21} + i\, b_{21})(x_1 + i\, y_1) + (a_{22} + i\, b_{22})(x_2 + i\, y_2) = c_2 + i\, d_2 .$$

Ausmultiplikation und Trennung führt zu

$$\begin{aligned} a_{11} x_1 + a_{12} x_2 - b_{11} y_1 - b_{12} y_2 &= c_1 , \\ a_{21} x_1 + a_{22} x_2 - b_{21} y_1 - b_{22} y_2 &= c_2 , \\ b_{11} x_1 + b_{12} x_2 + a_{11} y_1 + a_{12} y_2 &= d_1 , \\ b_{21} x_1 + b_{22} x_2 + a_{21} y_1 + a_{22} y_2 &= d_2 . \end{aligned}$$

Dadurch erhält man ein Gleichungssystem mit 4 reellen Unbekannten, das nach den besprochenen Methoden bearbeitet werden kann. Die Absolutbeträge der beiden komplexen Wurzeln haben schließlich die Werte

$$\sqrt{x_1^2 + y_1^2} \qquad \text{und} \qquad \sqrt{x_2^2 + y_2^2} ,$$

und die Phasenwinkel betragen

$$\operatorname{arc\,tan} \frac{y_1}{x_1} \qquad \text{und} \qquad \operatorname{arc\,tan} \frac{y_2}{x_2} .$$

L. M. Haupt führte eine Lösungsmethode mit Wechselstromnetzwerken für derartige algebraische Gleichungssysteme ein, die eine symmetrische Determinante ($a_{ij} = a_{ji}$) und positive Koeffizienten-Realteile besitzen. Die letztere Bedingung ist notwendig, da hierbei ohmsche Widerstände die Realteile, Induktivitäten die positiven und Kapazitäten die negativen Imaginärteile der Koeffizienten repräsentieren.

Ein besonderer Typ algebraischer linearer simultaner Gleichungen tritt häufig bei mechanischen sowie elektrischen Schwingungen, bei Problemen der Quantenmechanik und in der Statistik auf, der Säkulartyp

$$\begin{array}{llll} (a_{11} - \lambda^2)\, x_1 + a_{12}\, x_2 & + \cdots + a_{1n}\, x_n & = 0 \\ a_{21}\, x_1 + (a_{22} - \lambda^2)\, x_2 & + \cdots + a_{2n}\, x_n & = 0 \\ \vdots & \vdots & \\ a_{n1}\, x_1 + a_{n2}\, x_2 & + \cdots + (a_{nn} - \lambda^2)\, x_n & = 0 . \end{array}$$

Zwecks Vereinfachung der Lösungsdiskussion — ohne Einschränkung der Allgemeingültigkeit — sollen nur 2 Gleichungen betrachtet werden:

$$\begin{aligned} (a_{11} - \lambda^2)\, x_1 + a_{12}\, x_2 &= 0 \\ a_{21}\, x_1 + (a_{22} - \lambda^2)\, x_2 &= 0 . \end{aligned} \qquad \text{(VB 1—1)}$$

In diesen Gleichungen ist λ ein charakteristischer Wert („Eigenwert") des partikulären Systems, das von ihnen beschrieben wird, beispielsweise die Frequenz eines mechanischen oder elektrischen Schwingungsgebildes. Die Unbekannten x_1

und x_2 des obigen Gleichungssystems entsprechen den charakteristischen Funktionen („Eigenfunktionen") des zu untersuchenden prototypen Systems, beispielsweise den Schwingungsweiten einzelner Oszillationselemente eines mechanischen oder elektrischen Schwingungsgebildes mit der Frequenz λ, wobei $a_{12} = a_{21}$ ist. Gesucht sind also die Werte für λ, x_1 und x_2. Damit eine Lösung $x_1 \neq 0$ und $x_2 \neq 0$ existiert, muß die Determinante der Koeffizienten Null sein. Der Wert für λ läßt sich demnach aus der Gleichung

$$\begin{vmatrix} a_{11} - \lambda^2 & a_{12} \\ a_{21} & a_{22} - \lambda^2 \end{vmatrix} = 0$$

bestimmen. Da bei linearen Schwingungssystemen $a_{12} = a_{21}$ ist, ergibt sich schließlich die folgende quadratische Gleichung in λ^2:

$$\lambda^4 - (a_{11} + a_{22})\,\lambda^2 + (a_{11}\,a_{22} - a_{12}^2) = 0\,.$$

Hierdurch sind zwei λ^2-Werte verfügbar, die die beiden natürlichen Frequenzen des Systems, formuliert durch die Gleichungen (VB 1—1), darstellen. Zur Lösung dieser beiden Gleichungen formt man sie zweckmäßig um:

$$a_{11}\,x_1 + a_{12}\,x_2 = \lambda^2\,x_1$$

$$a_{21}\,x_1 + a_{22}\,x_2 = \lambda^2\,x_2$$

mit $0 \leq \lambda^2 \leq \infty$. Setzt man für $\lambda^2 = B/A$, so ergeben sich die folgenden Relationen:

$$A\,(a_{11}\,x_1 + a_{12}\,x_2) = B\,x_1$$

und

$$A\,(a_{21}\,x_1 + a_{22}\,x_2) = B\,x_2\,.$$

Ist hierin A die Anlageneinheit und B zwischen 0 und 1 veränderlich, dann überdecken die λ^2-Werte den Bereich von 0 bis 1. Wird hingegen B als Anlageneinheit fixiert und A von 1 bis 0 variierbar gestaltet, dann werden alle λ^2-Werte zwischen 1 und ∞ erfaßt, insgesamt wird also die Parameteruntersuchung $0 \leq \lambda^2 \leq \infty$ möglich. Die technisch-physikalische Gestaltung dieses mathematisch formulierten Problems zeigt die in Abb. 38 dargestellte Potentiometerschaltung. In diesem Fall liegen die konstanten Spannungen $\pm U_0$ direkt an den x-Potentiometern, deren abgegriffene Teilspannungen an die parallel geschalteten Koeffizientenpotentiometerpaare geführt sind. Ein dreifacher Zweipolschalter ermöglicht die erste und zweite Gleichung getrennt zu untersuchen, wobei die Konstantwiderstände R_0 entsprechend den linken Gleichungsseiten additiv wirken und das Potentiometer A die Multiplikation der Summe mit dem Faktor A durchführt. Die korrespondierende x-Spannung der betrachteten Gleichung wird über einen R_0-Widerstand und das mit dem Faktor B multiplizierende Potentiometer auf den Wert der rechten Gleichungsseite $B\,x_1$ gebracht. Durch das Galvanometer werden die Gleichungsseiten verglichen; zeigt es die Stromstärke Null an, dann ist die Gleichheitsbedingung erfüllt. Bei einer bestimmten

Einstellung des x_1- und x_2-Potentiometers wird diese Bedingung für beide Gleichungen des Systems erfüllt sein; x_1 und x_2 sind dann die beiden gesuchten Wurzeln. Eine derartige potentiometrische Analogieanlage für säkulare Gleichungen wurde von A. A. FROST und M. TAMRES entwickelt.

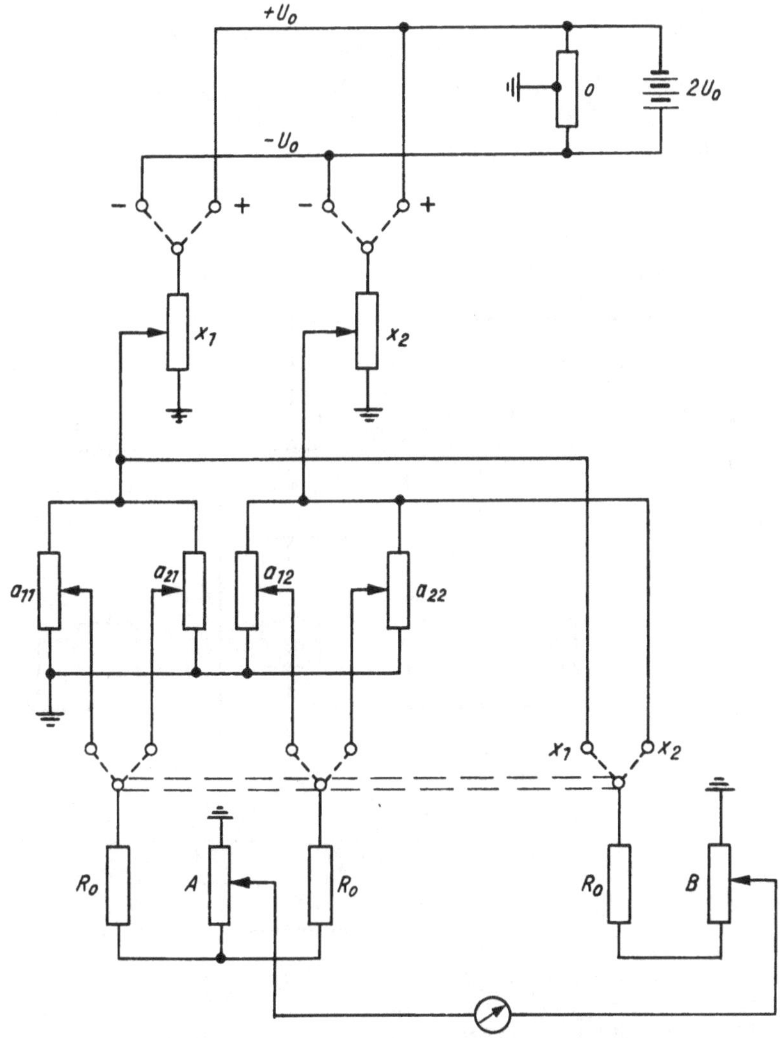

Abb. 38. Potentiometrische Analogieanlage für die Lösung von säkularen Gleichungen ($n = 2$)

= = = = = Mechanische Verbindung der drei Schalter

Eine andere Methode für die elektrische Lösung derartiger Gleichungen wird von R. H. HUGHES und E. B. WILSON angegeben, sie basiert auf der Anwendung eines Wechselstromnetzwerkes mit Induktivitäten und Kapazitäten. Der Einfachheit halber sei das Prinzip für $n = 4$ erläutert:

$$\begin{vmatrix} a_{11}-\lambda^2 & a_{12} & a_{13} & a_{14} \\ a_{21} & a_{22}-\lambda^2 & a_{23} & a_{24} \\ a_{31} & a_{32} & a_{33}-\lambda^2 & a_{34} \\ a_{41} & a_{42} & a_{43} & a_{44}-\lambda^2 \end{vmatrix} = 0 .$$

Das Blockschaltbild hierfür zeigt Abb. 39. Die Spannungen an den vier Knotenpunkten betragen U_1, U_2, U_3 und U_4, die Stromsummen sind gemäß des 1. KIRCHHOFFschen Gesetzes an diesen Knoten gleich Null, ferner ist $a_{ij} = a_{ji}$. Es folgt

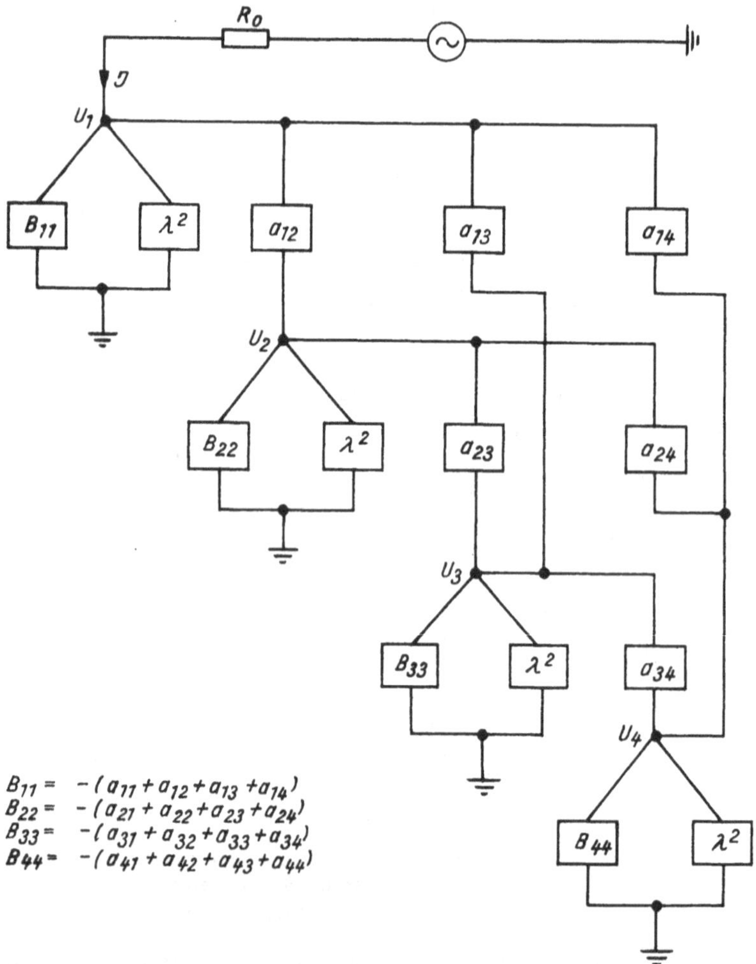

Abb. 39. Blockbild einer Wechselstrom-Analogieanlage für die Lösung von säkularen Gleichungen

also beispielsweise für den dritten Knotenpunkt

$$a_{31}(U_1 - U_3) + a_{32}(U_2 - U_3) + B_{33}(0 - U_3) + \lambda^2(0 - U_3) + a_{34}(U_4 - U_3) = 0,$$

oder umgeformt

$$a_{31} U_1 + a_{32} U_2 - (a_{31} + a_{32} + a_{34} + \lambda^2 + B_{33}) U_3 + a_{34} U_4 = 0.$$

Mit $B_{33} = -(a_{31} + a_{32} + a_{33} + a_{34})$ gilt schließlich

$$a_{31} U_1 + a_{32} U_2 + (a_{33} - \lambda^2) U_3 + a_{34} U_4 = 0, \quad \text{ebenso}$$

$$a_{21} U_1 + (a_{22} - \lambda^2) U_2 + a_{23} U_3 + a_{24} U_4 = 0,$$

$$(a_{11} - \lambda^2) U_1 + a_{12} U_2 + a_{13} U_3 + a_{14} U_4 = 0,$$

$$a_{41} U_1 + a_{42} U_2 + a_{43} U_3 + (a_{44} - \lambda^2) U_4 = 0.$$

Positive Werte von a und B werden hierbei durch Kapazitäten, negative durch Induktivitäten nachgebildet, die vier λ^2-Werte sind kapazitiv dargestellt, da sie grundsätzlich positiv sind, eine mechanische Verbindung bewirkt die gleichwertige λ^2-Einstellung an den entsprechenden vier Punkten. Die korrespondierende charakteristische Funktion ist durch die Spannungsverteilung von Knotenpunkt zu Knotenpunkt dargestellt. Die Speisung des Netzwerkes erfolgt frequenzstabilisiert über einen relativ hohen Widerstand R_0, um Konstanz des Stromes zu erzielen.

2. Algebraische nichtlineare Gleichungen höheren Grades

Oft treten bei der Behandlung physikalischer und technischer Probleme Polynomgleichungen n-ten Grades von folgender Form auf:

$$a_n z^n + a_{n-1} z^{n-1} + \cdots + a_2 z^2 + a_1 z + a_0 = 0,$$

d. h.

$$\sum_{k=0}^{n} a_k z^k = 0.$$

Ihre Lösungen durch die maschinelle Rechentechnik erfordern Potenzbildungen von z, Multiplikationen mit konstanten Koeffizienten, Additionen der resultierenden Terme und Gleichsetzungen mit den negativen Werten der Absolutglieder, wobei die Koeffizienten reell und komplex sein können. Auch wenn alle Koeffizienten reell sind, können die Wurzeln der Gleichungen durchaus komplexer Natur sein. Dieses erfordert, daß die Analogieanlagen grundsätzlich die Real- und Imaginärteile aller Wurzeln finden müssen. Hierfür bestehen elektrophysikalisch eine Reihe von Möglichkeiten, deren wichtigste im folgenden einer Betrachtung unterzogen werden sollen:

a) *Potentiometrische Analogien*

Zunächst sei zur besseren Verständlichkeit angenommen, daß in der Gleichung

$$\Sigma a_k z^k = 0$$

alle Koeffizienten reell sind und $0 \leq k \leq 3$ ist (k ganzzahlig). Ferner soll diese Gleichung bereits durch Division durch den größten Koeffizienten aus einer vorangegangenen Gleichung hervorgegangen sein, d. h. $-1 \leq a_k \leq +1$, damit eine potentiometrische Behandlung möglich ist. Abb. 40 zeigt ein potentiometrisches Netzwerk für die diesen Bedingungen unterworfene Polynomgleichung

$$a_3 z^3 + a_2 z^2 + a_1 z + a_0 = 0 .$$

Die drei z-Potentiometer sind kaskadenförmig elektrisch geschaltet, sie sind durch eine gemeinsame Welle mechanisch gleichwertig verstellbar. Vier weitere Potentiometer dienen zur Einstellung der Koeffizienten a_1, a_2, a_3 und des Konstantterms a_0, ihre Ausgänge sind mit den Eingängen von acht gleichdimensionierten, addierenden Widerständen R verbunden. Mit den vier zweipoligen Umschaltern wird die Summe der Plusterme mit der der Minusterme verglichen. Die vier geerdeten Widerstände tragen nichts zu der Summenbildung bei, sie bewirken lediglich, daß an beiden Galvanometerpolen die gleiche Anzahl von Additionswiderständen R liegt. Dadurch werden Unterschiede in den Umrechnungsfaktoren für die positive und die negative Summe kompensiert. Bei Nullanzeige des Galvanometers entspricht dann der hierfür erforderlichen Einstellung des z-Potentiometersatzes eine Wurzel der zu lösenden Polynomgleichung.

Eine andere potentiometrische Lösungsmethode fundiert auf der Substitution

$$z = 1/Z$$

und der Multiplikation der Gleichung mit Z^n,

$$a_0 Z^n + a_1 Z^{n-1} + \cdots + a_{n-1} Z + a_n = 0 .$$

Die Wurzeln Z dieser Gleichung zwischen 0 und 1 sind dann den Wurzeln der ursprünglichen Gleichung reziprok, wobei $1 \leq z \leq \infty$ ist.

Für das Auffinden komplexer Wurzeln¹)

$$z = x + j y$$

wird die Gleichung

$$a_3 z^3 + a_2 z^2 + a_1 z + a_0 = 0$$

durch Substitution und Trennung des Realteils vom Imaginärteil in zwei simultane Gleichungen zerlegt:

$$a_3 x^3 + a_2 x^2 + a_1 x - 3 a_3 x y^2 - a_2 y^2 + a_0 = 0 ,$$

$$3 a_3 x^2 y + 2 a_2 x y - a_3 y^3 + a_1 y = 0 .$$

Das Schaltbild einer für deren Lösung entwickelten Potentiometer-Analogieanlage ist in Abb. 41 dargestellt. Die den beiden Gleichungen entsprechenden Relationen werden durch die Verbindungsleitungen zwischen den Potentiometern erreicht. Für jeden positiven und negativen Wert von x wird durch Spannungsabgleich der dazugehörige y-Wert gesucht. Grundsätzlich gehört zu jedem x-Wert ein positiver und ein negativer, hinsichtlich des Absolutbetrages gleicher y-Wert, da die komplexen Wurzeln konjugiert sind. Es genügt also praktisch, nur die positiven y-Werte elektrisch zu ermitteln.

---

¹) Für $\sqrt{-1}$ wird, wie in der Elektrotechnik üblich, der Buchstabe j statt des in der Mathematik benutzten i angewandt, um mögliche Verwechslungen mit der Stromstärke i auszuschalten.

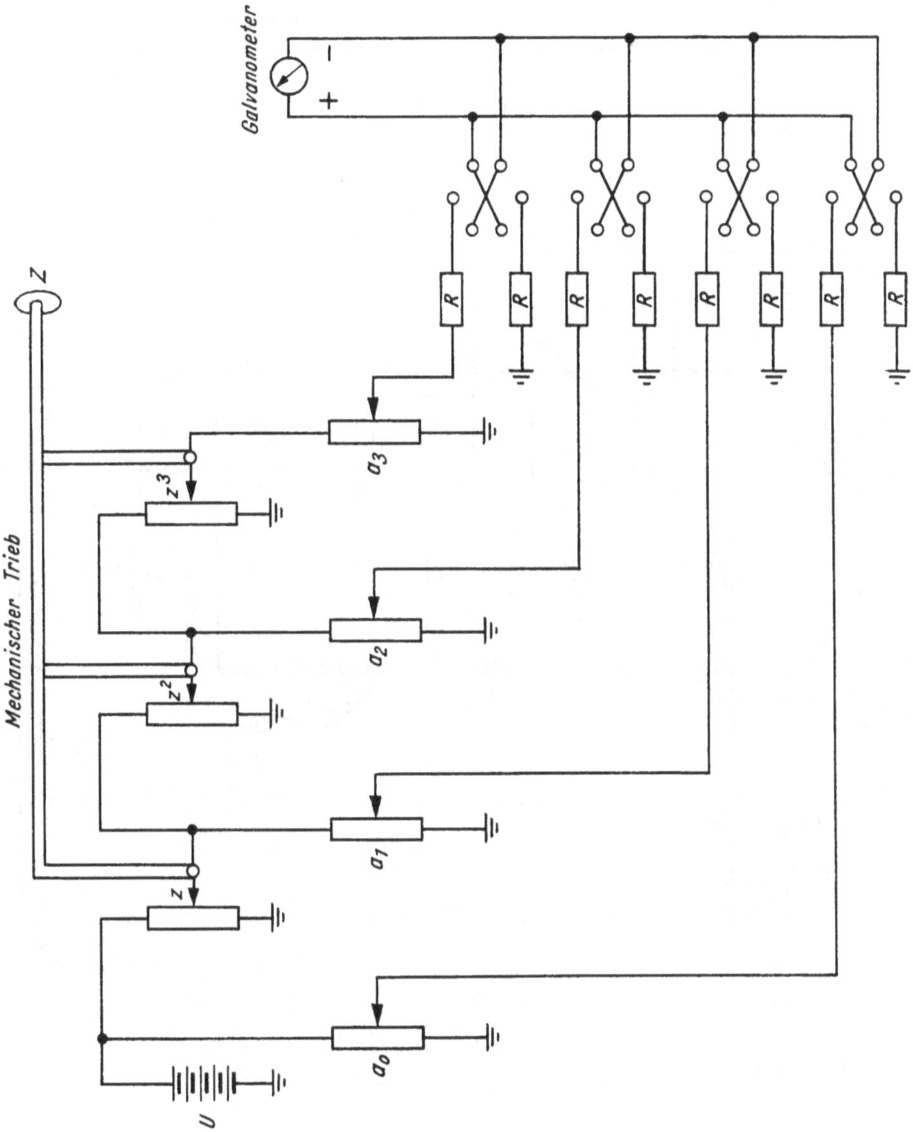

Abb. 40. Potentiometrische Analogieanlage für die Bestimmung der reellen Wurzeln algebraischer nichtlinearer Gleichungen ($n = 3$)

In dem Schaltschema Abb. 41 sind die beiden die fünf x-Potentiometer und die vier y-Potentiometer koppelnden mechanischen Verbindungen mit den beiden Einstellknöpfen für x und y aus Gründen der Übersichtlichkeit nicht eingezeichnet.

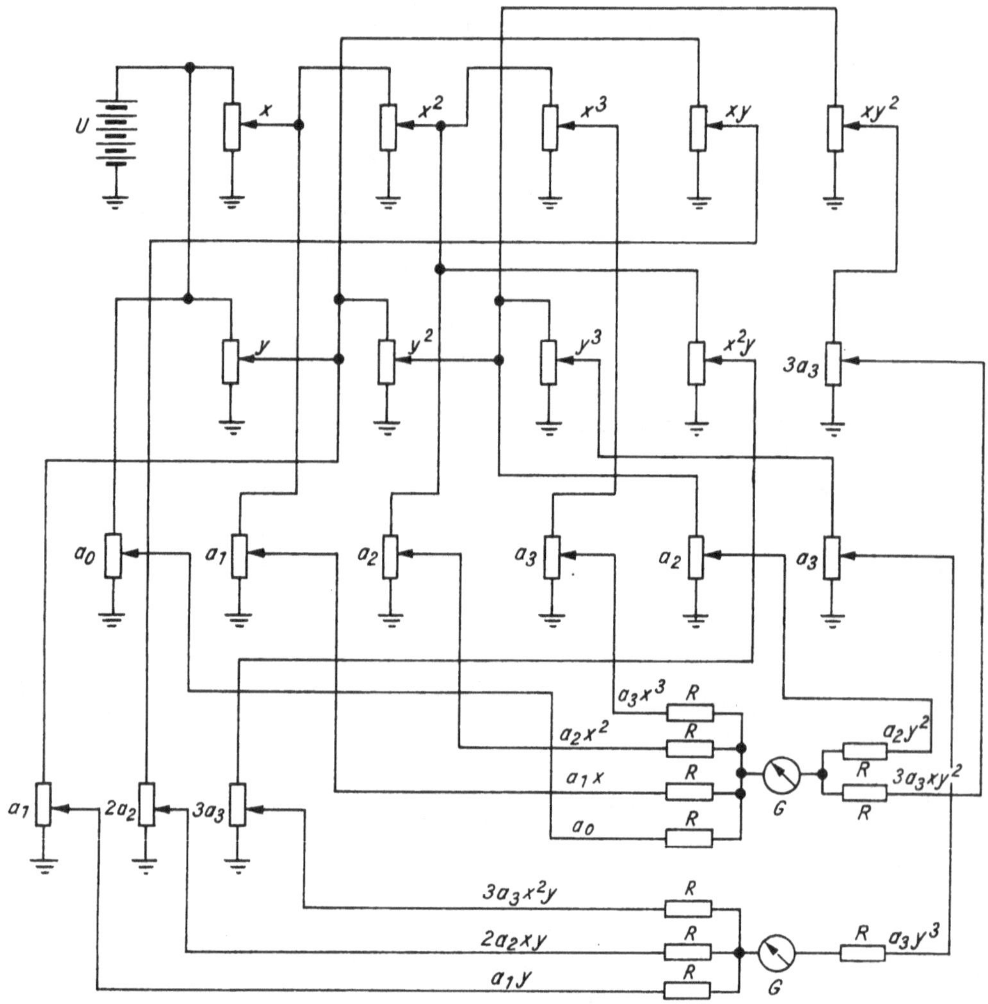

Abb. 41. Potentiometrische Analogieanlage für die Bestimmung reeller und komplexer Wurzeln algebraischer nichtlinearer Gleichungen ($n = 3$)

Schließlich können die Potentiometerkaskaden für die Potenzbildungen von z durch eine Serienschaltung spezieller, den Potenzen entsprechend gewickelter Potentiometer ersetzt werden. Die den Koeffizienten bzw. dem Absolutglied entsprechenden Spannungen werden dann aus separaten Stromquellen gewonnen, deren Größe dem jeweiligen Wert der a_i entspricht. Das Schaltbild einer auf diesem Prinzip beruhenden Analogieanlage, die auf reelle Koeffizienten und Wurzeln beschränkt ist, zeigt Abb. 42.

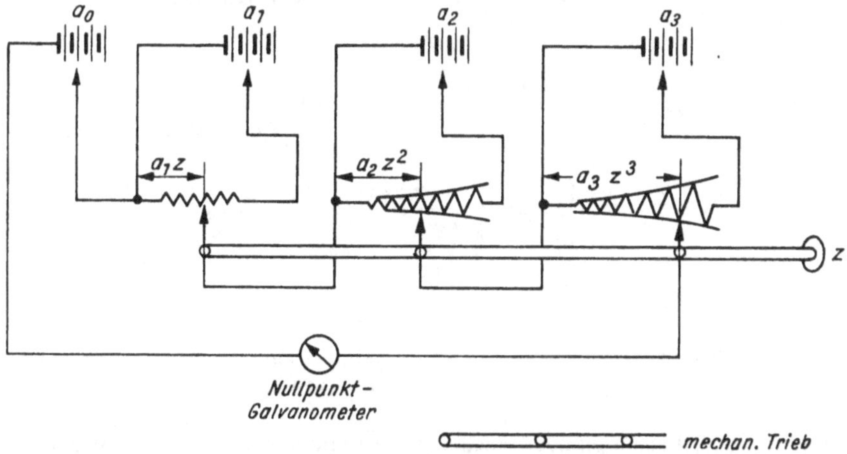

Abb. 42. Analogieanlage mit speziellen Potentiometern für die Lösung von algebraischen Polynomgleichungen ($n = 3$)

b) Integrative Analogiemethode

Die integrative Analogiemethode für die Bestimmung von Polynomgleichungswurzeln beruht auf der Umformung der Polynomgleichung n-ten Grades in eine gewöhnliche Differentialgleichung n-ter Ordnung.

Wird für die Gleichung

$$\sum_{k=0}^{n} a_k z^k = 0$$

anstatt Null w gesetzt, dann sind die Nullstellen der Funktion $w(z)$ mit den gesuchten Wurzeln identisch. Durch Differentiation erhält man

$$\frac{dw}{dz} = \sum_{k=1}^{n} k\, a_k\, z^{k-1}$$

$$\frac{d^2w}{dz^2} = \sum_{k=2}^{n} k\,(k-1)\, a_k\, z^{k-2}$$

$$\vdots \qquad \vdots \qquad .$$

Diese Gleichungen können nunmehr für w durch sukzessive Integrationen gelöst werden, wobei z innerhalb des erforderlichen Intervalls variiert wird. Jeder Wert von z, für den w den Wert Null annimmt, ist eine Wurzel der ursprünglichen Polynomgleichung. Den Koppelplan für die Lösung der speziellen algebraischen Polynomgleichung

$$a_3 z^3 + a_2 z^2 + a_1 z + a_0 = 0$$

zeigt Abb. 43. Im einzelnen ist

$$\frac{dw}{dz} = 3\,a_3\,z^2 + 2\,a_2\,z + a_1\,, \qquad \frac{d^2w}{dz^2} = 6\,a_3\,z + 2\,a_2\,, \qquad \frac{d^3w}{dz^3} = 6\,a_3\,.$$

Die Werte $-2\,a_2$, $+\,a_1$ und $-a_0$ werden den Integratoren als Anfangsbedingungen eingegeben.

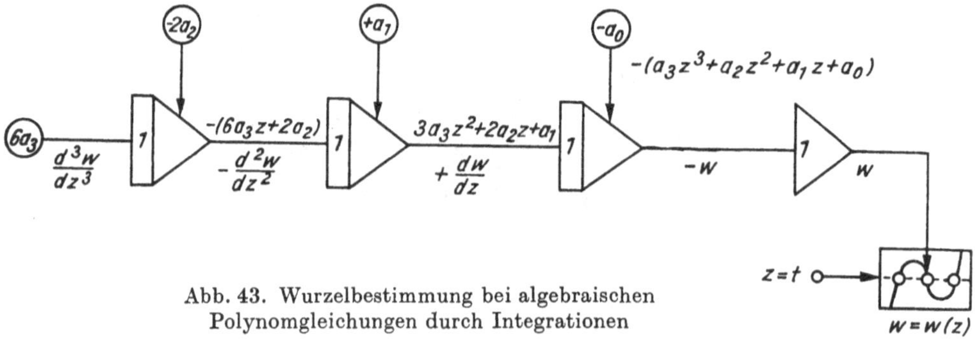

Abb. 43. Wurzelbestimmung bei algebraischen Polynomgleichungen durch Integrationen

Auf dem Funktionsempfänger erscheint die Funktion $w = w(z)$ als elektronisch geschriebene Kurve. Ihre Schnittpunkte mit der z-Achse sind die Wurzeln der gegebenen Polynomgleichung. Komplexe Wurzeln $z = x + j\,y$ kann man nach dieser Methode ebenfalls erhalten, indem man einen ähnlichen Weg wie bei der potentiometrischen Analogie (Kap. V B. 2a) beschreitet. Hierbei wird eine Variable — beispielsweise x — konstant gehalten, während die andere —y— das Anlageninterval durchläuft. Auf diese Weise erhält man für die Gleichung der Realteile und der Imaginärteile je eine Kurve. Dann sind diejenigen Wertepaare für x_k und y_k, bei denen beide Kurven die Zeitachse simultan schneiden, die Wurzeln $z_k = x_k + j\,y_k$ der gegebenen Polynomgleichung.

Eine weitere Methode zur Lösung algebraischer nichtlinearer Gleichungen beruht darauf, daß die Polynomgleichung

$$a_4\,x^4 + a_3\,x^3 + a_2\,x^2 + a_1\,x + a_0 = 0 \quad \text{mit} \quad a_4 = 1$$

in folgender Form geschrieben werden kann:

$$\begin{vmatrix} x & 0 & 0 & a_0 \\ -1 & x & 0 & a_1 \\ 0 & -1 & x & a_2 \\ 0 & 0 & -1 & (x + a_3) \end{vmatrix} = 0\,.$$

Um diesen Ausdruck maschinell bearbeiten zu können, führt man die vier neuen Variablen $y_1\,y_2$, y_3, y_4 ein und erhält

$$\begin{aligned} x\,y_1 + a_0\,y_4 \qquad\qquad &= 0 \\ -y_1 + x\,y_2 \qquad + a_1\,y_4 &= 0 \\ -y_2 + x\,y_3 \qquad + a_2\,y_4 &= 0 \\ -y_3 + (x + a_3)\,y_4 \qquad &= 0\,. \end{aligned}$$

Somit ist die Lösung dieses Problems auf die Lösung algebraischer linearer Simultangleichungen zurückgeführt, deren Lösungsmethoden bereits behandelt wurden. Die maschinelle Durchführung dieser integrativen Analogiemethode ist nicht einfach, da wegen der unbekannten höheren Ableitungen leicht Übersteuerungen der elektronischen Analogieelemente eintreten.

c) *Harmonische Synthese*

Eine weitere elektrische Lösungsmethode für Polynomgleichungen höheren Grades basiert auf deren harmonischer Synthese. Hiernach arbeiten jene Analogieanlagen, welche nach Eingabe der Koeffizienten a_n zu einem eingestellten, im Einheitskreis liegenden Wert z den komplexen Funktionswert $w(z)$ liefern. Durch planmäßige Änderung von z werden unter Beobachtung von w jene Werte z gewonnen, für welche $w = -a_0$ wird.

Eine komplexe Größe ist wie folgt darstellbar:

$$z = x + j\,y = r\,e^{j\varphi} = r\,(\cos\varphi + j\sin\varphi)\,,$$

$$r = \sqrt{x^2 + y^2} \qquad \text{und} \qquad \varphi = \operatorname{arc\,tan}\frac{y}{x}.$$

Die zu lösende Gleichung

$$a_n z^n + a_{n-1} z^{n-1} + \cdots + a_2 z^2 + a_1 z + a_0 = w + a_0 = 0$$

läßt sich dann mittels der Relationen

$$\begin{aligned} z^n &= r^n (\cos\varphi + j\sin\varphi)^n = r^n e^{jn\varphi} \\ &= r^n (\cos n\varphi + j\sin n\varphi) \end{aligned}$$

folgendermaßen schreiben:

$$[a_n r^n \cos n\varphi + a_{n-1} r^{n-1} \cos(n-1)\varphi + \cdots + a_1 r\cos\varphi]$$
$$+ j\,[a_n r^n \sin n\varphi + a_{n-1} r^{n-1} \sin(n-1)\varphi + \cdots + a_1 r \sin\varphi] = -a_0$$

oder

$$w = u + j\,v = -a_0\,.$$

Die Variablen u und v sind hierbei die Koordinaten eines Punktes in der komplexen w-Ebene, analog zu den Koordinaten x und y in der komplexen z-Ebene. Kurvenbeispiele $y = y(x)$ und $v = v(u)$ in den beiden analogen Komplexebenen für $r = \text{const}$ und $0 \leq \varphi \leq 360°$ zeigt Abb. 44.

Jedes z bestimmende Wertepaar (x, y) oder (r, φ), für das $w = u + j\,v = -a_0$ ist, stellt eine Wurzel der Polynomgleichung $\Sigma\, a_k z^k$ dar. Man ändert r hierfür manuell oder läßt r automatisch mit Niederfrequenz, etwa nach Art einer Sägezahnkurve, variieren, gleichzeitig läßt man $\varphi = \omega\,t$ selbständig und fortlaufend wachsen. Bei festgehaltenem r setzt sich w aus n Zeigern zusammen, die für sich Kreise mit den Winkelgeschwindigkeiten ω, $2\,\omega$, ..., $n\,\omega$ beschreiben. So entsteht eine zykloidenartige Kurve. Jedesmal, wenn bei Änderung von r ein Ast der Kurve oder auch mehrere durch den Punkt $-a_0$ gehen, ist der Betrag einer einfachen oder mehrfachen Nullstelle gewonnen, die dazugehörige Phase φ ist leicht zu ermitteln. Durch die kontinuierlichen Änderungen von r und φ wird das Innere des Einheitskreises der z-Ebene in einer eng gewundenen Spirale abgetastet, die man elektronenoptisch schreiben läßt. Durch die Analogierechenelemente wird fortlaufend w ermittelt und sein Durchgang durch $-a_0$ angezeigt, etwa durch Aufhellung des z darstellenden Katodenstrahls, wobei die Nullstellen im Einheitskreis dann hervortreten.

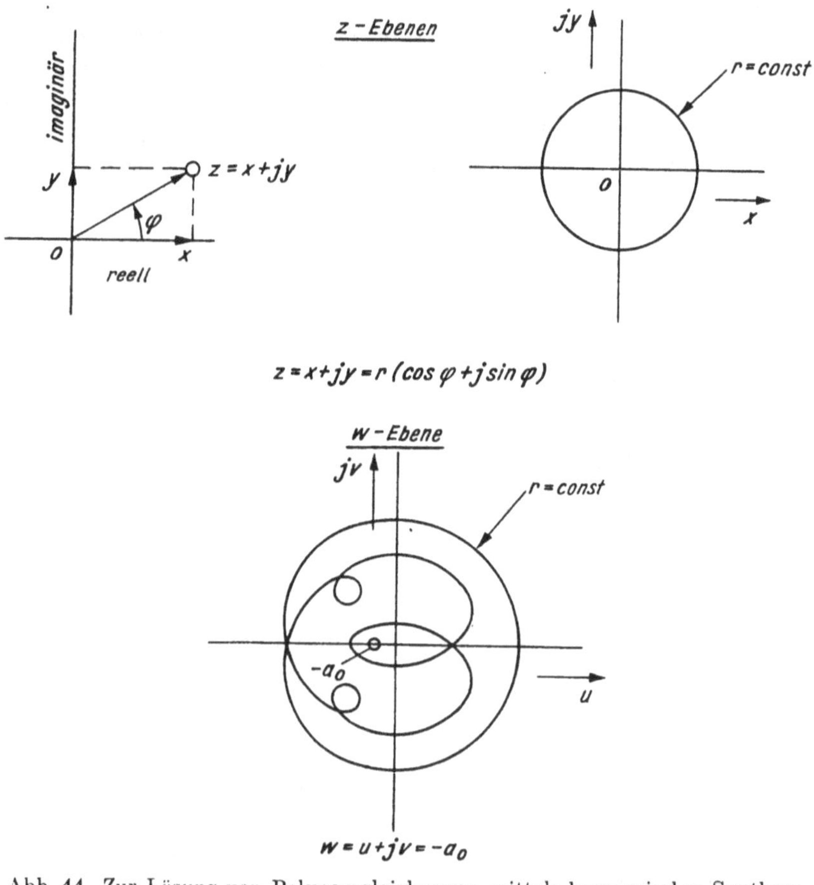

Abb. 44. Zur Lösung von Polynomgleichungen mittels harmonischer Synthese

Die maschinelle Gestaltung dieser Lösungsmethode erfordert die Erzeugung von Sinus- und Kosinus-Funktionen der Variablen φ und ihrer ganzzahligen Vielfachen, die Potenzbildungen von r durch wiederholte Multiplikationen sowie koeffizientenpotentiometrische Multiplikationen und Additionen. Elektromechanische Anlagen dieser Art existieren in verschiedenen Ausführungen, für elektronische Entwicklungen gibt es Ansätze.[1])

[1]) W. Bader, K. Fornke, H. Glubrecht, B. O. Marshall, T. B. Rymer und C. C. Butler, R. Fürth und R. W. Pringle, G. Ferrara u. R. L. Nadeau, J. H. Robertson.

d) Elektrostatische und elektromagnetische Feldanalogien

Während bei den Analogieanlagen mit harmonischer Synthese und auch bei den vorher besprochenen Lösungsmaschinen für Gleichungen höheren Grades die Nullstellen durch geeignete Einstellung erst hervorgebracht und festgestellt werden, sind diese bei der nun zu erläuternden Gerätegruppe von vornherein als physikalische Größen eines Feldes, das die z-Ebene darstellt, vorhanden und zu suchen. J. C. MAXWELL zeigte 1892, daß Funktionen komplexer Veränderlicher durch die Potentialverteilung in einer stromdurchflossenen Platte gleicher Dicke repräsentiert werden. F. LUCAS weist zur gleichen Zeit auf die Anwendung dieser Erkenntnis für die experimentelle Lösung algebraischer Polynomgleichungen hin. Nach dem 2. Weltkrieg wird der elektrolytische Trog als Analogrechner in die maschinelle Rechentechnik von HANSEN und LUNDSTROM, von BOOTHROYD, CHERRY und MAKAR und in Deutschland von BADER und BINDER eingeführt.

Dem kreisförmigen Rand $r = R > 1$ eines elektrolytischen Troges werden gemäß der Formel

$$w = \sum_{k=1}^{n} a_k\, r^k \cos k\varphi + j \sum_{k=1}^{n} a_k\, r^k \sin k\varphi = u + j\,v$$

sowohl der Realteil

$$u = \Sigma\, a_k\, R^k \cos k\varphi$$

als auch der Imaginärteil

$$v = \Sigma\, a_k\, R^k \sin k\varphi$$

in einer voneinander unterscheidbaren Form als Potentiale aufgezwungen.

Da u und v der LAPLACE-Gleichung

$$\Delta u = 0 \quad \text{und} \quad \Delta v = 0$$

genügen, sind ebenfalls auch $u(r, \varphi)$ und $v(r, \varphi)$ mit $r < R$ erzwungene elektrische Potentiale. Der Trogboden trägt ein Polarkoordinatensystem; eine Sonde, die die Spannungen u und v getrennt mißt, ist innerhalb des Kreises $r \leq R$ frei beweglich. Durch planmäßige Sondenführung ermittelt man die Nullstellen, d. h. jene z-Werte, für welche w verschwindet. Die beiden Potentiale u und v sind Wechselspannungen mit der vorgeschriebenen räumlichen Verteilung am Trogrand. Um sie unterscheiden und getrennt messen zu können, benutzt man zweierlei Frequenzen und Bandfilter. Eine andere Methode gibt die gleiche Frequenz im Wechseltakt für u und v in den Elektrolyten; man muß aber die unmittelbar vorher festgestellten u- bzw. v-Werte kurzzeitig speichern, damit der Punkt w auf dem Schirm der Katodenstrahlröhre, an deren beiden Plattenpaaren die Potentiale $u(r, \varphi)$ und $v(r, \varphi)$ liegen, ruhig steht. Grundsätzlich kann auch eine konstante Phasenverschiebung um $\pi/2$ mit phasenabhängiger Gleichrichtung zur meßtechnischen Trennung und Anzeige führen. Die Randpotentiale u und v gemäß den Bedingungen

$$u = u(R, \varphi) \quad \text{und} \quad v = v(R, \varphi)$$

werden als diskrete Potentiale in einem entsprechenden Netzwerk erzeugt und an diskrete, am Trogrand in gleichen Abständen montierte, halbkreisförmige Elektro-

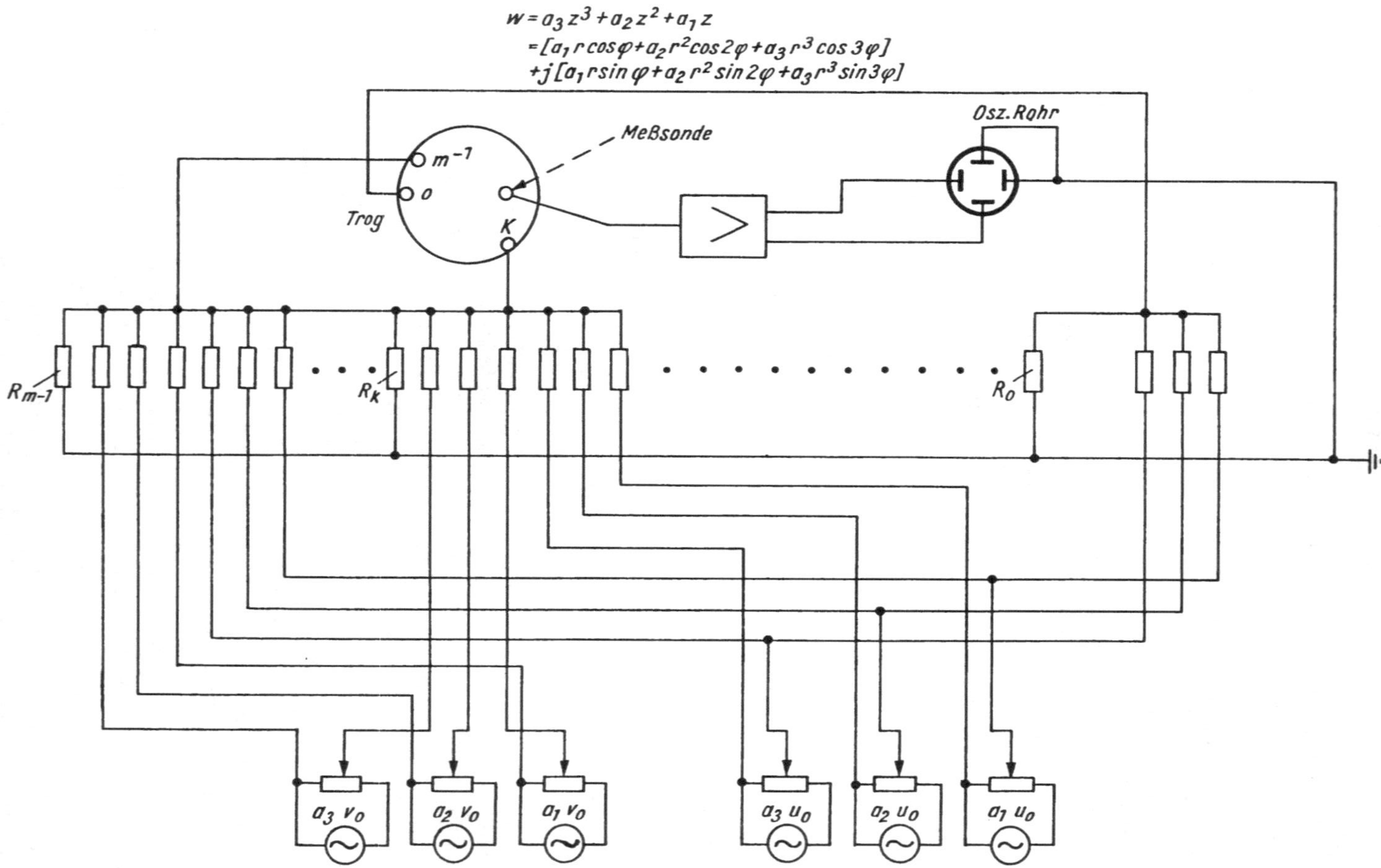

Abb. 45. Prinzipschaltbild zur Gleichungsauflösung mit dem elektrolytischen Trog

den angelegt (die von BADER und BINDER entwickelte Anlage enthält $m = 60$ derartige Randelektroden). Ein vereinfachtes Schaltbild zur Gleichungsauflösung mit dem elektrolytischen Trog zeigt Abb. 45 für $k = 1, 2$ und 3, d. h. für $n = 3$.

Bei nicht allzu ungünstigen Gleichungen lassen sich mit den beschriebenen elektrischen Analogieanlagen für die Lösung von Polynomgleichungen die Fehler bis auf etwa 1% des Betrages und etwa 1° in der Phase herabdrücken.

Die elektromagnetische Feld-Analogie für die Nullstellenbestimmung von algebraischen Polynomgleichungen wurde 1890 von F. LUCAS entwickelt, 1909 von A. RUSSELL und J. N. ALLY weiter ausgebaut. Zur Lösung der Gleichung

$$\begin{aligned} f(z) &= a_n z^n + a_{n-1} z^{n-1} + \cdots + a_2 z^2 + a_1 z + a_0 \\ &= (z - z_1)(z - z_2) \cdots (z - z_n) = 0 , \end{aligned}$$

wobei $z_1, z_2, \ldots, z_n$ die Wurzeln von $f(z)$ darstellen, wird eine Hilfsfunktion definiert

$$F(z) = (z - Z_1)(z - Z_2) \cdots (z - Z_n) ,$$

bei der die Z-Werte willkürlich gewählte, reelle Zahlen sind, die der Relation

$$Z_1 + Z_2 + \cdots + Z_n = \frac{-a_{n-1}}{a_n}$$

genügen.

Nunmehr bildet man eine aus Partialbrüchen bestehende neue Funktion

$$G(z) = \frac{f(z)}{F(z)} = a_n + \frac{A_1}{z - Z_1} + \frac{A_2}{z - Z_2} + \cdots + \frac{A_n}{z - Z_n}$$

mit

$$\begin{aligned} A_1 &= \frac{f(Z_1)}{(Z_1 - Z_2)(Z_1 - Z_3) \ldots (Z_1 - Z_n)} \\ A_2 &= \frac{f(Z_2)}{(Z_2 - Z_1)(Z_2 - Z_3) \ldots (Z_2 - Z_n)}, \\ &\vdots \\ A_n &= \frac{f(Z_n)}{(Z_n - Z_1)(Z_n - Z_2) \ldots (Z_n - Z_{n-1})}, \end{aligned}$$

wobei $A_1 + A_2 + \cdots + A_n = 0$ ist.

Die Nullstellen dieser Gleichung $G(z)$ sind dann die gesuchten Wurzeln der gegebenen Polynomgleichung $f(z)$. Das experimentelle physikalische Analogiesystem für deren Lösung ist folgendermaßen gestaltet (Abb. 46):

Eine horizontale, ebene, aus einem Isolierstoff bestehende Platte mit einem kartesischen Koordinatensystem ist so justiert, daß die y-Richtung mit der der Horizontalintensität der erdmagnetischen Feldstärke H_e übereinstimmt. Auf der x-Achse sind die angenommenen Werte Z_k markiert. An diesen Stellen sind senkrecht zur $x\,y$-Ebene geradlinige Stromleiter durchgeführt. Für die elektromagnetische Feldstärke in einem beliebigen Punkt z der Ebene, verursacht durch die Stromstärke J_k im Leiter Z_k, gilt

$$H_{zk} = \frac{0{,}2\,J_k}{|z - Z_k|},$$

wenn H_{zk} in Oersted, J_k in A und $|z - Z_k|$ in cm gemessen wird. Die Gesamtfeldstärke im Punkt z beträgt somit

$$H_z = j\,H_e + j\left[\frac{0{,}2\,J_1}{z - Z_1} + \frac{0{,}2\,J_2}{z - Z_2} + \cdots + \frac{0{,}2\,J_n}{z - Z_n}\right]$$

bzw.

$$-j\,H_z = H_e + \left[\frac{0{,}2\,J_1}{z - Z_1} + \frac{0{,}2\,J_2}{z - Z_2} + \cdots + \frac{0{,}2\,J_n}{z - Z_n}\right].$$

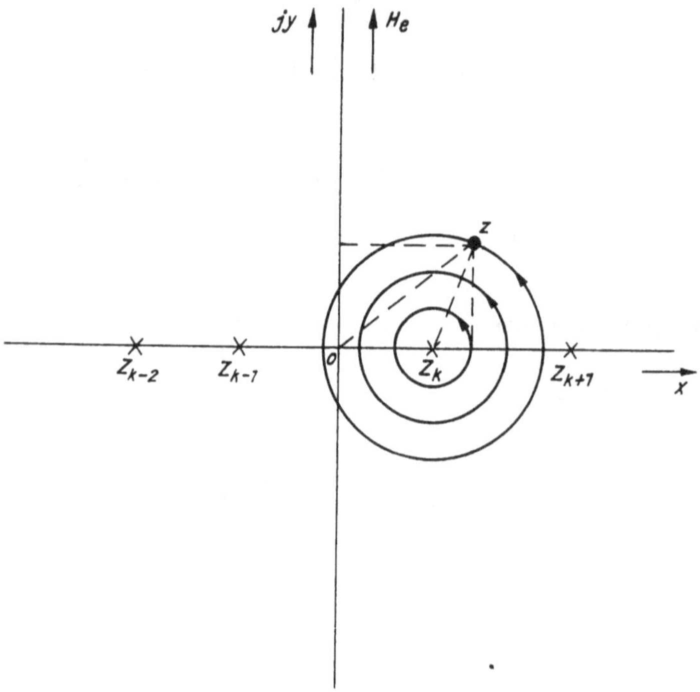

Abb. 46. Lösung von Polynomgleichungen durch Verwendung von Magnetfeldern

Wird die Gleichung $G = G(z)$ mit H_e/a_n multipliziert, so ergibt sich

$$\frac{H_e}{a_n} G(z) = H_e + \frac{A_1\,H_e}{a_n\,(z - Z_1)} + \frac{A_2\,H_e}{a_n\,(z - Z_2)} + \cdots + \frac{A_n\,H_e}{a_n\,(z - Z_n)}.$$

Die rechten Seiten der beiden letzten Gleichungen stimmen überein, wenn man folgende Stromstärken wählt:

$$J_1 = \frac{5\,A_1\,H_e}{a_n}; \quad J_2 = \frac{5\,A_2\,H_e}{a_n}; \ldots \quad \text{und} \quad J_n = \frac{5\,A_n\,H_e}{a_n}.$$

Sucht man mit einem kleinen Kompaß oder einer Miniaturspule als Sonde die Punkte z_k der $x\,y$-Ebene, für die die magnetische Feldstärke Null ist, dann sind $z_k = x_k + j\,y_k$ die Nullstellen der algebraischen nichtlinearen Gleichung

$$\sum_{k=0}^{n} a_k z^k = 0 .$$

e) R L C-Netzwerk-Analogie

Die elektrische Darstellung der Partialbrüche

$$J_{zk} = \frac{A_k}{|z - Z_k|}$$

kann nach A. BORSELLINO auch durch Impedanz-Netzwerke, dargestellt in Abb. 47, erfolgen. Der Wechselstromwiderstand hiervon beträgt

$$(R_0 \pm R_k) + j\left(\omega L - \frac{1}{\omega C}\right).$$

R_0 entspricht dem Realteil, $\omega L - 1/\omega C$ dem Imaginärteil von z und R_k der angenommenen reellen Wurzel Z_k.

Der zur Erde fließende Strom hat dann den Wert

$$J_k = \frac{A_k}{|z - Z_k|} .$$

Hierbei ist A_k die Spannung am k-ten Netzwerk (Abb. 47).

Bei dieser Methode wird die Originalfunktion

$$f(z) = a_n z^n + a_{n-1} z^{n-1} + \cdots + a_2 z^2 + a_1 z + a_0 = 0$$

durch eine um einen Grad höher gewählte Hilfsfunktion

$$F(z) = (z - Z_1)(z - Z_2) \ldots (z - Z_{n+1})$$

mit $n + 1$ willkürlich gewählten reellen Z_k-Werten dividiert:

$$G(z) = \frac{f(z)}{F(z)} = \frac{(z - z_1)(z - z_2) \ldots (z - z_n)}{(z - Z_1)(z - Z_2) \ldots (z - Z_{n+1})}$$

$$= \frac{A_1}{z - Z_1} + \frac{A_2}{z - Z_2} + \cdots + \frac{A_{n+1}}{z - Z_{n+1}} = J_z .$$

Die Nullstellen von $f(z)$, $G(z)$ und der Stromstärke-Funktion $J(z)$ sind identisch. Zu ihrer Ermittlung sind $n + 1$ derartige RLC-Serienkreise erforderlich. Jeder von diesen erhält eine verschiedene R_k-Einstellung, während die R_0- und C-Werte für alle gleichwertig eingestellt werden müssen, d. h. sämtliche R_0-Widerstände und auch Drehkondensatoren C haben ein gemeinsames mechanisches Einstellglied. Die jeweiligen zusammengehörigen Einstellungen von R_0 und C, für die das Amperemeter den Strom Null anzeigt, entsprechen den Real- und Imaginärteilen der gesuchten Nullstellen z_k. Auf diese Weise lassen sich sämtliche Wurzeln bequem und schnell ermitteln. Hierbei ist notwendig, daß die reell gewählten Z_k-Werte alle negativ und groß genug sind, damit $R_0 + R_k$ positiv bleibt, auch wenn R_0 den größtmöglichen Negativwert annimmt.

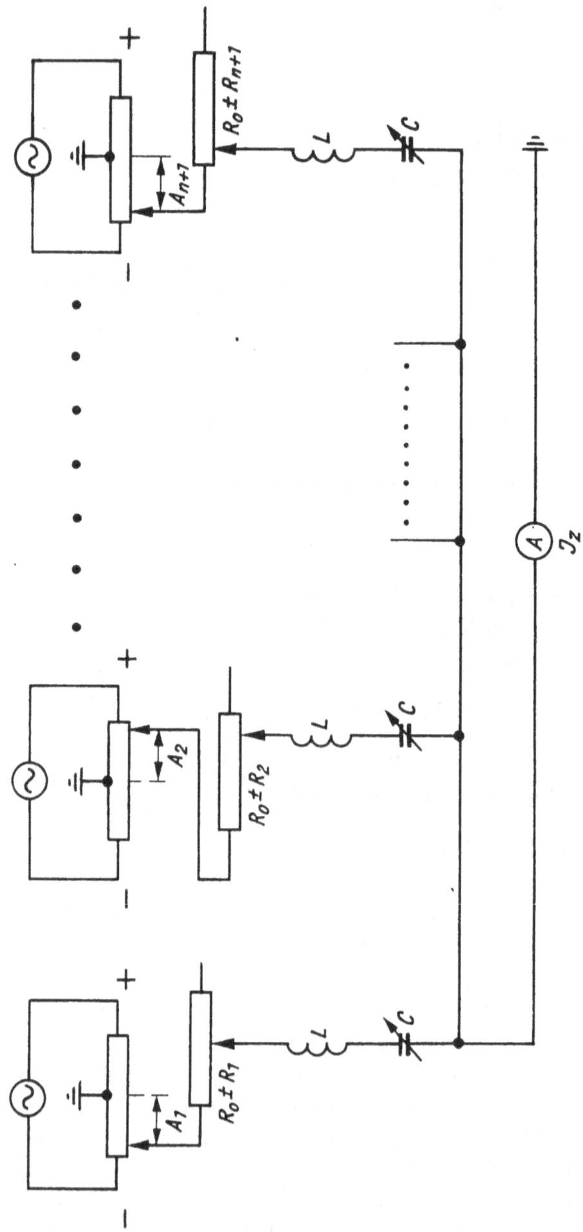

Abb. 47. Impedanz-Netzwerk zur Bestimmung der reellen und komplexen Wurzeln bei Polynomgleichungen

C. Gewöhnliche Differentialgleichungen

Ein umfangreiches Gebiet physikalischer und technischer Probleme betrifft Schwingungen und selbsttätige Regelungen mannigfaltigster Art, die zu Systemen gewöhnlicher Differentialgleichungen führen. Hierin liegt der Schwerpunkt der Anwendung rechenelektronischer Analogieanlagen in der Gegenwart. Aus diesem Grund wurden auch bei der Behandlung des Zusammenwirkens der rechenelektronischen Analogieelemente im IV. Kapitel gerade derartige Aufgaben als Beispiele herangezogen, wie freie elastomechanische und elektrische Schwingungen, Einschwingvorgänge bei Transformatoren, gekoppelte Schwingungssysteme und ähnliche. In den folgenden Abschnitten wird nun eine systematische und vertiefte Besprechung der Anwendung elektronischer Analogieanlagen für die Lösung von gewöhnlichen Differentialgleichungen, simultanen Differentialgleichungen sowie partiellen Differentialgleichungen einschließlich der damit verbundenen Anfangs-, Rand- und Eigenwertprobleme durchgeführt. Auf eine Behandlung der Umrechnung der Originalgleichungen in die erforderlichen Analogieanlagengleichungen unter Einschaltung der Umrechnungsfaktoren wird hierbei verzichtet und der Leser auf Kapitel IV C verwiesen, um die Darstellung nicht zu breit zu gestalten. Die Analogieanlagengleichungen (Machine Equations) werden also die Ausgangspositionen der folgenden Betrachtungen sein.

1. Gewöhnliche lineare Differentialgleichungen

a) Mit konstanten Koeffizienten

Unter einer linearen Differentialgleichung n-ter Ordnung versteht man eine Gleichung von der Form

$$a_n \frac{d^n x}{dt^n} + a_{n-1} \frac{d^{n-1} x}{dt^{n-1}} + \cdots + a_1 \frac{dx}{dt} + a_0 x = f(t) .$$

Sie ist homogen, wenn $f(t) = 0$ ist. Wohl die wichtigste Differentialgleichung der Physik ist die lineare Differentialgleichung 2ter Ordnung mit konstanten Koeffizienten, die gewöhnlich als Schwingungsdifferentialgleichung bezeichnet wird:

$$m \ddot{x} + r \dot{x} + f x = 0 .$$

Für eine erzwungene Schwingung ist sie inhomogen und lautet

$$m \ddot{x} + r \dot{x} + f x = F \cos \omega t.$$

Ihre analogiemäßige Lösung enthält Kap. IV B.

In Abb. 48 ist der Koppelplan für

$$\sum_{k=0}^{n} a_k \frac{d^k x}{dt^k} = f(t) ,$$

d. h.

$$a_n p^n x + a_{n-1} p^{n-1} x + \cdots + a_1 p x + a_0 x = f(t)$$

mit dem Operator $p = d/dt$ dargestellt.

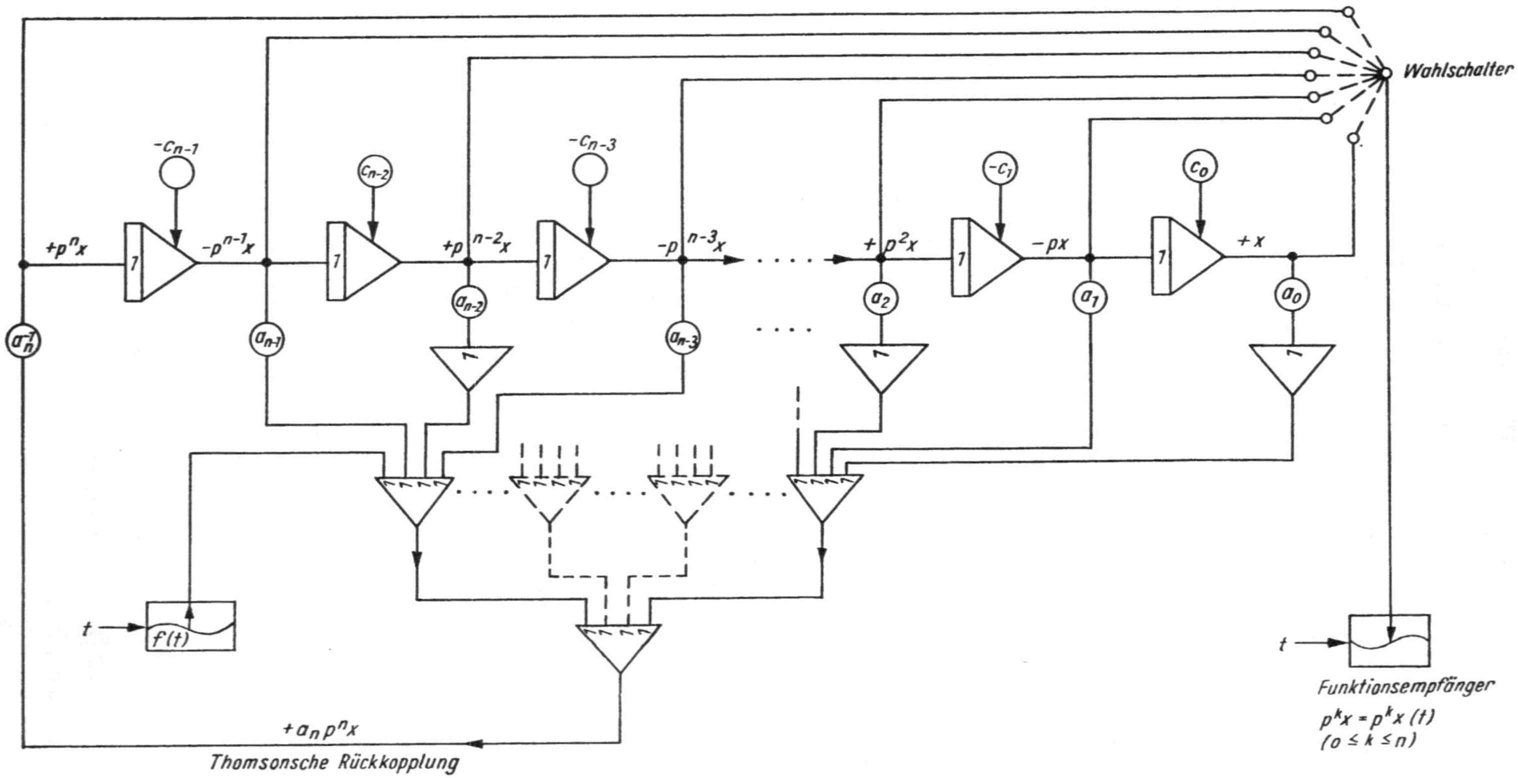

Abb. 48. Koppelplan zur Lösung linearer Differentialgleichungen n-ter Ordnung mit konstanten Koeffizienten (n geradzahlig)

Die Anfangsbedingungen

$$x_0 = c_0, \quad (p\,x)_0 = c_1, \quad \ldots, \quad (p^{n-1}\,x)_0 = c_{n-1}$$

können an den elektronischen Integrationsverstärkern eingegeben werden. Die Störfunktion $f(t)$ wird als elektrische Spannungsänderung im Funktionsgenerator erzeugt und in die Rechenoperation eingeführt. Die Ordnung der Differentialgleichung bestimmt die benötigte Integratorenzahl. Die Lösungen $x = x(t)$ erscheinen als elektronisch geschriebene Kurven. Durch Einstellungsänderungen der konstanten Koeffizienten a_k und der Anfangsbedingungen c_k sind Parameteruntersuchungen schnell möglich.

Ein oder mehrere Funktionsempfänger können auch wahlweise beziehungsweise gleichzeitig die Funktionen

$$p^k\,x = p^k\,x(t) \quad \text{mit} \quad 0 \leq k \leq n \qquad \text{(Abb. 48)}$$

sowie

$$p^k\,x = F(p^l\,x) \quad \text{mit} \quad 0 \leq k \leq n, \quad 0 \leq l \leq n$$

aufzeichnen, beispielsweise bei der Bewegungsgleichung die folgenden Funktionen:

Weg — Zeit — Diagramm,
Geschwindigkeit — Zeit — Diagramm,
Geschwindigkeit — Weg — Diagramm,
Beschleunigung — Zeit — Diagramm,
Beschleunigung — Weg — Diagramm und
Beschleunigung — Geschwindigkeit — Diagramm.

b) Mit variablen Koeffizienten

Der Einsatz elektronischer Analogierechenanlagen zur Lösung von linearen Differentialgleichungen mit variablen Koeffizienten — ebenso von nichtlinearen Differentialgleichungen — erfordert zusätzlich nichtlineare Analogieelemente, und zwar elektronische Multiplikatoren für die Produktbildung $f(t) \cdot g(t)$ sowie Funktionstransformatoren, die die Funktion $g\,[f(t)]$ bei eingegebenem $f(t)$ als äquivalente elektrische Spannungsfunktion $u_a[u_e(t)]$ erzeugen. Als Beispiel für eine lineare Differentialgleichung, deren Koeffizienten veränderlich sind, sei zunächst eine Gleichung angeführt, welche in der Physik und Technik vielfach auftritt, insbesondere dann, wenn es sich um Probleme handelt, bei denen Rotationssymmetrie um eine Achse (Zylindersymmetrie) besteht. Diese Differentialgleichung heißt daher die Differentialgleichung der *Zylinderfunktionen*, oder, nach ihrem ersten Bearbeiter, die Besselsche Differentialgleichung. Sie lautet

$$t^2 \frac{d^2x}{dt^2} + t \frac{dx}{dt} + (t^2 - n^2)\,x = 0\,.$$

In den meisten Fällen ist n hierbei ganzzahlig.

Zur analogiemäßigen Bearbeitung werden folgende Umformungen und Substitutionen durchgeführt:

$$p^2 x = -\frac{1}{t} p x - \left(1 - \frac{n^2}{t^2}\right) x \quad \text{mit} \quad p = \frac{d}{dt};$$

$$\frac{1}{t} = z; \quad \dot{z} = -\frac{1}{t^2} = -z^2;$$

$$p^2 x = -z p x - (1 - n^2 z^2) x \quad \text{und} \quad p z + z^2 = 0.$$

Die beiden letzten Gleichungen liegen dem Koppelplan, dargestellt in Abb. 49, zugrunde.

Die Integraldarstellungen der BESSELschen Funktionen für positives ganzzahliges n sind dann

$$J_n(t) = \frac{1}{\pi} \int_0^\pi \cos(n\varphi - t \sin\varphi)\, d\varphi$$

und insbesondere

$$J_0(t) = \frac{1}{\pi} \int_0^\pi \cos(t \sin\varphi)\, d\varphi .$$

Als nächstes Beispiel sei die Lösung der MATHIEUschen *Differentialgleichung* angeführt. Die Gleichung lautet

$$\frac{d^2x}{dt^2} + \omega_0^2 (1 + \alpha \cos \omega_1 t) x = 0 .$$

α, ω_0 und ω_1 sind konstante Parameter. Diese Gleichung ist in der Elektrophysik und Schwachstrom-(UKW-)Technik in Verbindung mit dem Studium frequenzmodulierter Schwingungen von besonderem Interesse. Den Koppelplan hierfür zeigt Abb. 50. Ihm liegt die folgende umgeformte Analogieanlagengleichung zugrunde:

$$p^2 x = -\omega_0^2 x - \omega_0^2 \alpha x \cos \omega_1 t \quad \text{mit} \quad p = \frac{d}{dt}.$$

Der Ausdruck $\cos \omega_1 t = z$ wird als elektronische Lösung der Hilfsgleichung

$$p^2 z + \omega_1^2 z = 0$$

gewonnen.

c) *Systeme gewöhnlicher linearer Differentialgleichungen*

Nunmehr sollen Gleichungen behandelt werden, welche neben einer einzigen unabhängigen Veränderlichen mehrere abhängige Variable enthalten. Ist die Anzahl der Differentialgleichungen gleich der Anzahl der abhängigen Veränderlichen, dann läßt sich nachweisen, daß letztere soweit bestimmt sind, wie dieses

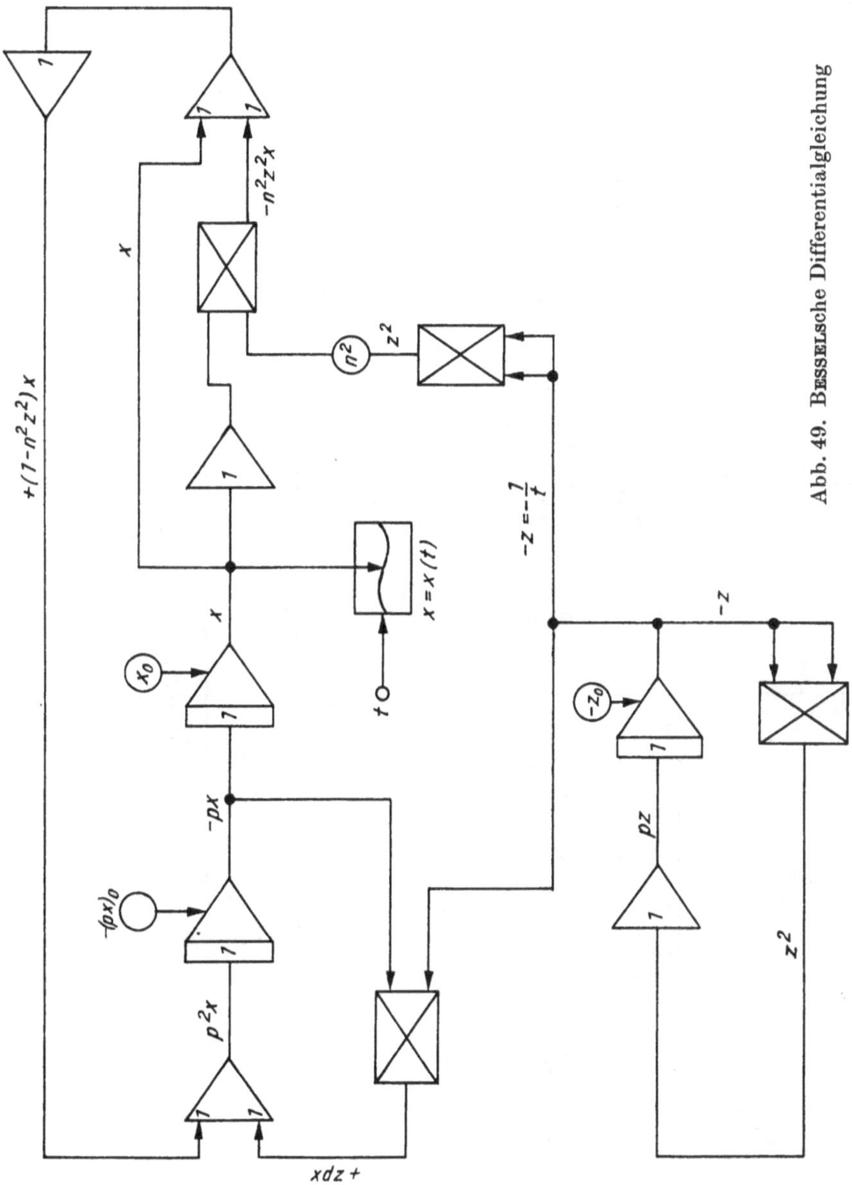

Abb. 49. Besselsche Differentialgleichung

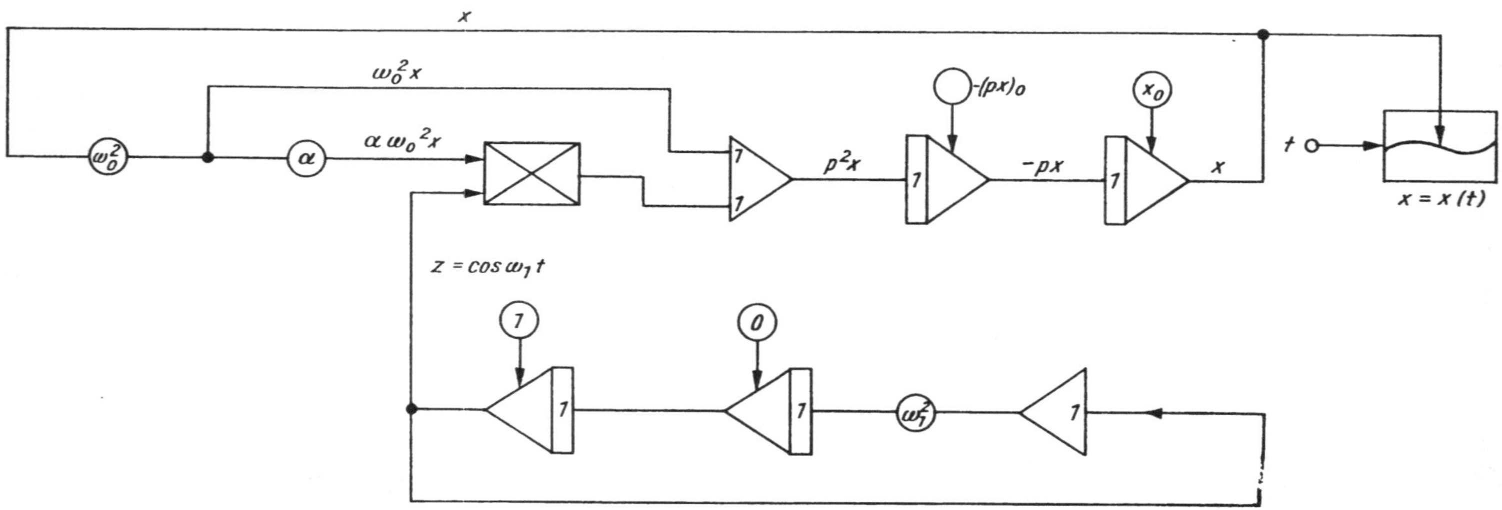

Abb. 50. MATHIEUsche Differentialgleichung

überhaupt mittels Differentialgleichungen möglich ist. Die Differentialgleichungen sind gelöst, wenn es gelungen ist, jede abhängige Veränderliche für sich durch die unabhängige Veränderliche auszudrücken, wobei natürlich eine gewisse Anzahl willkürlicher Konstanten auftreten. Die wichtigsten Beispiele sind die gekoppelten Schwingungssysteme, die sowohl in der Mechanik als in der Elektrophysik vorkommen und auf dieselben Gleichungen, nur mit anderer Bedeutung der Konstanten, führen. Ein solches wurde bereits in Kap. IV B5 als Beispiel für das Zusammenwirken rechenelektronischer Analogieelemente herausgestellt und abgehandelt.

Im folgenden wird die rechenelektronische Analogielösung der simultanen Differentialgleichungen

$$\frac{d^2x}{dt^2} + a_1 \frac{dx}{dt} + b_1 x + c_1 \frac{d^2y}{dt^2} = 0\,,$$

$$\frac{d^2y}{dt^2} + a_2 \frac{dy}{dt} + b_2 y + c_2 \frac{d^2x}{dt^2} = 0$$

als weiteres Beispiel erläutert. Im Koppelplan (Abb. 51) werden hierfür nachstehende Relationen analog dargestellt:

$$\frac{d^2x}{dt^2} = -a_1 \frac{dx}{dt} - b_1 x - c_1 \frac{d^2y}{dt^2}\,,$$

$$\frac{d^2y}{dt^2} = -a_2 \frac{dy}{dt} - b_2 y - c_2 \frac{d^2x}{dt^2}\,,$$

$$\frac{dx}{dt} = \int \frac{d^2x}{dt^2}\,, \qquad x = \int \frac{dx}{dt}\,dt\,,$$

$$\frac{dy}{dt} = \int \frac{d^2y}{dt^2}\,, \qquad y = \int \frac{dy}{dt}\,dt\,.$$

In den beiden Funktionsempfängern erscheinen die Lösungen $x = x(t)$ und $y = y(t)$ als elektronisch geschriebene Kurven.

Als weiteres Beispiel für die Anwendung der elektronischen Analogieanlagen sei das Studium einer Flugzeugbewegung (Abb. 52) nach C.A.A. Wass angeführt. Angenommen, das Flugzeug fliege anfänglich längs einer Geraden, die nicht horizontal zu sein braucht, mit konstanter Geschwindigkeit. Ein kleiner Ausschlag des Höhenruders störe die Geradlinigkeit innerhalb der durch die Flugbahn gedachten (x, z)-Vertikalebene. Dann kann diese Bewegungsänderung durch die folgenden drei Gleichungen beschrieben werden:

$$m\,(\dot v + w_0\,\omega) = -(m\,g\cos\alpha_0)\,\alpha + v\,X_v + w\,X_w\,,$$

$$m\,(\dot w - v_0\,\omega) = -(m\,g\sin\alpha_0)\,\alpha + v\,Z_v + w\,Z_w\,,$$

$$M_1\,\dot\omega \quad = \quad w\,M_2 + \omega\,M_3 + \beta\cdot M_4\,.$$

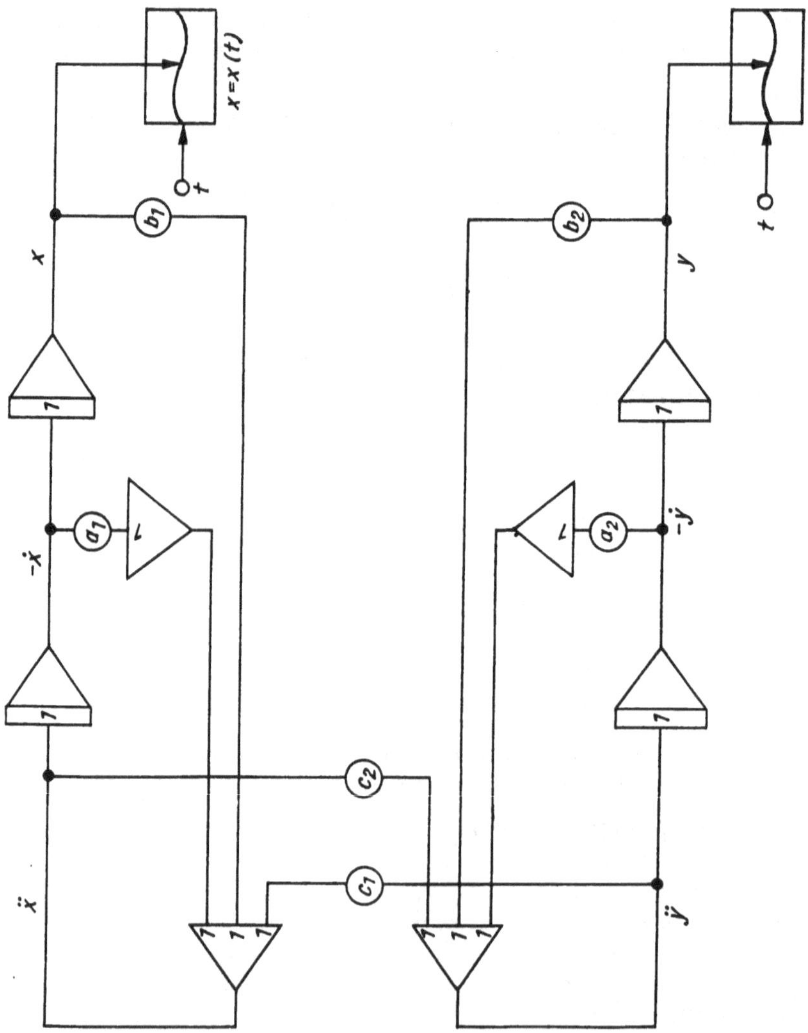

Abb. 51. Simultane lineare Differentialgleichungen 2. Ordnung

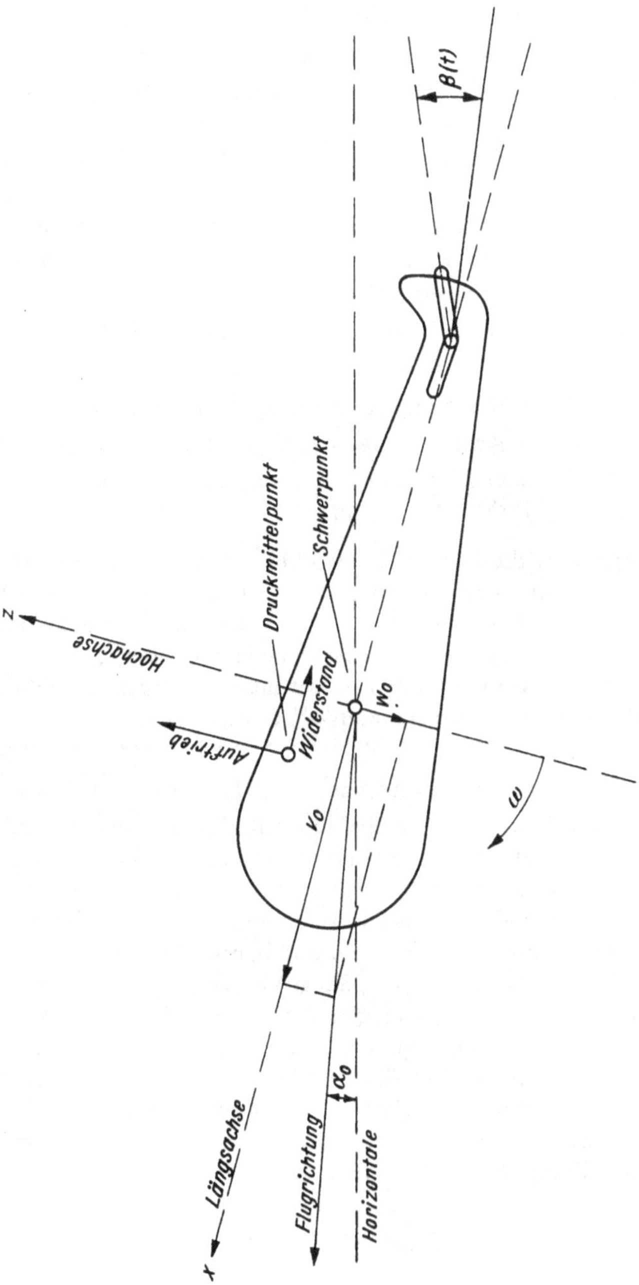

Abb. 52. Zweidimensionale Bewegung eines Flugzeuges

Hierin sind:

m	= Masse des Flugzeuges,
g	= Erdbeschleunigung,
α_0	= Neigung der anfänglich geradlinigen Flugbahn gegen die Horizontale,
v_0	= Anfängliche Geschwindigkeit in Richtung der (x)-Längsachse,
w_0	= Anfängliche Geschwindigkeit in Richtung der (z)-Hochachse,
α, v, w	= Änderungen von α_0, v_0, w_0,
ω	= Winkelgeschwindigkeit um die (y)-Querachse,
β	= Höhenruderausschlag zur Änderung der Flugrichtung
X_v, X_w	= Kraft pro Geschwindigkeit (v, w) in x-Richtung,
Z_v, Z_w	= Kraft pro Geschwindigkeit (v, w) in z-Richtung und
M_k	= aus Drehmomenten abgeleitete aerodynamische Größen $(k = 1, \ldots, 4)$.

Den Koppelplan für die Lösung dieses Flugproblems zeigt Abb. 53. Der Flugzeugkonstrukteur kann dann aus einer entsprechend geschalteten elektronischen Analogieanlage, die gewissermaßen als *Simulator* die Flugzustandsänderungen nachbildet, die ihn interessierenden zeitabhängigen Größen in Kurvenform elektronisch aufzeichnen lassen und Parameteruntersuchungen durchführen, insbesondere die Wirkung des Höhenruderausschlages studieren.

2. Gewöhnliche nichtlineare Differentialgleichungen

Bei den bisher behandelten, durch Differentialgleichungen formulierten Problemen aus Physik und Technik traten die abhängigen Variablen und ihre Ableitungen immer nur in der ersten Potenz und nicht miteinander multipliziert auf. Diese Probleme sind größtenteils auch ohne maschinelle Mittel mehr oder minder leicht lösbar, insbesondere wenn nur konstante Koeffizienten vorhanden sind. Wenn aber Funktionen der abhängigen Veränderlichen oder ihrer Ableitungen auftreten bzw. die abhängigen Variablen und ihre Ableitungen zweiten oder höheren Grades sind oder schließlich Produkte dieser Größen in der Differentialgleichung — sie ist in allen diesen Fällen *nichtlinear* — enthalten sind, ist eine analytische Lösung weit schwieriger, häufig sogar unmöglich. Bei einer Analogielösung hingegen treten infolge der Nichtlinearität keine wesentlichen Komplikationen auf. Einige Beispiele hierfür sind:

$$\left(\frac{d^2x}{dt^2}\right)^2 = \left(\frac{dx}{dt}\right)^3 + 3\,, \tag{1}$$

$$\frac{d^3x}{dt^3} + \frac{d^2x}{dt^2}\,\frac{dx}{dt} + (1 - t^2)\,x = f(t)\,, \tag{2}$$

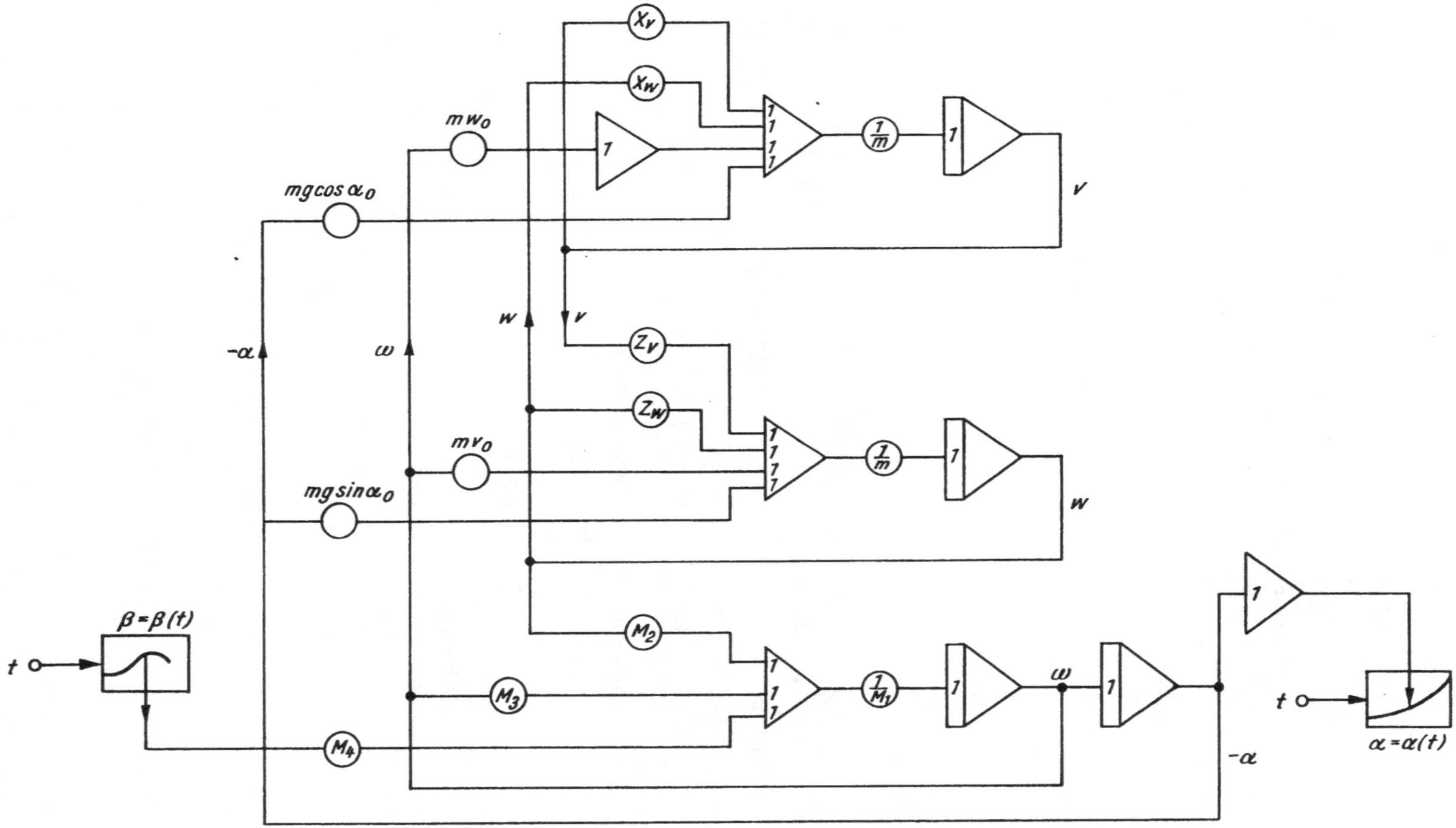

Abb. 53. Zweidimensionaler Flugzeug-Simulator

die Gleichung aller Kreise einer Ebene

$$\frac{d^3x}{dt^3}\left[1+\left(\frac{dx}{dt}\right)^2\right]-3\left(\frac{d^2x}{dt^2}\right)^2\frac{dx}{dt}=0\,, \tag{3}$$

die nichtlineare VAN DER POL-Gleichung

$$\frac{d^2x}{dt^2}-(a-3\,b\,x^2)\frac{dx}{dt}+x=0 \tag{4}$$

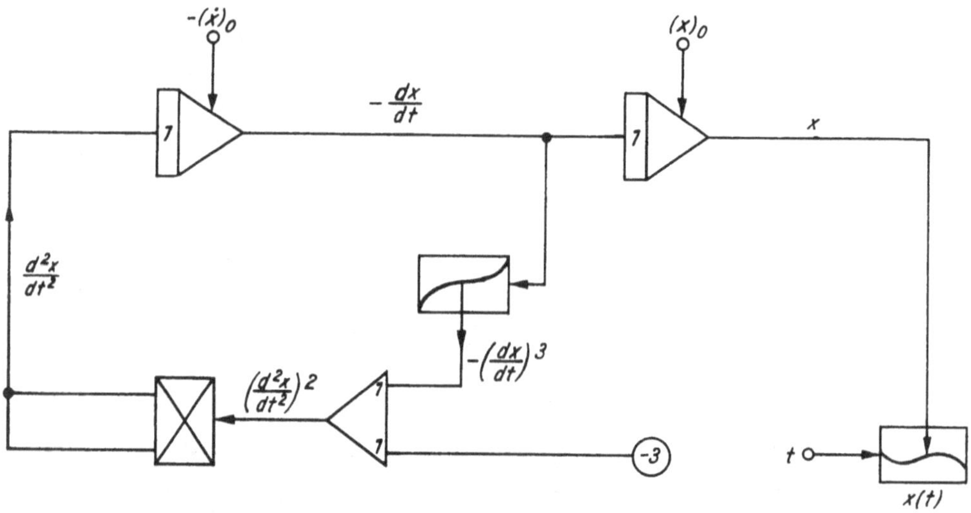

Abb. 54. Koppelplan der nichtlinearen Differentialgleichung (1)

und ein Gleichungssystem aus der Elektrophysik

$$\frac{di}{dt}=\frac{U}{L}-\frac{R}{L}i-\frac{1}{q\,l}i\cdot\varrho(T)\,, \tag{5a}$$

$$\frac{dT}{dt}=\frac{1}{q^2\,s}i^2\frac{\varrho(T)}{c(T)}. \tag{5b}$$

Auch in all diesen Fällen werden die angegebenen Relationen als bereits erarbeitete Analogieanlagengleichungen angesehen. Nichtlinearitäten erfordern grundsätzlich den zusätzlichen Einsatz von nichtlinearen Analogieelementen, d. h. von elektronischen Funktionsmultiplikatoren, Funktionsgeneratoren und Funktionstransformatoren, gekennzeichnet durch die Operationen

$$f_1(x)\cdot f_2(x),$$

$$f(x)$$

und

$$f_1\,[f_2(x)].$$

Für die Lösung der nichtlinearen Differentialgleichung (1) dient der in Abb. 54 dargestellte Koppelplan, Abb. 55 zeigt die rechenelektronische Analogiebehand-

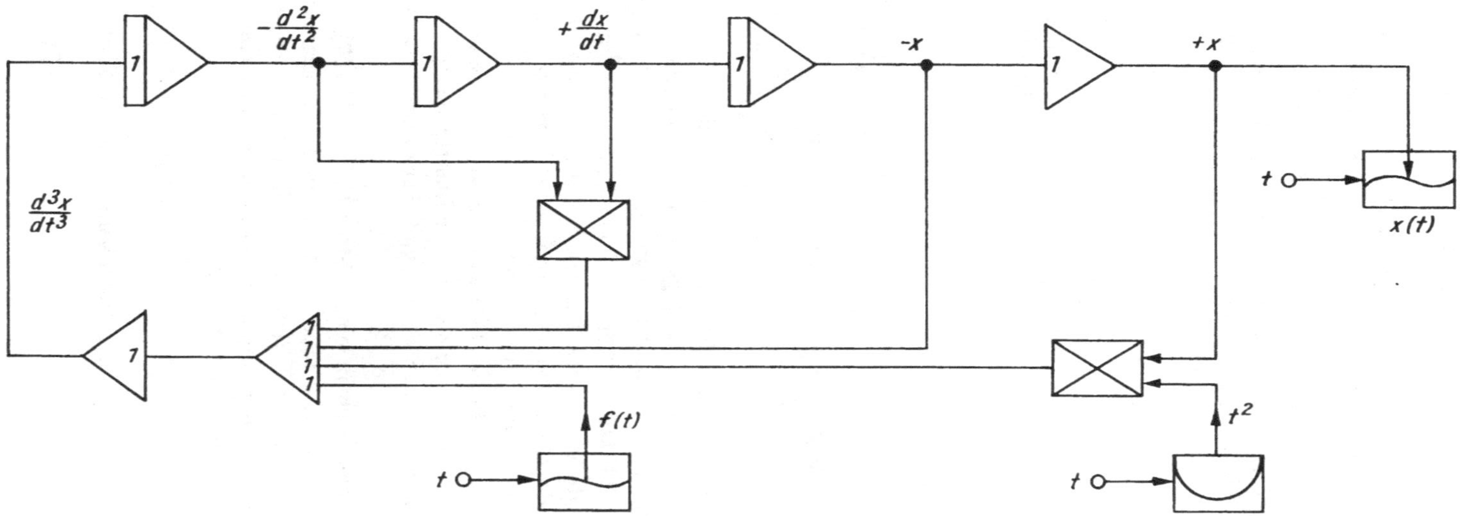

Abb. 55. Koppelplan der nichtlinearen Differentialgleichung (2)

lung des Beispiels (2). Die Gleichung aller Kreise in einer Ebene (3), die mittels des in Abb. 56 aufgestellten Koppelplans gelöst wird, hat eine besondere Bedeutung für Genauigkeitsteste von elektronischen Analogieanlagen (Kap. VIII). Bei Beispiel (4), der VAN DER POL-Gleichung, läßt sich zeigen, wie durch zweckmäßige Transformationen die Möglichkeit gegeben ist, die benötigte Zahl der Analogierechenelemente zu reduzieren und damit gleichzeitig die Genauigkeit zu erhöhen. Bildet man die Gleichung

$$\frac{d^2x}{dt^2} - (a - 3\,b\,x^2)\,\frac{dx}{dt} + x = 0$$

unmittelbar im Koppelplan nach, so erfordert dies außer linearen Analogieelementen die Quadratbildung von x und einen Funktionsmultiplikator zur Erlangung des Produktes $x^2 \cdot dx/dt$. Substituiert man

$$x = \frac{dy}{dt},$$

so erhält man

$$\frac{d^3y}{dt^3} - \left[a - 3\,b\left(\frac{dy}{dt}\right)^2\right] \cdot \frac{d^2y}{dt^2} + \frac{dy}{dt} = 0\,.$$

Durch Integration ergibt sich schließlich

$$\frac{d^2y}{dt^2} - a\,\frac{dy}{dt} + b\left(\frac{dy}{dt}\right)^3 + y = 0\,.$$

Die elektronische Analogiedarstellung dieser transformierten Gleichung erfordert außer den linearen Analogieelementen nur eine einzige nichtlineare Operation, die Erzeugung einer 3. Potenz der abgeleiteten abhängigen Variablen dy/dt.

Die Transformation der Gleichungen in für die Anwendung der Analogiemethode günstigere Formen ist ein wichtiger Faktor für den optimalen Einsatz elektronischer Analogieanlagen, worüber noch keine zusammenfassenden Veröffentlichungen vorliegen.

Als letztes Beispiel (5) wird ein System von zwei nichtlinearen Differentialgleichungen — entnommen aus der Elektrowärme — im elektronischen Analogieverfahren gelöst, der *Strom- und Temperaturverlauf in einem stromdurchflossenen Leiter*.

Befindet sich in einem Stromkreis (Abb. 57) mit Schmelzdrahtsicherung ein Kurzschluß, so gelten für Strom- und Temperaturverlauf im Schmelzdraht nach dem Einschalten Differentialgleichungen, die wegen der Temperaturabhängigkeit des Widerstandes und der spezifischen Wärme nicht linear sind.

Die Spannungsbilanz ergibt

$$U = i\,R + L\,\frac{di}{dt} + u_s\,,$$

wobei für die Schmelzdrahtspannung u_s die Formel

$$u_s = i\,\frac{l}{q} \cdot \varrho(T)$$

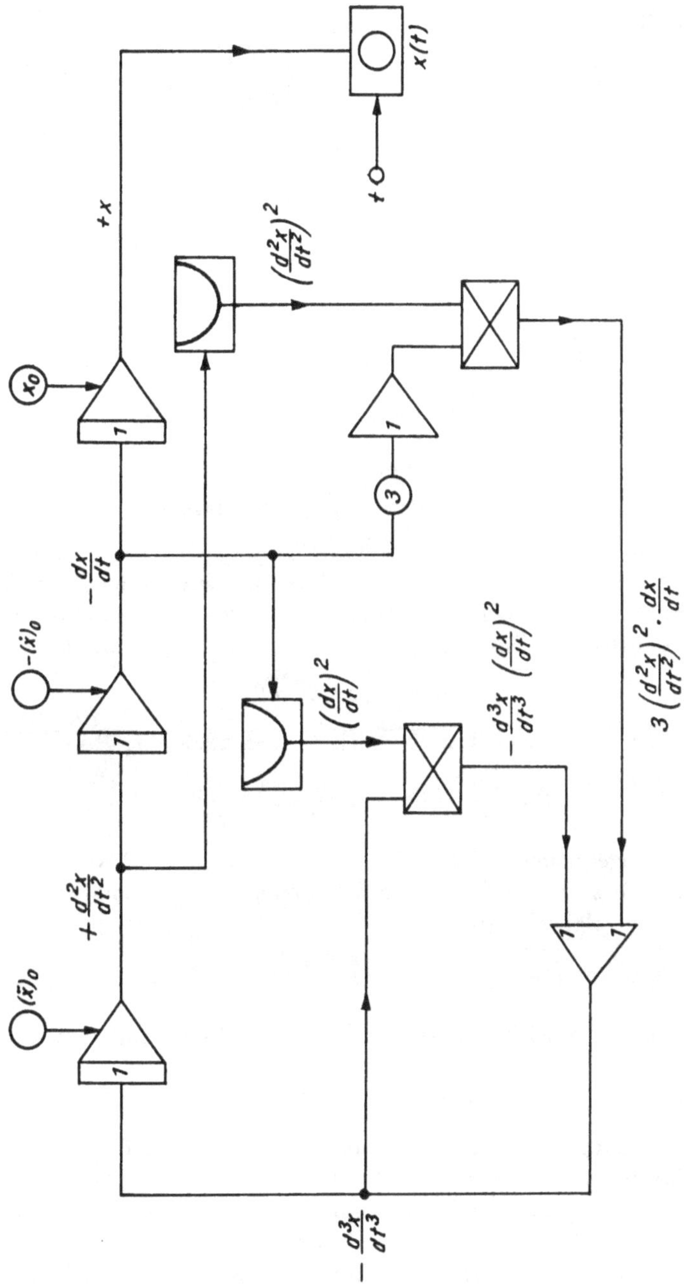

Abb. 56. Koppelplan der nichtlinearen Differentialgleichung aller Kreise einer Ebene

gilt; l ist die Länge, q der Querschnitt des Drahtes und $\varrho(T)$ der von der Temperatur T abhängige spezifische Widerstand des Drahtmaterials.

Damit erhält man

$$U = i\,R + L\frac{di}{dt} + i\frac{l}{q}\varrho(T)\,, \qquad \frac{di}{dt} = \frac{U}{L} - \frac{R}{L}i - \frac{l}{q\,L}i\,\varrho(T)\,. \tag{5a}$$

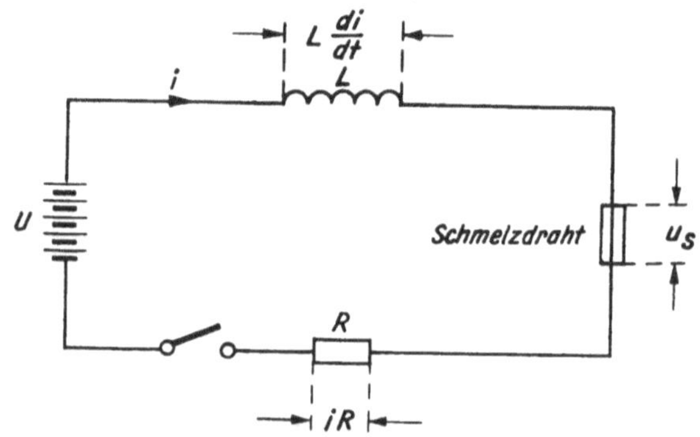

Abb. 57. Stromkreis mit Schmelzdrahtsicherung

Die Temperaturerhöhung ΔT wird dabei durch die JOULEsche Stromwärme verursacht. Ist $c(T)$ die temperaturabhängige spezifische Wärme und $m = l\,q\,s$ die Masse des Drahtes (s = Dichte), so gilt für seinen Wärmeinhalt W

$$dW = l\,q\,s\,c(T)\,dT\,.$$

Die zeitliche Ableitung von W muß gleich der Stromleistung P sein:

$$P = \frac{dW}{dt} = l\,q\,s\,c(T)\frac{dT}{dt} = i^2\frac{l}{q}\varrho(T)\,.$$

Hierbei wird angenommen, daß während der Durchbrennzeit kein wesentlicher Wärmeaustausch zwischen Draht und Umgebung erfolgt. Somit erhält man als weitere Differentialgleichung

$$\frac{dT}{dt} = \frac{1}{q^2\,s}\,i^2\,\frac{\varrho(T)}{c(T)}.$$

Den Quotienten ϱ/c bezeichnet man der Einfachheit halber mit $f(T)$ und erhält

$$\frac{dT}{dt} = \frac{1}{q^2\,s}\,i^2 f(T)\,. \tag{5b}$$

Der Schmelzvorgang führt mithin auf ein System von zwei Differentialgleichungen (5a) und (5b) mit den Unbekannten i und T als Funktionen der Zeit. Man stellt zunächst die Koppelpläne für die Gleichungen getrennt auf, indem man entsprechend dem obigen Verfahren annimmt, i bzw. di/dt und T bzw. dT/dt wären bereits in Form zeitlich veränderlicher Spannungen verfügbar (Abb. 58 und 59). Damit beide Systeme die geforderten Gleichungen erfüllen, werden sie entspre-

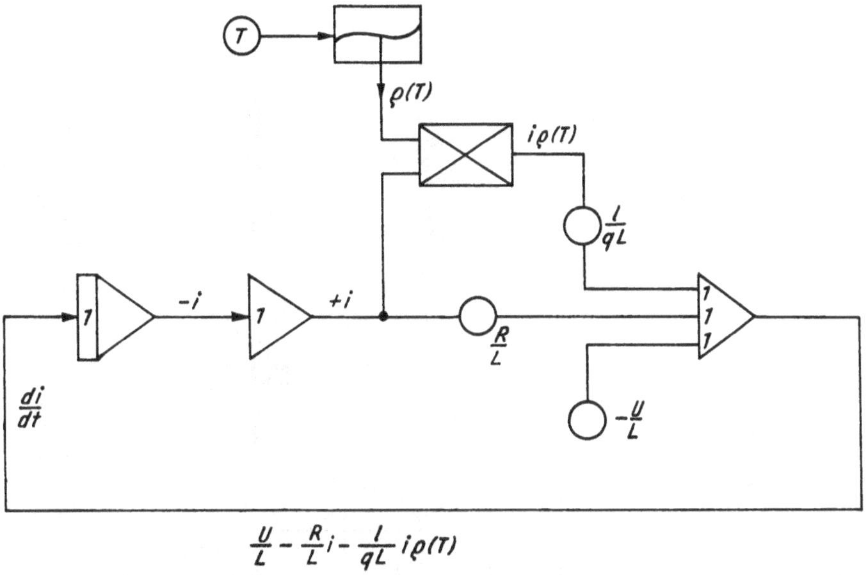

Abb. 58. Koppelplan zur Nachbildung der Spannungsbilanz nach Gl. (5a)

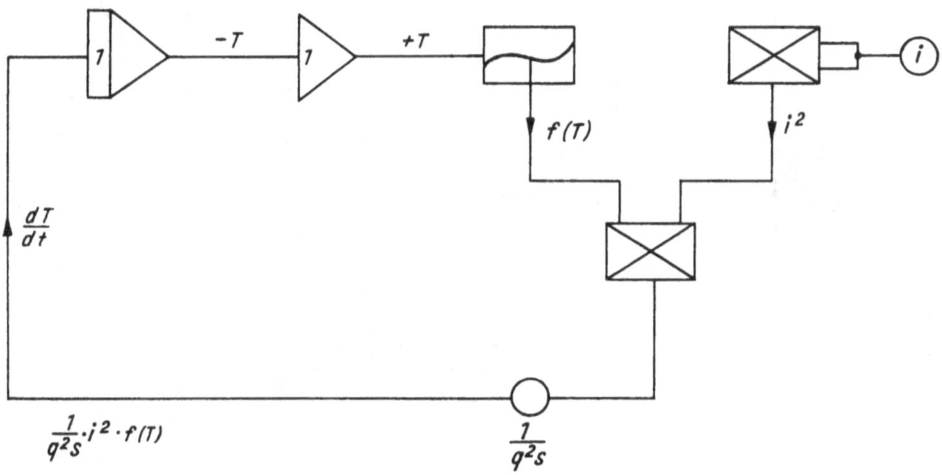

Abb. 59. Koppelplan zur Nachbildung der Wärmebilanz nach Gl. (5b)

chend miteinander gekoppelt (Abb. 60). Zwei Funktionsempfänger zeigen Strom und Temperatur des Drahtes als Funktionen der Zeit. Da die Drahttemperatur nicht weiter als bis zum Schmelzpunkt T_s steigen kann, wird der Strom- und Temperaturverlauf nur bis zu dieser Grenze richtig wiedergegeben. Die Schmelztemperatur T_s ist bekannt bzw. feststellbar; man kann sie auf den Bildschirmen der Empfänger durch schwarze Linien angeben und erkennt dadurch stets leicht den

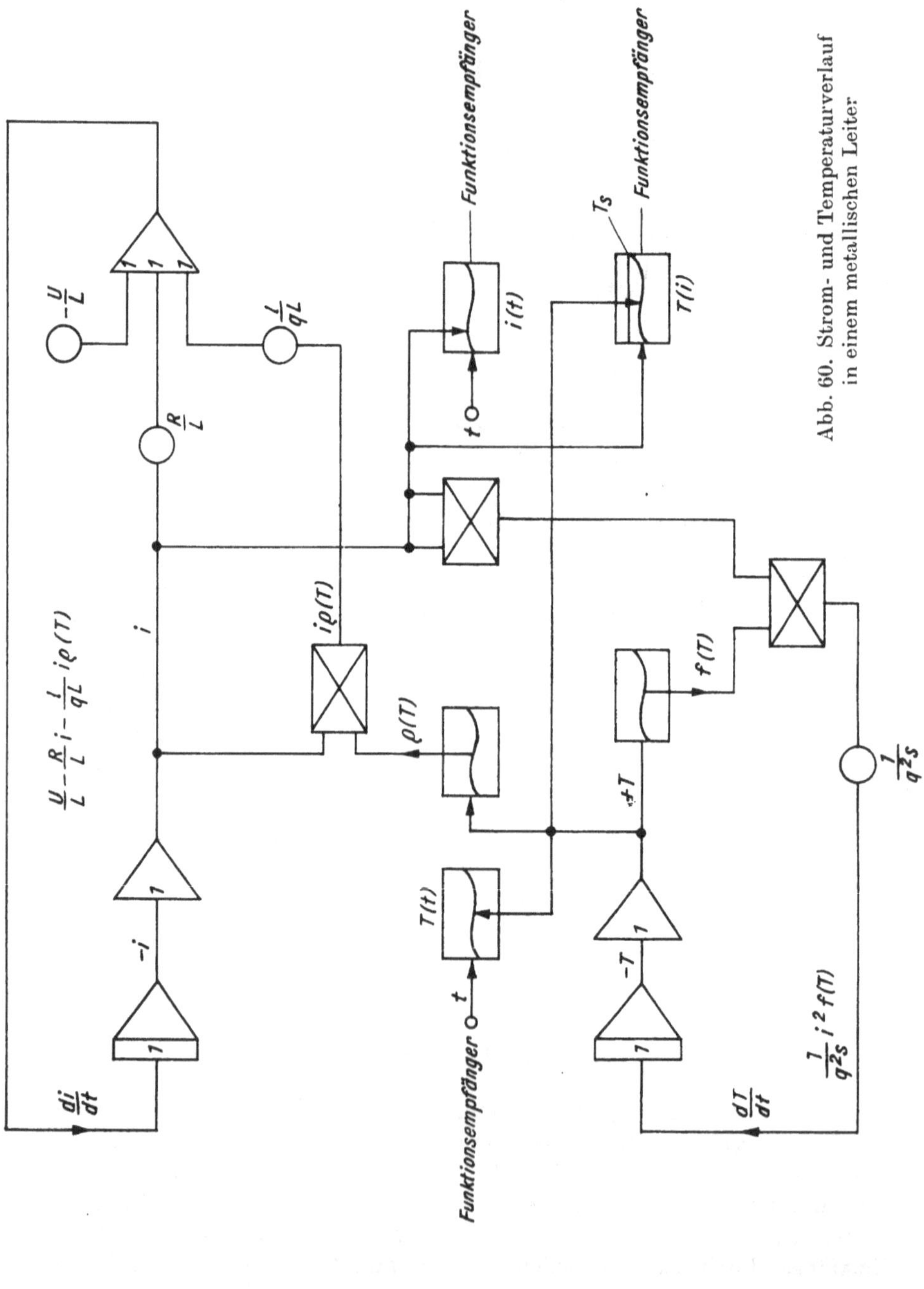

Abb. 60. Strom- und Temperaturverlauf in einem metallischen Leiter

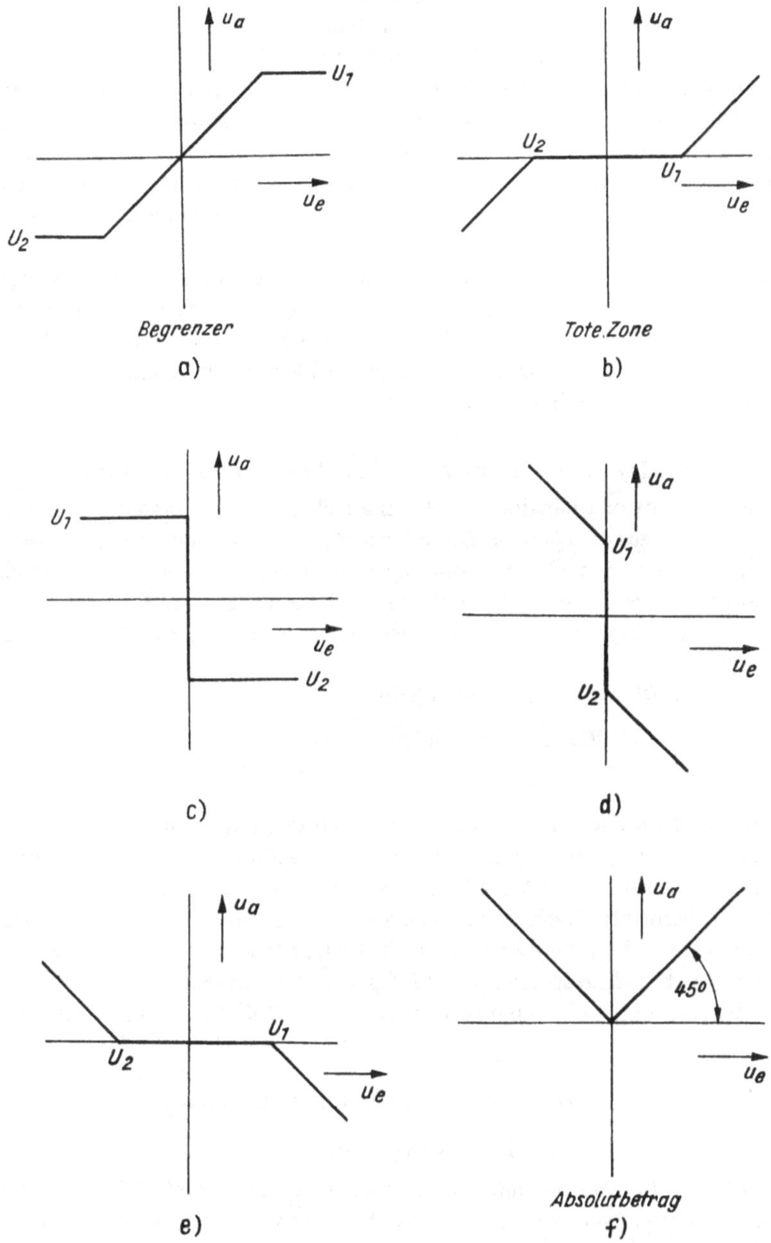

Abb. 61. Spezielle nichtlineare Analogierelationen

gültigen Kurventeil (nämlich den Teil der Kurve, der unter der Linie $T = T_s$ liegt). Ein dritter Funktionsempfänger zeigt T als Funktion von i; hier läßt sich unmittelbar aus dem Schnittpunkt der Kurve $T = T(i)$ mit der T_s-Linie der Strom im Moment des Durchschmelzens entnehmen.

Um die Vorgänge nach dem Durchschmelzen zu erkennen, muß der Schmelzvorgang selbst in die Untersuchung einbezogen werden, sowie die danach noch stattfindende Bogenentladung, die zu anderen Gleichungen führt. Im Moment $T = T_S$ ist dann der Koppelplan entsprechend zu ändern, was z. B. durch elektronische Schalter geschehen kann, die durch den Nulldurchgang der Differenz $T - T_S$ ausgelöst werden.

Diese Methode, den Koppelplan durch von Ergebnissen der durchgeführten Rechnung betätigte elektronische Schalter zu ändern, ist bisher noch nicht zur Durchführung gekommen. Hinsichtlich des Rechenprogramms wird dadurch für die Analogieanlagen eine Arbeitsmethode erschlossen, die bisher im wesentlichen den Ziffernrechenmaschinen vorbehalten war.

3. Grenzbedingungen, Übertragungsfunktionen

Bei der Simulation nichtlinearer physikalischer Systeme macht es sich vereinzelt notwendig, gewisse zusätzliche Besonderheiten zu berücksichtigen, etwa, daß die Variablen bestimmten Grenzbedingungen unterworfen sind, beispielsweise Sättigungswerten, kritischen Punkten und ähnlichem, bzw. daß „Tote Zonen" existieren. Einige derartige spezielle Nichtlinearitäten sind in Abb. 61 dargestellt. Hierin sind

$u_e(t)$ die Eingangsfunktion,

$u_a(t)$ die Ausgangsfunktion und

U_1, U_2 konstante Grenzwerte.

Alle dargestellten Nichtlinearitäten lassen sich mit Hilfe von Gleichrichterdioden, einstellbaren Hilfsspannungen, ohmschen Widerständen und Gleichspannungsverstärkern realisieren. Schaltungsbeispiele werden in Kap. VII C3 angegeben. Für das jeweils benutzte Rechennetzwerk ist die sogenannte Übertragungsfunktion charakteristisch. Man versteht darunter die Größe u_a/u_e, also das Verhältnis von Ausgangs- zu Eingangsspannung. Häufig vorkommende, spezielle Netzwerke mit ihren Übertragungsfunktionen sind in Abb. 70, 79 und 80 dargestellt.

D. Partielle Differentialgleichungen

1. Lösungsmethoden

Eine direkte Lösung partieller Differentialgleichungen mit Hilfe elektronischer Analogierechenanlagen ist infolge des Auftretens mehrerer unabhängiger Veränderlicher unmöglich. In der Analogierechenelektronik ist als unabhängige Variable einzig und allein die Zeit verfügbar. Daher ist es grundsätzlich notwendig, daß das zur Bearbeitung vorliegende System partieller Differentialgleichungen in ein analoges, aus gewöhnlichen Differentialgleichungen aufgebautes System transformiert wird. Hierbei können zwei Wege eingeschlagen werden:

a) die Bildung eines Eigenwertproblems nach der Methode der Trennung der Veränderlichen und

b) die Bildung einer Differenzen-Differentialgleichung unter Anwendung der üblichen Differenzenmethode.

Beide Verfahren werden in den folgenden Abschnitten erörtert.

2. Die Lösung von Eigenwertproblemen

Zuvor seien einige allgemeine Definitionen angegeben: Die allgemeine Lösung (Integral) einer partiellen Differentialgleichung n-ter Ordnung mit p unabhängigen Variablen ist eine Lösung, welche n willkürliche Funktionen von $p-1$ Variablen enthält. Diese können gewisse unabhängige Variable oder auch Kombinationen von ihnen sein. Die Aufgabe, Funktionen bzw. Vektoren u zu finden, die die Gleichung

$$T\,u = \lambda\,u$$

bei gegebenem Operator T erfüllen, heißt „Eigenwertproblem". Sie ist allgemein für gewisse $\lambda = \lambda_e$ lösbar, die „Eigenwerte" zu T. Die Lösungen u_e zu

$$T\,u_k = \lambda_k\,u_k$$

heißen „Eigenlösungen" (Eigenfunktionen, Eigenvektoren). Durch ein vollständiges System von Eigenwerten und Eigenlösungen ist der Operator T vollständig bestimmt.

Lineare partielle Differentialgleichungen können häufig durch Trennung der Variablen in ein System gewöhnlicher Differentialgleichungen des Eigenwerttyps umgeformt werden und dadurch mittelbar einer analogieelektronischen Lösung zugänglich gemacht werden. Es gibt mehrere Typen von Eigenwertproblemen, bei deren Lösung sich elektronische Analogieanlagen als vorteilhaft erweisen:

a) Gleichungen zweiter und vierter Ordnung mit einfachen homogenen Randbedingungen,

b) komplexe Gleichungen zweiter Ordnung mit integralen Randbedingungen und

c) Eigenwertprobleme über einen halb-unendlichen Bereich der unabhängigen Veränderlichen.

Die ersten beiden Kategorien sind relativ leicht lösbar, letztere unter der Voraussetzung, daß eine analytische asymptotische Lösung des Problems vorhanden ist oder wenn die Lösung gleichmäßig rasch ihre Randwerte erreicht, obwohl der Integrationsbereich von Null bis unendlich verläuft. Die Bestimmung der Eigenwerte mittels Analogrechnern ist notwendigerweise ein empirisches Ermittlungsverfahren, ein Prozeß mit fortschreitenden Näherungswerten. Die Anfangsbedingungen werden unmittelbar eingestellt. Durch Veränderung der Eigenwerteingaben werden partikuläre Systeme charakteristischer Zahlen gefunden, die den Endbedingungen gehorchen. Dieses ist einfach, wenn nur ein Systemparameter variiert werden muß, um die Randbedingungen zu erfüllen. Sind zwei Parameter simultan zu verändern, so ist ein Schema aufzustellen, das rasch zur Lösung führt. Auch bei simultaner Variierung von drei Parametern können noch — wenn auch mit erheblichem Zeitaufwand — Eigenwertprobleme gelöst werden, wenn man systematisch vorgeht.

Diese Methode der Trennung der Variablen bei der Lösung partieller Differentialgleichungen mittels elektronischer Analogieanlagen ist vielfach sehr langwierig; das Näherungsverfahren durch Substitutionen endlicher Differenzen — im folgenden abgehandelt — ist allgemein vorteilhafter.

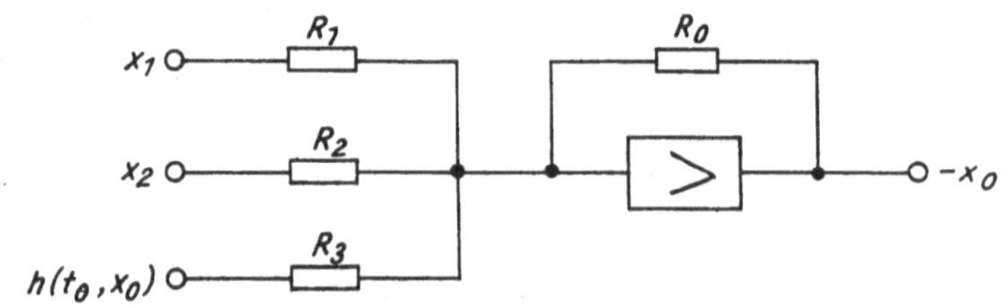

Abb. 62. Prinzip der Differenzenmethode

3. Endliche Differenzen anstelle partieller Ableitungen

Die Methode, partielle Ableitungen durch endliche Differenzen zu ersetzen, ist aus der Literatur über numerische Analyse allgemein bekannt. Zu ihrer Erläuterung sei von der gewöhnlichen nichtlinearen Differentialgleichung

$$\frac{d^2x}{dt^2} + f(t)\frac{dx}{dt} - g\,x + h(t, x) = 0$$

ausgegangen, deren Endliche-Differenzen-Form

$$\left(\frac{1}{l^2} + \frac{f_0}{2\,l}\right)(x_1 - x_0) + \left(\frac{1}{l^2} - \frac{f_0}{2\,l}\right)(x_2 - x_0) - g\,x_0 + h(t_0, x_0) = 0$$

lautet, wobei l das Teilintervall darstellt. Hieraus folgt

$$x_0 = \frac{2 + f_0\,l}{4 + 2\,g\,l^2}\,x_1 + \frac{2 - f_0\,l}{4 + 2\,g\,l^2}\,x_2 + \frac{l^2}{2 + g\,l^2}\,h(t_0, x_0)\,.$$

Die analogieelektronische Darstellung von x_0 zeigt Abb. 62, deren Widerstände so dimensioniert sind, daß R_0/R_1, R_0/R_2 und R_0/R_3 den Koeffizienten von x_1, x_2 und $h(t_0, x_0)$ gleich sind. Negative Koeffizienten bedürfen der Vorschaltung eines Vorzeicheninverters. Bei Betrachtung von 5 Intervallpunkten (Abb. 63a) hat der vollständige Koppelplan für die Lösung o. a. Gleichung die in Abb. 63b dargestellte Form.

Als demonstratives Beispiel für die Lösung einer partiellen Differentialgleichung mittels elektronischer Analogieanlagen nach der Methode der endlichen Differen-

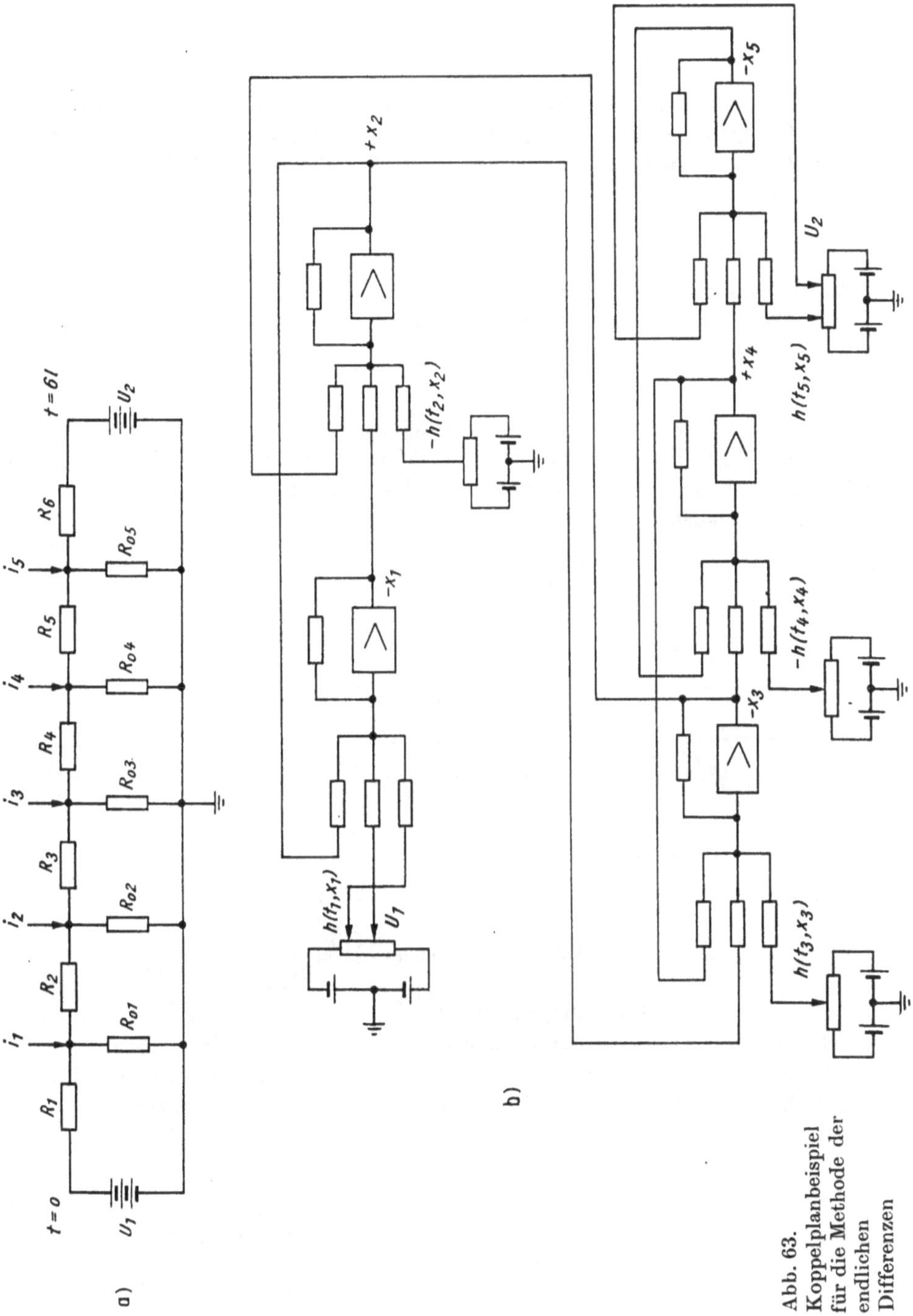

Abb. 63.
Koppelplanbeispiel für die Methode der endlichen Differenzen

zen sei die allgemeine Wellendifferentialgleichung

$$c^2 \frac{\partial^2 s}{\partial x^2} = \frac{\partial^2 s}{\partial t^2}$$

herangezogen, wobei c die Fortpflanzungsgeschwindigkeit elastischer Wellen in festen, flüssigen oder gasförmigen Medien, s die Schwingungsweite, x den Weg in Ausbreitungsrichtung und t die Zeit bedeuten. Für elektrische Wellen auf Drähten gilt analog

$$\frac{1}{L\,C} \frac{\partial^2 u}{\partial x^2} = \frac{\partial^2 u}{\partial t^2}$$

mit u = Spannung, L = Induktivität und C = Kapazität pro Längeneinheit. Bei der in Abb. 64 dargestellten Saitenschwingung mit der Bewegungsgleichung

$$a \frac{\partial^2 y}{\partial x^2} = \frac{\partial^2 y}{\partial t^2}$$

ist die abhängige Veränderliche, die Schwingungsweite y, eine Funktion des Ortes x und der Zeit t. Hierin ist $a = F/m' = E/\varrho$ mit F = Zugkraft, m' = Masse pro Längeneinheit, E = Elastizitätsmodul und ϱ = Dichte, d. h. eine materialabhängige Zustandsgröße.

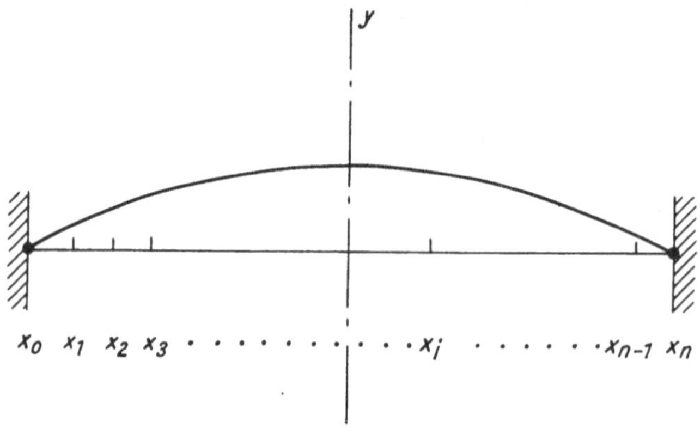

Abb. 64. Schwingende Saite

Die örtlichen Randbedingungen lauten: Für $x = 0$ und $x = x_n$ muß y dauernd gleich Null sein. Die zeitlichen Anfangsbedingungen sind dadurch gegeben, daß für $t = 0$ die Anfangsdeformation $y_0(x)$ und die Anfangsgeschwindigkeit $\dot{y}_0(x)$ vorgegeben sind, je nachdem z. B. die Saite gezupft oder angeschlagen wird.

Setzt man den Wert

$$\left(\frac{\partial^2 y}{\partial x^2}\right)_n = \frac{y_{n+1} - 2\,y_n + y_{n-1}}{(\varDelta x)^2}$$

in die Schwingungsgleichung ein, so erhält man für die Bewegung im Punkt x_i

$$\frac{d^2 y_i}{dt^2} = \frac{a_i}{\varDelta x^2}\,(y_{i+1} - 2\,y_i + y_{i-1}) \,.$$

Werden die Randbedingungen $y_0 = y_n = 0$ für beliebige t berücksichtigt, so vereinfachen sich die Beziehungen für die Punkte x_1 und x_{n-1}:

$$\frac{d^2 y_1}{dt^2} = \frac{a_1}{\Delta x^2}(y_2 - 2\,y_1) \qquad \text{und} \qquad \frac{d^2 y_{n-1}}{dt^2} = \frac{a_{n-1}}{\Delta x^2}(-2\,y_{n-1} + y_{n-2})\,.$$

Auf den letzten 3 Gleichungen basiert das Analogieschaltschema (Abb. 65). Wie ersichtlich, ist für die Lösung partieller Differentialgleichungen eine beträchtliche Anzahl von Rechenverstärkern erforderlich.

Die beschriebene Methode ist nicht nur für einen Freiheitsgrad, wie im besprochenen Beispiel, sondern ebenso auch für mehrere anwendbar, jedoch mit noch erheblich größerem Geräteaufwand. In der Literatur existieren bereits viele praktische Lösungsbeispiele partieller Differentialgleichungen, die die Vorteile analogieelektronischer Behandlung unter Beweis stellen.

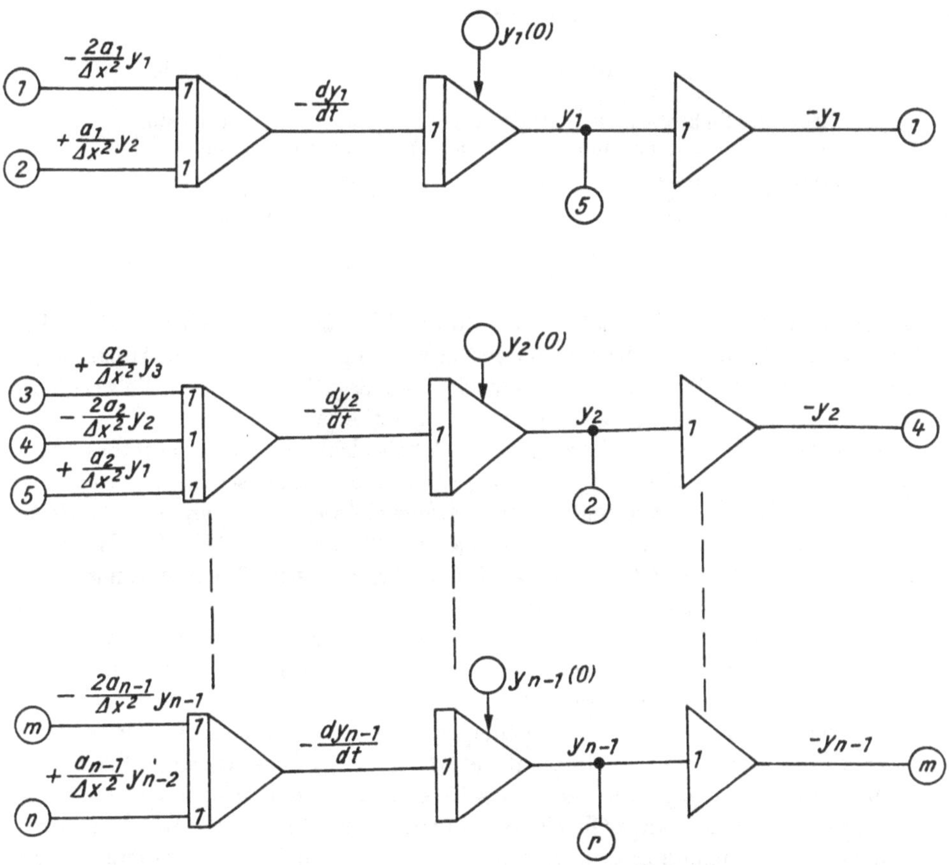

Abb. 65. Koppelplanschema für die Lösung der allgemeinen Wellengleichung

E. Simulationen

Der Einsatz elektronischer Analogieanlagen zur Simulation erfolgt in erster Linie bei Problemen der Regelungstechnik. Dabei interessieren Untersuchungen über Stabilität, Regleroptimierung, Stör- und Übergangsverhalten und ähnliche, von denen alle Industriezweige berührt werden. In diesen Fällen werden die Analogieanlagen nicht unmittelbar als *Differentialanalysator*, wie bei allen vorange-

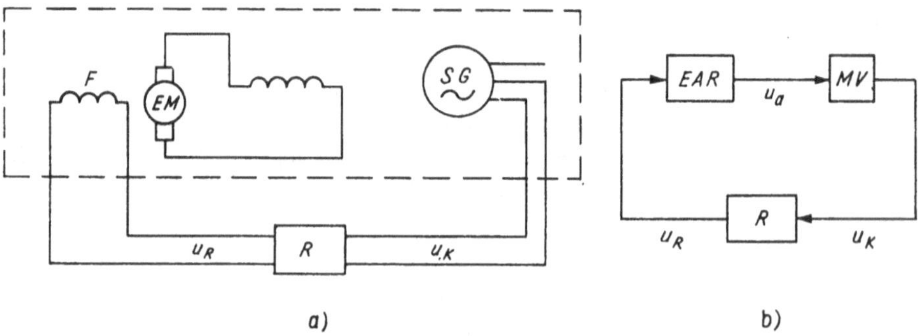

Abb. 66. Elektronische Analogierechenanlage mit Modulator-Verstärker zur Untersuchung einer Synchrongeneratoren-Regelung

a) Prototyper Generatorkreis
SG = Synchrongenerator,
EM = Erregermaschine mit Feldwicklung F,
R = Regler

b) Modellregelkreis
EAR = Elektronische Analogierechenanlage,
MV = Modulatorverstärker,
u_K = Klemmenspannung des SG,
u_R = Reglerspannung,
u_a = Ausgangsspannung der EAR,

gangenen Anwendungsbeispielen, sondern als *Modellregelkreise* eingesetzt, wobei auch die Möglichkeit gegeben ist, unter Verwendung entsprechender Anpassungsglieder bestimmte Teile des zu untersuchenden Regelkreises, etwa die Originalstrecke, mit ihnen (oder umgekehrt) zusammenarbeiten zu lassen.

Als Beispiel sei die Simulierung eines elektrischen Synchrongenerators angeführt: Das Verhalten eines Spannungsreglers und seine Eigenschaften können normalerweise nur im Verbundnetz richtig untersucht werden — eine umständliche und manchmal praktisch unmögliche experimentelle Methode. Von Interesse hierbei ist die Stabilitätsfrage, ob der Regler bei Kurzschlußfortschaltungen die Maschine im Synchronlauf zu halten vermag oder ob er den an sich unstabilen Betrieb eines Werkes auf lange Leitungen im Leerlauf stabilisieren kann. Hier springt die elektronische Analogieanlage als Helfer ein. Sie wird so geschaltet, daß sie sich wie ein Synchrongenerator am Netz verhält, d. h. diesen „simuliert“. Das den Generator kennzeichnende Gleichungssystem wird hierbei unter Verwendung eines Koppelplanes der Analogieanlage eingegeben. Seine variable Klemmenspannung u_K speist das Meßsystem des Reglers, und zwar über ein Anpassungsglied, welches die Ausgangs-Gleichspannung u_a der Analogieanlage in eine proportionale Wechselspannung umformt und diese auf den Wert u_K verstärkt. In Abb. 66 sind der geschlossene, prototype und der Modell-Regelkreis schematisch veranschaulicht. Generator mit Erregermaschine und Netz werden in der Analogieanlage elektronisch simuliert. Dieses sind die im gestrichelten Rechteck enthaltenen Elemente. Auf diese Weise kann der Regelkreis unter Zwischenschaltung eines Modulator-Verstärkers MV im Laboratorium eingehend und ungestört untersucht werden. Natürlich müssen hierbei die Spannungsänderungen der simulierenden Anlage wegen der Mitwirkung des Reglers im Zeitmaßstab 1:1 ablaufen; die Rechengeschwindigkeit ist also vorgegeben. Diese Art von Untersuchungen an Elementen von Regelstrecken ist — ohne daß man über den gesamten Reglekreis verfügt — überhaupt erst durch die elektronischen Analogieanlagen möglich geworden.

In gleicher Weise lassen sich grundsätzlich alle Untersuchungen zur Automatisierung durchführen: Die Analogieanlagen werden als Versuchsgeräte direkt in den zu automatisierenden Prozeß über Anpassungsglieder eingeschaltet, um die Charakteristiken der erforderlichen Regler (Optimierung, Stör- und Übergangsverhalten, Stabilität, Frequenzgang usw.) experimentell zu ermitteln. Läuft der Prozeß automatisch, den Erfordernissen entsprechend ab, dann wird der Regler entsprechend konstruiert und an Stelle der universellen Analogieanlage im Betrieb eingesetzt. Da dem Konstrukteur die Merkmale seiner Entwicklung vorher genau bekannt sind, ist seine Arbeit relativ einfach und zum Erfolg führend, besonders, wenn er für den Regler die rein elektrische Arbeitsweise wie bei der Rechenanlage wählt.

VI. OPERATIONSVERSTÄRKER UND ELEKTRISCHE NETZWERKE ALS LINEARE ANALOGIEELEMENTE

A. Theorie und Aufbau linearer Analogieelemente

1. Überblick

Die in einer elektronischen Analogieanlage benötigten üblichen Analogieelemente sind in Abb. 24 und 25 wiedergegeben. Sie dienen der Koeffizienteneinstellung, Vorzeichenumkehr, Addition, Integration, Multiplikation und der Bildung von Funktionen. Die Multiplikation und Erzeugung von Funktionen erfolgt durch die im Kapitel VII beschriebenen *nichtlinearen Analogieelemente*, die übrigen elektronischen Operationen werden von den *linearen Analogieelementen* durchgeführt. Entsprechend den zu lösenden Gleichungen oder Gleichungssystemen werden derartige Elemente zusammengeschaltet und zwar als offene Rechenkette oder als geschlossener Rechenkreis, der unter Umständen mehrfach vermascht sein kann. Die Rechenkette ist das Rechenmodell einer Gleichung in expliziter Form, der Rechenkreis modelliert eine Gleichung, in der die gesuchte Größe implizit auftritt, beispielsweise stets in Differentialgleichungen.

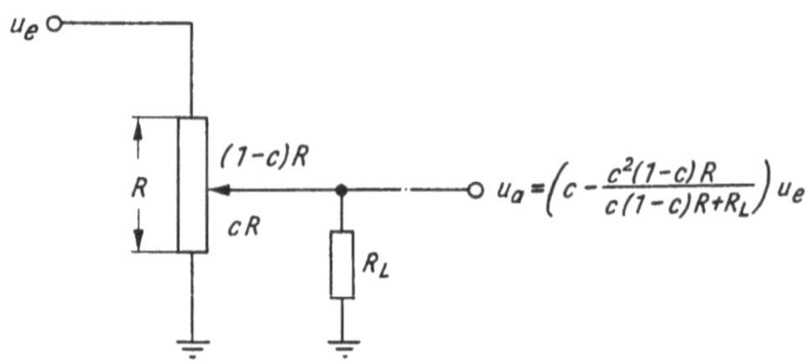

Abb. 67. Koeffizienteneinstellung mit ausgangsbelastetem Potentiometer

Die Rechenoperationen der Vorzeicheninverter, Additoren und Integratoren basieren auf stabilisierten, gegengekoppelten, mehrstufigen Gleichspannungsverstärkern. Bei der Vorzeichenumkehr und der Addition erfolgt die Gegenkopplung über einen ohmschen, bei der Integration über einen kapazitiven Widerstand. Die Verstärkung des Gleichspannungsverstärkers ist sehr hoch, das Übertragungsmaß resultiert aus der Bedingung, daß die Summe aller zum Verstärkereingang fließenden Ströme verschwindet. Auf nähere Einzelheiten wird in den folgenden Abschnitten eingegangen.

Die bei diesen Rechenoperationen auftretenden grundsätzlichen Fehler haben im wesentlichen folgende Ursachen:

1. Ungenauigkeit der Rechenwiderstände (0,01 bis 0,2%) und der Rechenkondensatoren (0,05 bis 0,3%),
2. endliche statt unendliche Verstärkung,
3. Nullpunktsverschiebung, Drift genannt (0,1 bis 0,2%) infolge Röhrenalterung und Änderungen der Betriebswerte.

2. Spannungsmultiplikation mit konstanten Koeffizienten (< 1) durch Potentiometer

Ein Potentiometer dient der Spannungsteilung. Es ist ein Widerstand mit beiderseitigen Anschlüssen und einem beweglichen Schleifkontakt als Mittelabgriff der Spannung. Für eine möglichst hohe Rechengenauigkeit ist eine große Koeffizienteneinstellgenauigkeit am Potentiometer erforderlich. Daraus resultieren folgende Anforderungen: Gute mechanische Stabilität, große Genauigkeit der Skaleneinteilung bzw. einwandfreie Linearität der Wicklungen bei linearer Skalenteilung, kleinste Intervallschritte, keine Temperatur- und Alterungseinflüsse. Wird das Potentiometer mit unendlicher Impedanz belastet, so lautet die Übertragungsfunktion

$$\frac{u_a}{u_e} = \frac{c\,R}{R} = c\,,$$

für die Belastung R_L (Abb. 67) gilt

$$\frac{u_a}{u_e} = c - \frac{c^2\,(1-c)\,\frac{R}{R_L}}{1 + c\,(1-c)\,\frac{R}{R_L}}\,.$$

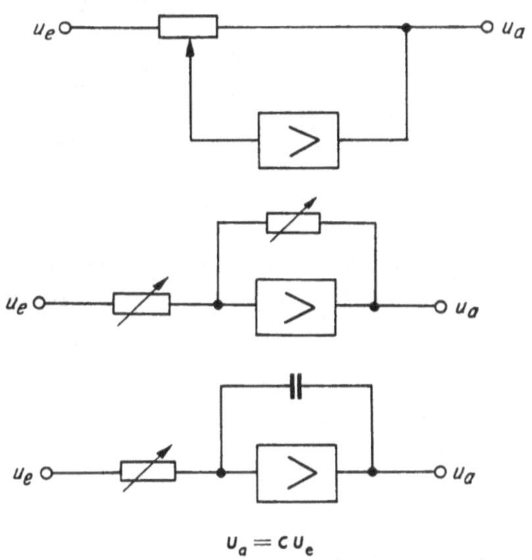

Abb. 68. Verstärkerkreise zur Multiplikation mit konstanten Koeffizienten

Eine Korrektur des Belastungsfehlers gemäß dieser Gleichung ist bei der Koeffizienteneinstellung an Hand von Tabellen oder Fehlerkurven leicht möglich, wobei als Lastimpedanz R_L die Eingangsimpedanz R_i des nachfolgenden Additionsverstärkers, Vorzeicheninverters (Umkehrverstärkers) oder Integrationsverstärkers anzusetzen ist.

Der Einsatz von Linearpotentiometern höchster Präzision bei elektronischen Analogieanlagen ist in Anbetracht der hohen erforderlichen Stückzahl wesentlich für den Gesamtpreis der Anlage. Aus diesem Grunde werden vielfach gewöhnliche

Potentiometer der Funktechnik eingesetzt und die Bedingungen an die Recheneinstellgenauigkeit durch Vergleichsmessungen mit Präzisionspotentiometern erfüllt (vgl. Kap. VIII B2).

Andere Methoden der Spannungsmultiplikation mit einstellbaren konstanten Koeffizienten benutzen Gleichspannungsverstärker, wodurch der Einsatz von Potentiometern kleiner Impedanz entfällt. Hierbei werden die Koeffizienten an gewöhnlichen Widerständen eingestellt, wie aus Abb. 68 ersichtlich ist.

3. Additionsverstärker

Der Operationsverstärker ist gewöhnlich ein gegengekoppelter Gleichspannungsverstärker (Abb. 69). $\mathfrak{R}$ sei das allgemeine Symbol für den komplexen Widerstand, $\mathfrak{v}_0$ für die innere Verstärkung, $\mathfrak{k}$ für den Rückkopplungsfaktor, $\mathfrak{U}_i$ für die Eingangs- und $\mathfrak{U}_a$ für die Ausgangsspannung. Hat der Verstärker einen so großen

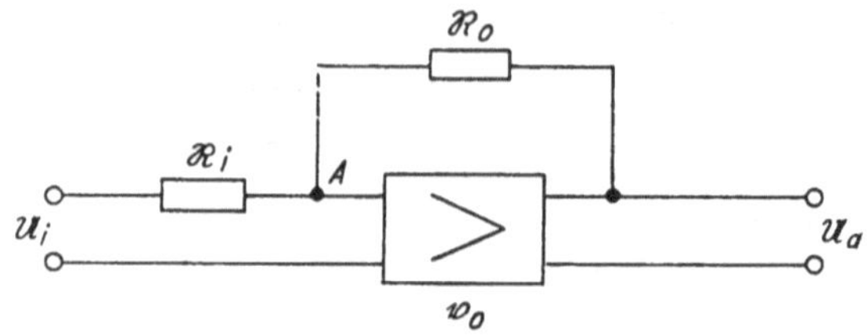

Abb. 69. Zur Theorie des Operationsverstärkers

Eingangswiderstand, daß sein Eingangsstrom vernachlässigt werden kann, dann gilt nach dem 1. KIRCHHOFFschen Gesetz für den Punkt A in Abb. 69

$$\left(\frac{\mathfrak{U}_a}{\mathfrak{v}_0} - \mathfrak{U}_a\right)\frac{1}{\mathfrak{R}_0} + \left(\frac{\mathfrak{U}_a}{\mathfrak{v}_0} - \mathfrak{U}_i\right)\cdot\frac{1}{\mathfrak{R}_i} = 0\,,$$

da wegen $\mathfrak{U}_a = \mathfrak{v}_0\,\mathfrak{U}_g$ am Gitterpunkt A die Spannung $\mathfrak{U}_g = \mathfrak{U}_a/\mathfrak{v}_0$ wirkt. Durch Umformung erhält man aus dieser Gleichung

$$\mathfrak{U}_a = -\left(1 - \frac{1}{1 - \mathfrak{k}\,\mathfrak{v}_0}\right)\frac{\mathfrak{R}_0}{\mathfrak{R}_i}\,\mathfrak{U}_e\,,$$

wobei der Rückkopplungsfaktor

$$\mathfrak{k} = \frac{\mathfrak{R}_i}{\mathfrak{R}_0 + \mathfrak{R}_i}$$

beträgt.

Für $|\mathfrak{k}\,\mathfrak{v}_0| \gg 1$ gilt

$$\mathfrak{U}_a = -\frac{\mathfrak{R}_0}{\mathfrak{R}_i}\,\mathfrak{U}_e\,.$$

Die komplexen Widerstände $\mathfrak{R}_0$ und $\mathfrak{R}_i$ können in mannigfacher Art aus ohmschen Widerständen, Kapazitäten und Induktivitäten aufgebaut sein, wobei die vorgeschriebenen Rechenoperationen den jeweiligen Netzwerkaufbau bestimmen. Bei einem Additor besteht $\mathfrak{R}_i$ aus n ohmschen Widerständen, der Verstärker hat n Eingänge und $\mathfrak{R}_0$ ist ein ohmscher Widerstand. Beim Integrator ist $\mathfrak{R}_i$ ein ohmscher und $\mathfrak{R}_0$ ein kapazitiver Widerstand, beim Differentiator umgekehrt. Für die Nachbildung von Regelkreisgliedern können die Widerstände komplizierte Netzwerke sein. Einen Überblick über die einfachen Rechennetzwerke ohne und mit Operationsverstärker vermittelt Abb. 70. Hierin sind für die Differentiation und die Integration die Operatorsymbole $p\,x = dx/dt$ und $x/p = \int x\,dt$ in Anwendung gebracht. Das Produkt $\mathfrak{k}\,\mathfrak{v}_0$ aus dem Rückkopplungsfaktor $\mathfrak{k}$ und der inneren Verstärkung $\mathfrak{v}_0$ wird allgemein als Schleifenverstärkung bezeichnet, als Symbol sei $\mathfrak{v}$ eingeführt.

Im allgemeinen sind die Rechenverstärker so aufgebaut, daß wahlweise mehrere Gegenkopplungsnetzwerke benutzt werden können. Hierfür ist Voraussetzung, daß die rückgekoppelten mehrstufigen Gleichspannungsverstärker für jeden Operationsfall stabil sind. Bei Stabilitätsuntersuchungen wird daher der ungünstigste Fall größter Schleifenverstärkung betrachtet, wenn $|\mathfrak{k}|$ im gesamten Übertragungsbereich den Maximalwert 1 annimmt. Diesem ungünstigsten Fall kommt der Integrationsverstärker am nächsten. Bei ihm ist

$$\mathfrak{k} = \frac{R}{R + \dfrac{1}{j\,\omega\,C}} = \frac{1}{1 + \dfrac{1}{j\,\omega\,T}} \qquad \text{mit} \qquad T = R\,C\,.$$

Der Fehler bei den Rechenoperationen ist grundsätzlich umgekehrt proportional der Schleifenverstärkung $\mathfrak{v} = \mathfrak{k}\,\mathfrak{v}_0$. Da der Rückkopplungsfaktor durch die Art der Rechenoperation festgelegt ist, hängt die Genauigkeit nur von der inneren Verstärkung $\mathfrak{v}_0$ ab. Ihr Wert liegt bei Analogieanlagen mittlerer Genauigkeit zwischen 10^3 und 10^4, bei höchsten Genauigkeitsforderungen etwa in der Größenordnung 10^5. Bei sehr tiefen Frequenzen verstärkt man bis 10^8fach.

Nach diesen allgemeinen Betrachtungen von elektrischen Netzwerken mit Operationsverstärkern als lineare Analogierechenelemente soll nunmehr speziell auf den *Additionsverstärker*, seine Dimensionierung und Fehleranalyse eingegangen werden. Sein Schaltschema ist in Abb. 70 (zweite Bildreihe von oben, rechtes Bild) enthalten. Seine Rechenoperation ist durch die Gleichung

$$u_a = \sum_{i=1}^{n} \frac{u_i}{R_i} \cdot \frac{v_0\,R_0}{(1 - v_0) + R_0 \sum\limits_{i=1}^{n} \dfrac{1}{R_i}} = -\,R_0 \sum_{1}^{n} \frac{u_i}{R_i} \left\{ \frac{-1}{-1 + \dfrac{1}{v}} \right\} \qquad \text{(VI A3—1)}$$

dargestellt, wobei die Verstärkung v_0 (und in diesem Falle auch die Schleifenverstärkung v) des Gleichspannungsverstärkers aus Stabilitätsgründen negativ sein muß.[1])

Bei hochverstärkenden Rechnern mit

$$|v| \gg 1$$

---

[1]) Die Größe v_0 ist im allgemeinen als Vektor mit frequenzabhängiger Amplitude und Phase anzusehen. Bei nicht zu hohen Frequenzen kann man jedoch die Verstärkung mit genügender Genauigkeit als negativ reell und konstant betrachten.

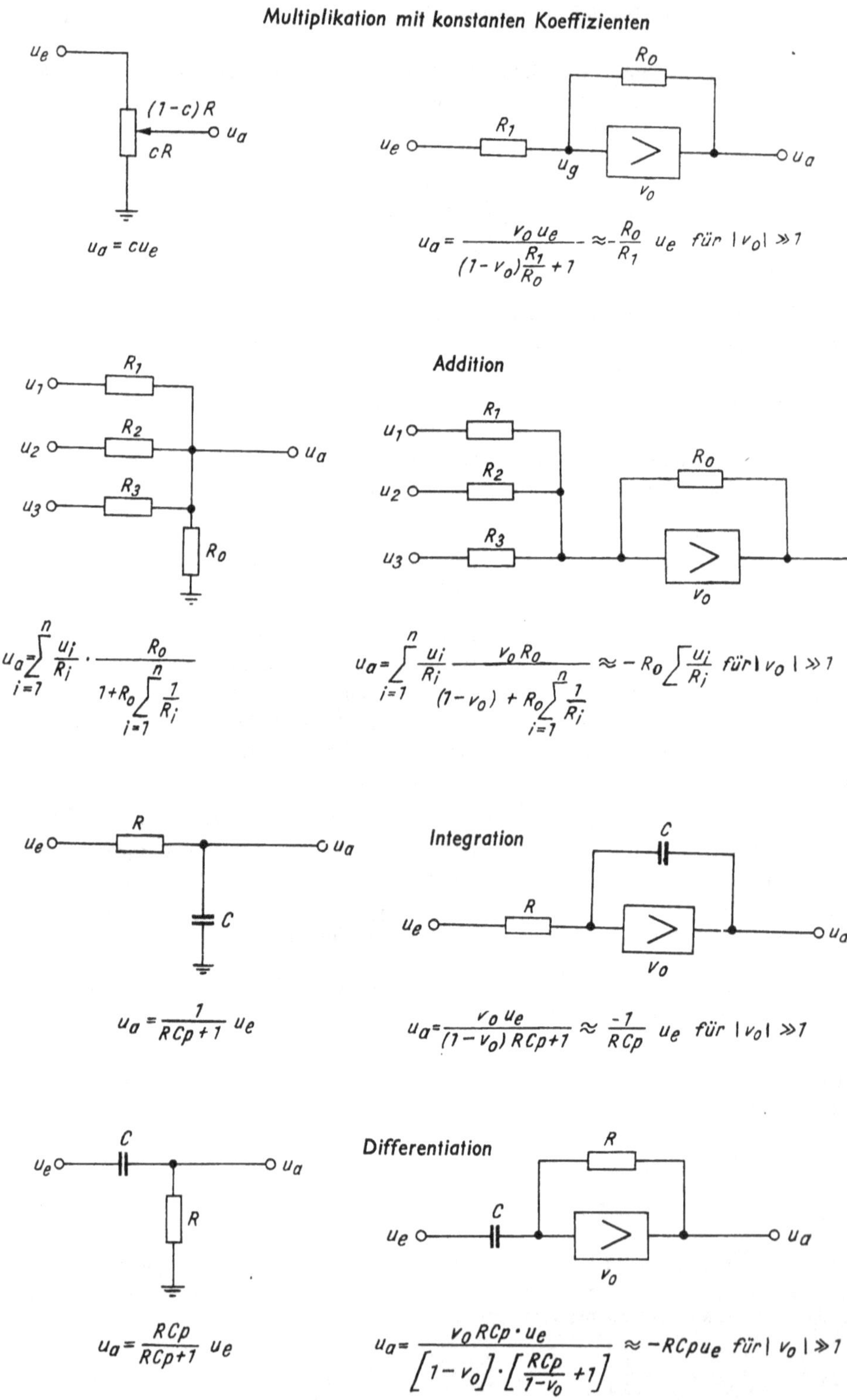

Abb. 70. Die 4 grundlegenden Rechennetzwerke

ist die Ausgngsspannung u_a praktisch unabhängig von dem Verstärkungsgrad v_0, und es gilt

$$u_a = -R_0 \sum_{i=1}^{n} \frac{u_i}{R_i}. \qquad \text{(VI A3—2)}$$

Für den Spezialfall, daß im Eingang nur ein einziger ohmscher Widerstand ($i = 1$) von der gleichen Größe des Rückkopplungswiderstandes liegt ($R_1 = R_0$), ergibt sich für die Ausgangsspannung

$$u_a = -u_e .$$

Beide Spannungen sind also dem Betrag nach gleich und in der Phase um π gegeneinander verschoben. Ein solcher Operationsverstärker wirkt als *Vorzeicheninverter*.

DieFehlerbetrachtung beim Additionsverstärker basiert auf dem Unterschied der beiden Gleichungen VI A3—1 und VI A3—2; d. h. der relative Fehler ε_r ist gleich der Differenz der aus beiden Gleichungen resultierenden Ausgangsspannungen u_{a1} und u_{a2}, dividiert durch u_{a1}:

$$\varepsilon_r = \frac{u_{a1} - u_{a2}}{u_{a1}}.$$

Nach Einsetzen der Werte erhält man als prozentualen Fehler ($\varepsilon_r \cdot 100$)

$$\varepsilon(f) = \frac{1}{|v_0|}\left(1 + R_0 \sum_{i=1}^{n} \frac{1}{R_i}\right) 100 = \frac{100}{|k\, v_0|} = \frac{100}{|v|}$$

(f = Eingangsfrequenz, k = Rückkopplungsfaktor).

Aus der Forderung, daß dieser Prozentfehler der Amplitude einen bestimmten Maximalwert ε_{max} nicht überschreiten soll, ergibt sich als Bedingung für die Schleifenverstärkung

$$|v| \geq \frac{100}{\varepsilon_{max}}.$$

Mithin können Amplitudenfehler als Änderungen der Verstärkung betrachtet werden. Grundsätzlich nimmt der Verstärkungsfaktor $|v_0(f)|$ mit Erhöhung der Eingangsfrequenz (Signalfrequenz) f ab. Dieser Effekt hat zur Folge, daß die Fehlerforderung nur bis zu einer bestimmten Grenzfrequenz erfüllt ist.

Außer dem Amplitudenfehler bzw. der frequenzabhängigen Verstärkung ist für die Rechengenauigkeit noch die Phasenverschiebung zwischen einer beliebigen Eingangsspannung u_i und der Ausgangsspannung u_a von Bedeutung ($\mathfrak{v}$ komplex). Sie muß im ganzen Frequenzbereich der Eingangsspannung klein ($< 1°$) sein, soweit keine Integration oder Differentiation erfolgt. Die Frequenzabhängigkeit darf ferner die Stabilität des Additionsverstärkers nicht zunichte machen. Er bleibt stabil, wenn sämtliche Wurzeln der Gleichung

$$1 - \mathfrak{w}(\lambda) = 0,$$

die man erhält, indem man den Nenner der Gleichung VI A3—1 Null setzt, negative Realteile haben.

Im Zusammenwirken gegengekoppelter Gleichspannungsverstärer in der Rechenkette oder dem Rechenkreis vergrößern sich die Amplituden- und Phasenfehler, so daß bei bestimmten analogen Berechnungen, die erhebliche vielfache Multiplikationen der Anlagenveränderlichen beinhalten, durchaus Insabilitäten in Erscheinung treten können. Sie werden im Abschnitt VI B3 einer Berachtung unterzogen.

4. Integratoren

Das Schaltschema des Integrationsverstärkers ist in Abb. 70 (dritte Bldreihe, rechtes Bild) dargestellt. Er verkörpert die Operation

$$u_a = \frac{v_0}{(1 - v_0)\, R\, C\, p + 1}\, u_e\,.$$

Hierbei bedeuten

u_e = Eingangsspannung
u_a = Ausgangsspannung
$\frac{1}{p} = \int \ldots dt$ bzw. $p = \frac{d}{dt}$
C = Rückkopplungskapazität
R = Vorschaltwiderstand
v_0 = innere Verstärkung ($v_0 < 0$).

Die physikalische Wirkungsweise beruht auf der Aufladung eines Kondensators in einem einfachen, integrierenden Netzwerk, wie es in Abb. 70 (dritte Bildreihe, linkes Bild) dargestellt ist. Aus der Vierpoltheorie ergibt sich als dessen Übertragungsfunktion

$$\frac{u_a}{u_e} = \frac{1}{R\, C\, p + 1}\,.$$

Ausgangspunkt für deren Ableitung ist, daß der Stromfluß i über einen Kondensator C, an dem die variable Spannung u anliegt,

$$i = C \cdot \frac{du}{dt} \qquad \text{oder} \qquad i = C\, p\, u$$

ist, da gemäß physikalischer Definition von Kapazität und Ladung

$$Q = C \cdot u = \int i\, dt$$

gilt. Wird dieses einfache, integrierende $R\,C$-Netzwerk mit einem Ausgangswiderstand R_L belastet, so nimmt die Übertragungsfunktion die folgende Form an:

$$\frac{u_a}{u_e} = \frac{R_L}{R + R_L} \cdot \frac{1}{\frac{R_L}{R + R_L}\, R\, C\, p + 1}\,.$$

Allgemein läßt sich die Wirkungsweise der meisten Gleichspannungsintegratoren durch die verallgemeinerte Form der Übertragungsfunktion, nämlich

$$\frac{u_a}{u_e} = \frac{c_1}{c_2\, p + 1} \qquad \text{(VI A4—1)}$$

zum Ausdruck bringen, wobei c_1 und c_2 als Kenngrößen des jeweiligen Integrators anzusehen sind. Man erkennt, daß c_2 die Dimension einer Zeit hat. Diese Größe wird allgemein als Zeitkonstante des Integrators bezeichnet. Im Falle des integrierenden Netzwerkes ist $c_2 = R\,C$.

Die Bedeutung der Kenngrößen c_1 und c_2 für die Integrationsgenauigkeit wird bei der folgenden *Fehlerbetrachtung* klar. Als linearen Ausgangsfehler ε_l bezeichnet man die Differenz zwischen der Ausgangsspannung u_a eines gegebenen und der eines idealen Integrators mit gleichen Kenngrößen:

$$\varepsilon_l = u_a - \frac{c_1}{c_2\,p}\,u_e\,.$$

Hierzu kommen noch Fehler infolge Drift und Verzerrungen. Setzt man den Wert für u_a aus Gl. VI A4—1 ein, so folgt für den linearen Ausgangsfehler

$$\varepsilon_l() = u_a - \frac{c_1}{c_2\,p}\,u_e = \left[\frac{c_1}{c_2\,p+1} - \frac{c_1}{c_2\,p}\right] u_e = -\frac{c_1}{c_2\,p\,(c_2\,p+1)}\,u_e = -\frac{1}{c_2\,p}\,u_a\,.$$

Die zeitliche Ableitung

$$p\,\varepsilon_l(t) = \frac{d\varepsilon_l(t)}{dt} = -\frac{1}{c_2}\,u_a$$

wird als Änderungsfehler des Integrators bezeichnet. Er ist ein nützliches Maß für die Integrationsgenauigkeit. Hat er bei einem Integrator stets den Wert Null ($c_2 \to \infty$), dann treten nur noch durch Änderung der Anfangsbedingung voll kompensierbare Fehler in Erscheinung.

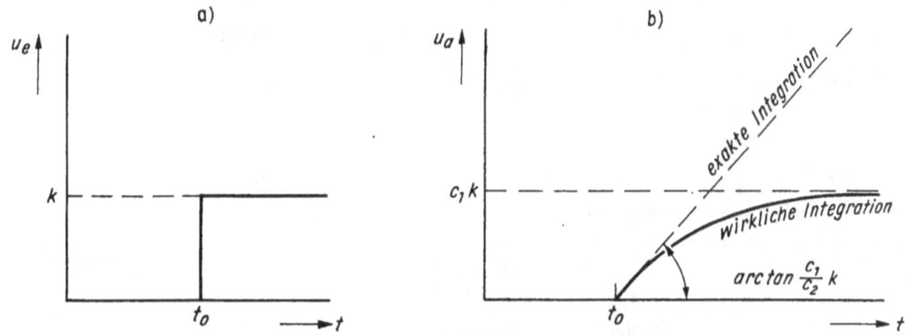

Abb. 71. Integration einer Sprungfunktion

Von besonderem Interesse bei der Fehlerdiskussion eines Integrators ist die *Integration einer Sprungfunktion*, definiert durch $u_e = 0$ für $t < t_0$ und $u_e = k$ für $t \geq t_0$ (Abb. 71), wobei k eine Konstante darstellt. Der Integrator sei durch die Übertragungsfunktion Gl. VI A4—1 charakterisiert; dann beträgt die Ausgangsspannung

$$u_a(t) = k\,c_1\left(1 - e^{-\frac{t-t_0}{c_2}}\right) = k\,c_1\left[\frac{t-t_0}{c_2} - \frac{(t-t_0)^2}{2\,c_2^2} \pm \cdots\right] \qquad \text{für} \quad t \geq t_0$$

und

$$u_a(t) = 0 \qquad \text{für} \quad t < t_0 .$$

Aus Abb. 71 ist ersichtlich, daß die Ausgangsspannung mit wachsendm $t \geq t_0$ zunächst linear mit $k \cdot \frac{c_1}{c_2}$ ansteigt, dann aber — entgegen der exaken Integration — exponentiell einem Grenzwert $c_1 k$ zustrebt. Der lineare Asgangsfehler wächst mit der Zeit, für ihn gilt

$$|\varepsilon_l| \leq \frac{(t - t_0)^2}{2 c_2^2} k c_1 ,$$

woraus für den prozentualen Fehler

$$\varepsilon = \frac{|\varepsilon_l|}{u_a} \cdot 100 \leq 50 \frac{t - t_0}{c_2}$$

folgt. Für den Änderungsfehler ergibt sich

$$p \varepsilon_l = -\frac{1}{c_2} u_a = -\frac{c_1}{c_2} k \left(1 - e^{-\frac{t-t_0}{c_2}}\right),$$

sein Absolutbetrag für $0 \leq \frac{t - t_0}{c_2} < 1$ ist

$$|p \varepsilon_l(t)| \leq \frac{c_1}{c_2^2} k (t - t_0) .$$

Für eine Fehlerdiskussion ist außer der *Integration* einer Sprungfunktion noch die einer *sinusförmigen Eingangsspannung* charakteristisch:

$$u_e = U_e e^{j \omega t} \qquad \text{mit} \qquad \omega = 2 \pi f = \text{Kreisfrequenz.}$$

Der Sollwert der Ausgangsspannung muß

$$u_a = U_a e^{j \omega t}$$

betragen. Durch Einsetzen dieser Größen in die allgemeine Übertragungsfunktion VI A4—1 erhält man

$$U_a = c_1 \frac{1}{c_2 j \omega + 1} U_e .$$

Für den linearen Ausgangsfehler ergibt sich

$$|\varepsilon_l(\omega)| \leq \left| \frac{U_e c_1}{c_2^2 \omega^2} \right|$$

und für den Phasenfehler

$$\tan \delta = \frac{1}{c_2 \omega} .$$

Als *Ergebnis der Fehlerbetrachtung* an den behandelten Beispielen kann man folgendes feststellen: Zur Erreichung einer hohen Integrationsgenauigkeit muß man mit großer Zeitkonstante c_2 und kleinem Verhältnis c_1/c_2 arbeiten. Die Größe c_1/c_2 bezeichnet man als Integratorverstärkung.

Beim *integrierenden Netzwerk* mit äußerer Belastung R_L ist

$$c_2 = \frac{R_L}{R + R_L} R C, \qquad \frac{c_1}{c_2} = \frac{1}{R C}.$$

Man kann also eine hohe Integrationsgenauigkeit nur durch Wahl großer Werte für R und C erreichen bei möglichst kleiner Belastung ($R_L \to \infty$).

Die *elektronischen Integratoren* erlauben gegenüber den einfachen RC-Netzwerk-Integratoren höhere Werte der Zeitkonstanten ohne nachteilige Beeinflussung der Integratorverstärkung. Die Nachteile des integrierenden RC-Netzwerkes infolge der Belastung können durch Verwendung eines Pufferverstärkers

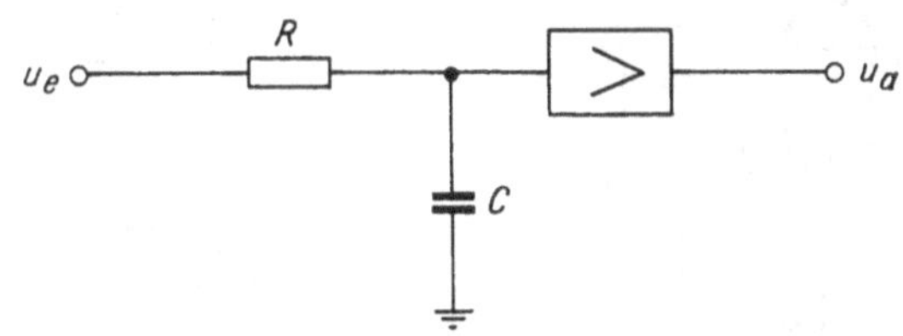

Abb. 72. Integrierendes RC-Netzwerk mit Pufferverstärker

weitgehend unwirksam gemacht werden (Abb. 72). Seine Katodenfolger-Eingangsstufe bietet dem Netzwerk eine hohe Impedanz, die Belastung geht nicht ein, die Integratorverstärkung wird erhöht. R und C müssen aber dennoch groß bemessen sein, um die für die geforderte Rechengenauigkeit notwendige, hinreichend große Zeitkonstante zu erhalten.

Eine andere Art elektronischer Integratoren erhöht den integrierenden Widerstand R des Netzwerkes, indem dieser durch den inneren Widerstand einer Elektronenröhre ersetzt wird. Ein Beispiel hierfür zeigt Abb. 73, einen Doppelpentoden-Integrator.

Die Zeitkonstante c_2 und die Integratorverstärkung c_1/c_2 des Netzwerkes betragen hierbei

$$c_2 = \frac{C Z}{\frac{Z}{R_L} + 2}, \qquad \frac{c_1}{c_2} = -\frac{\mu}{C Z}$$

mit $Z = r + (1 + \mu) R_k$, dem Anodenwiderstand im Betriebszustand. μ und r sind hierbei Verstärkungsgrad und innerer Widerstand der Röhre. Einen elektronischen Integratoraufbau mit einer Doppeltriode zeigt Abb. 74. Für diesen gilt:

$$c_2 = \frac{Z + (2 + \mu) R}{2} C \qquad \text{und} \qquad \frac{c_1}{c_2} = \frac{-\mu}{Z + (2 + \mu) R} \cdot \frac{1}{C}.$$

Eine weitere Möglichkeit der elektronischen Integration unter Verwendung eines Gleichspannungsverstärkers mit dem Verstärkungsfaktor v_0 ist in Abb. 75

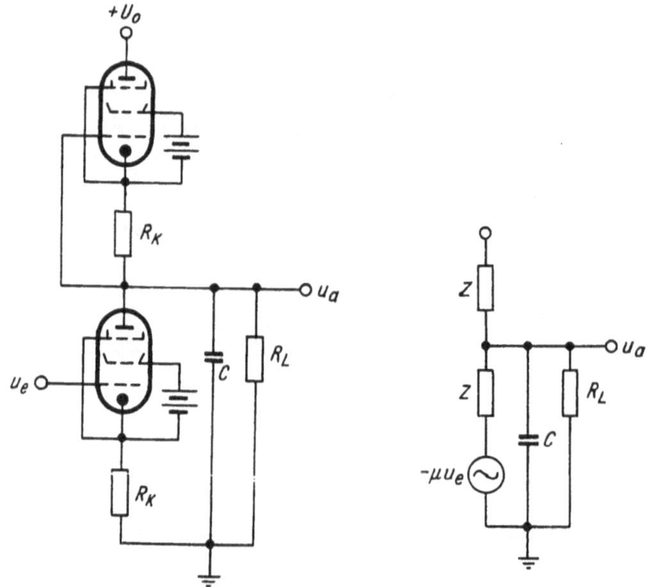

Abb. 73. Doppelpentoden-Integrator mit Ersatzschaltbild

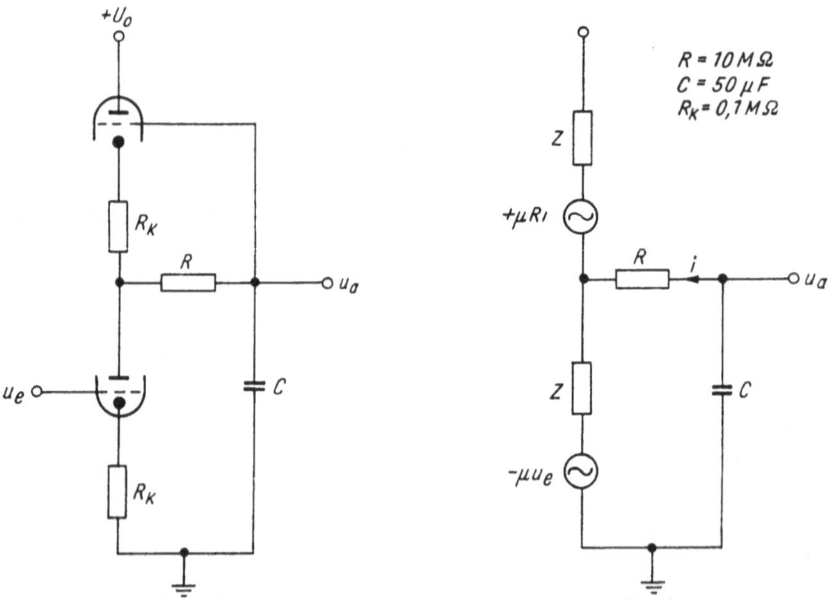

Abb. 74. Doppeltrioden-Integrator mit Ersatzschaltbild

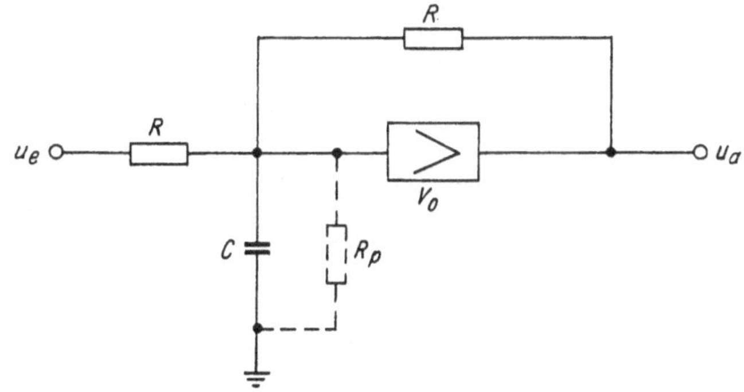

Abb. 75. Integrierendes RC-Netzwerk mit rückgekoppeltem Verstärker

dargestellt. Die Übertragungsfunktion lautet hierfür

$$\frac{u_a}{u_e} = \frac{v_0}{\left(\frac{R}{R_p} + 2 - v_0\right)\left(\frac{R\,C\,p}{\frac{R}{R_L} + 2 - v_0} + 1\right)},$$

die Zeitkonstante hat den Wert

$$c_2 = \frac{R\,C}{\frac{R}{R_p} + 2 - v_0}$$

und die Integratorverstärkung ergibt sich zu

$$\frac{c_1}{c_2} = \frac{v_0}{R\,C}.$$

(R_p = Isolationswiderstand des Kondensators).

Der in der Analogierechenelektronik am meisten verwendete Integrationsverstärker ist jedoch der bereits eingangs dieses Abschnitts erwähnte mit ohmschem Eingangs- und kapazitivem Rückkopplungswiderstand (Abb. 76). Nach dem 1. Kirchhoffschen Gesetz muß der durch den Widerstand R fließende Strom gleich der Summe der beiden durch C und R_p fließenden Teilströme sein, wenn der Gitterstrom vernachlässigbar klein ist:

$$\left(\frac{u_a}{v_0} - u_a\right)\left(C\,p + \frac{1}{R_p}\right) + \left(\frac{u_a}{v_0} - u_e\right)\frac{1}{R} = 0\,.$$

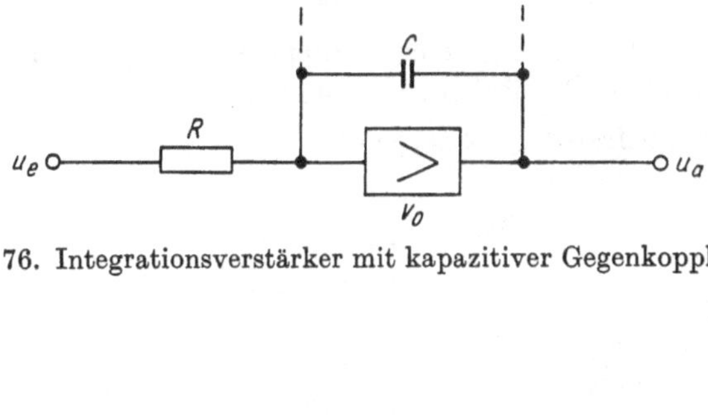

Abb. 76. Integrationsverstärker mit kapazitiver Gegenkopplung

Hieraus resultiert

$$u_a = \frac{v_0}{(1 - v_0)\, R\, C\, p + (1 - v_0)\, \frac{R}{R_p} + 1}\, u_e$$

mit der Zeitkonstanten

$$c_2 = \frac{(1 - v_0)\, R\, C}{(1 - v_0)\, \frac{R}{R_p} + 1}$$

und der Integratorverstärkung

$$\frac{c_1}{c_2} = \frac{v_0}{(1 - v_0)\, R\, C}\,.$$

Um $\left[(1 - v_0)\frac{R}{R_p} + 1\right]$ gegen Null gehen zu lassen ($c_2 \to \infty$), muß der Isolations-(Verlust-)Widerstand R_p des Kondensators so groß wie möglich, die Verstärkung für niedrige Frequenzen sehr hoch sein ($> 10^3$). Dann nimmt die Übertragungsfunktion folgende Form an:

$$\frac{u_a}{u_e} = \frac{v_0}{1 - v_0} \cdot \frac{1}{R\, C\, p} \approx -\frac{1}{R\, C\, p}\,.$$

Um den Einfluß der endlichen Verstärkung und des Widerstandes R_p auf die Rechengenauigkeit zu ermitteln, setzt man den o. a. Wert für die Zeitkonstante in die Formel für den prozentualen Fehler

$$\varepsilon \leq 50\, \frac{t - t_0}{c_2} \qquad \text{bzw.} \qquad t - t_0 \leq \frac{c_2}{50}\, \varepsilon \qquad \text{(siehe Abb. 71b)}$$

ein und erhält für die Rechenzeit t_r

$$t_r = t - t_0 \leq \frac{1}{50}\, \frac{\varepsilon\, (1 - v_0)\, R\, C}{(1 - v_0)\, \frac{R}{R_p} + 1}\,.$$

Diese Bedingung fixiert die maximal zulässige Rechenzeit, wenn eine vorgegebene prozentuale Abweichung der Ausgangsspannung u_a nicht überschritten werden darf. Ferner lassen sich hiermit die Effekte der Verstärkungsgradänderung Δv_0 und durch Luftfeuchtigkeitsschwankungen bedingte Änderungen von R_p erfassen. Eine Störspannung u_s am Eingang eines Integrationsverstärkers, die von einem Gitterstrom, Verstärkerdrift oder ähnlichem herrührt, führt zu einem absoluten Ausgangsspannungsfehler von

$$\Delta u_a \approx u_s \cdot \frac{t_r}{R\, C} \cdot \frac{v_0}{1 - v_0}\,.$$

Zur Verminderung der Drift gibt es mehrere Möglichkeiten in der Verstärkertechnik, auf die in Kap. VI B2 eingegangen wird.

Beim Summenintegrator (Abb. 77) mit

$$u_a \approx -\sum_{i=1}^{n} \frac{1}{R_i\, C} \int u_i\, dt$$

ergibt sich für die Zeitkonstante

$$c_2 = \frac{(1 - v_0)\, C\, R_p}{(1 - v_0) + R_p \sum \frac{1}{R_i}}$$

und für die zulässige Rechenzeit bei vorgegebenem prozentualen Maximalfehler ε

$$t_r \leq \frac{1}{50} \cdot \frac{\varepsilon\,(1 - v_0)\, R_p\, C}{(1 - v_0) + R_p \sum \frac{1}{R_i}}\,.$$

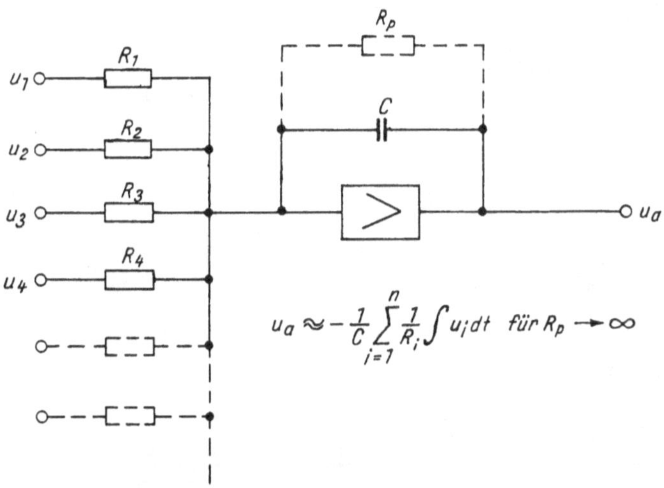

Abb. 77. Summenintegrator

Zusammenfassend kann festgestellt werden, daß die bei der elektronischen Integration auftretenden Fehler durch kurze Rechenzeiten, hohe Verstärkung, großen Isolationswiderstand der Kondensatoren und eine große Integrations-Zeitkonstante weitgehend herabgedrückt werden können. Die auf der Drift beruhenden Fehler werden durch Schwankungen der Betriebsdaten der Gleichspannungsverstärker hervorgerufen. Dieser Umstand macht besondere Maßnahmen der Driftkorrektur und hochgradige Stabilisierung der Spannungsversorgung notwendig.

5. Generelle Betrachtungen von Operationsverstärkern und Netzwerken

Bei der Anwendung der analogieelektronischen Lösungsmethode sind hinsichtlich des gerätetechnischen Aufwandes und der damit zusammenhängenden Rechengenauigkeit generelle Betrachtungen, die auf die Reduzierung der erforderlichen Stückzahlen von elektronischen Integratoren und Gleichspannungsverstärkern abzielen, von besonderer Wichtigkeit. Es erweist sich oft als zweckmäßig, außer den beschriebenen, üblichen Additions- und Integrationsverstärkern spezielle Rechennetzwerke einzusetzen.

Ein einfaches Beispiel möge dieses erläutern.

$$y = \frac{k}{1 + T_0 p} x$$

sei die zu lösende Analogieanlagengleichung, wobei die Zeitkonstante T_0 positiv sei. Den hierfür erforderlichen Koppelplan in der üblichen Form zeigt Abb. 78a, wobei zwei Operationsverstärker eingesetzt werden. Durch Verwendung des

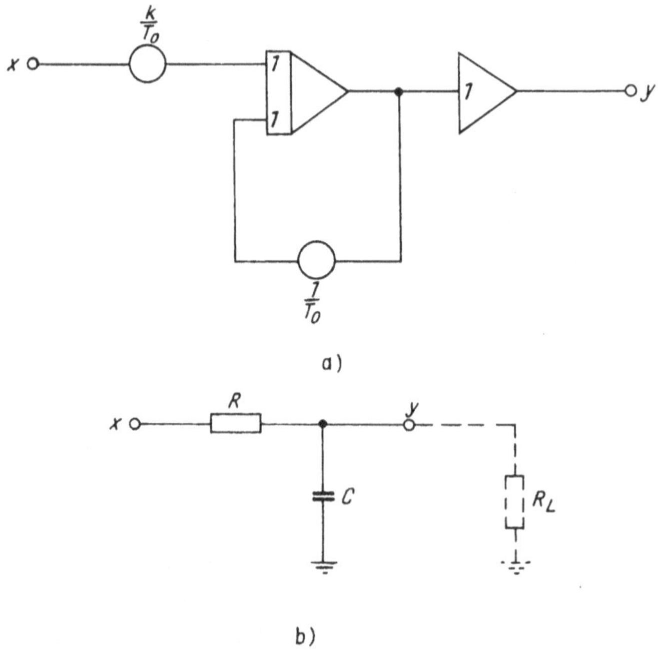

Abb. 78. Zwei Lösungswege für die Gleichung $y = \frac{k}{1 + T_0 p} x$

speziellen Netzwerkes, dargestellt in Abb. 78b, kommt man mit wesentlich geringerem Aufwand zum Ziel. Die Übertragungsfunktion hierfür entspricht der gegebenen Gleichung

$$\frac{y}{x} = \frac{k}{T_0 p + 1}$$

mit $$T_0 = \frac{R C R_L}{R + R_L} \qquad (\approx R C \quad \text{für} \quad R_L \gg R)$$

und $$k = \frac{R_L}{R + R_L} \qquad (\approx 1 \quad \text{für} \quad R_L \gg R)\,.$$

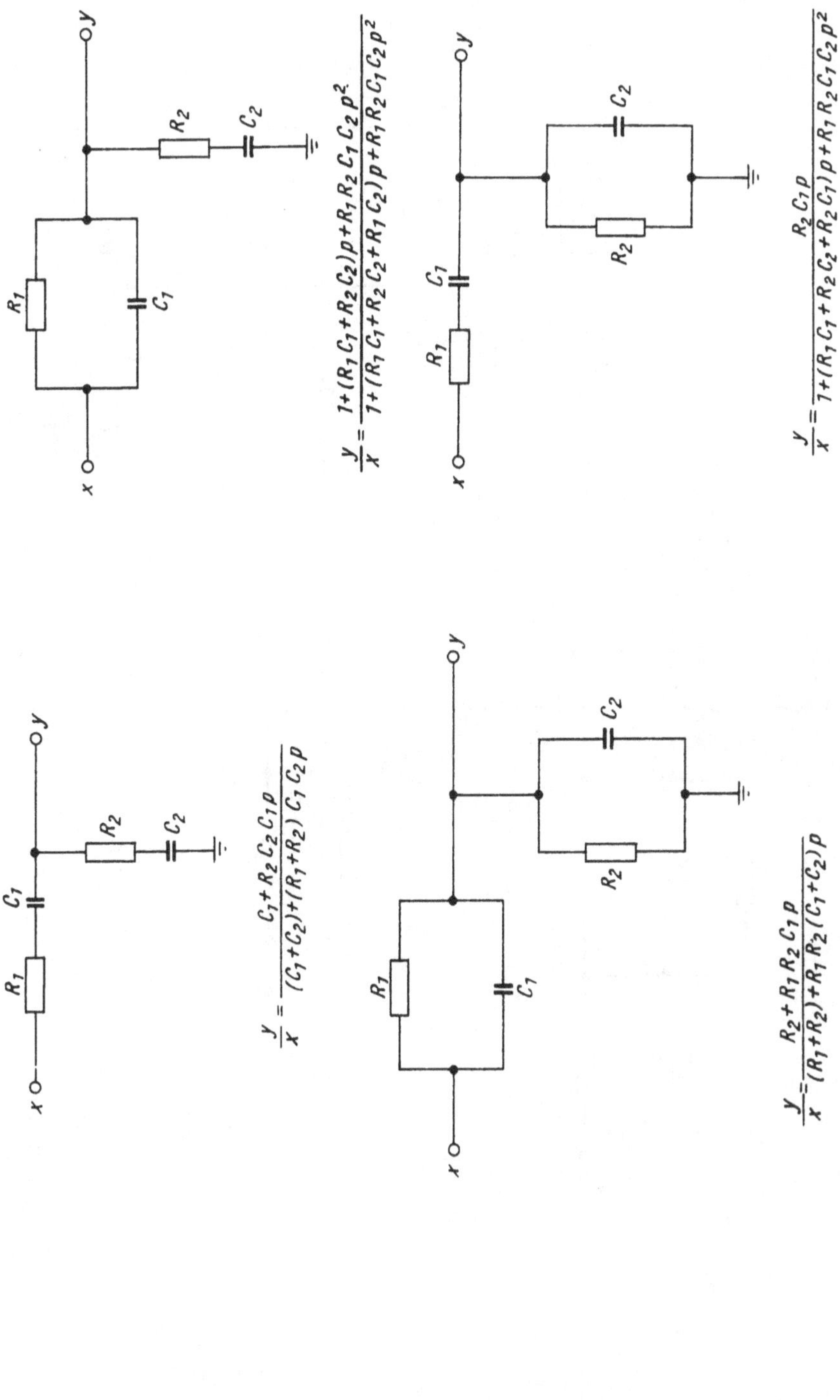

$$\frac{y}{x} = \frac{C_1 + R_2 C_2 C_1 p}{(C_1 + C_2) + (R_1 + R_2)\, C_1 C_2 p}$$

$$\frac{y}{x} = \frac{1 + (R_1 C_1 + R_2 C_2)\, p + R_1 R_2 C_1 C_2 p^2}{1 + (R_1 C_1 + R_2 C_2 + R_1 C_2)\, p + R_1 R_2 C_1 C_2 p^2}$$

$$\frac{y}{x} = \frac{R_2 + R_1 R_2 C_1 p}{(R_1 + R_2) + R_1 R_2 (C_1 + C_2)\, p}$$

$$\frac{y}{x} = \frac{R_2 C_1 p}{1 + (R_1 C_1 + R_2 C_2 + R_2 C_1)\, p + R_1 R_2 C_1 C_2 p^2}$$

Abb. 79. Rechennetzwerke mit ihren Übertragungsfunktionen

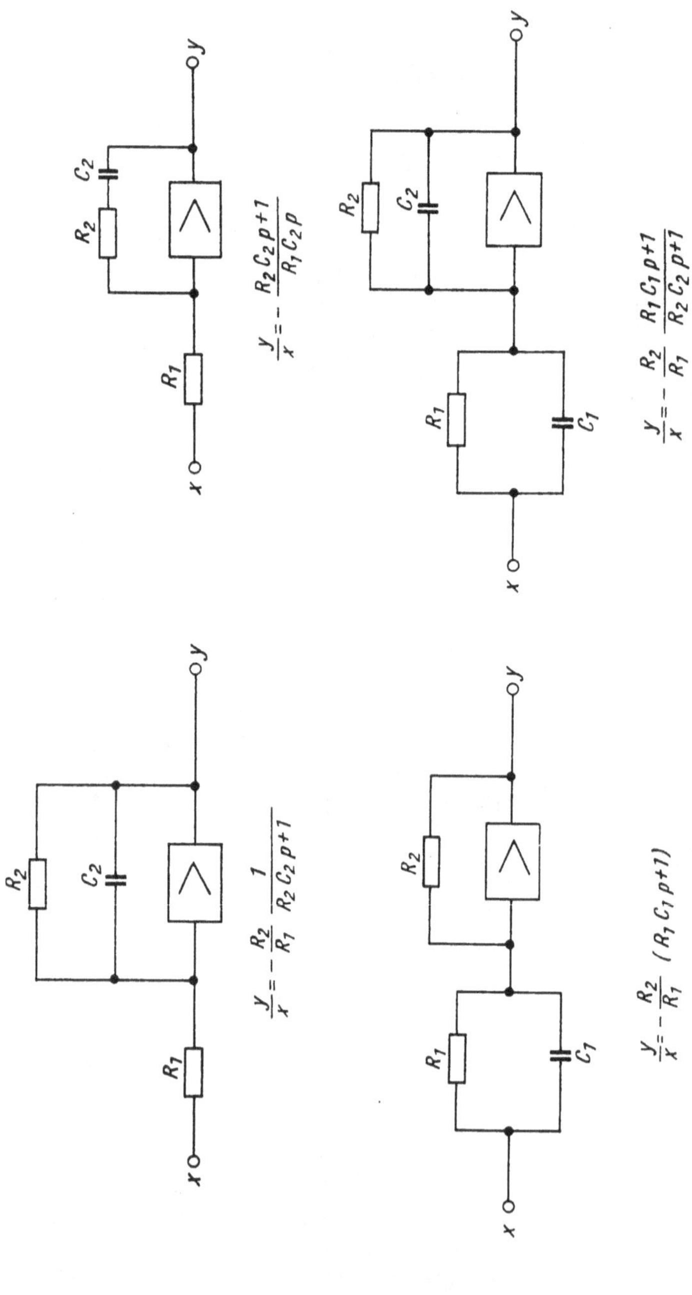
x
y
R_1
R_2
C_2
$\frac{y}{x} = -\frac{R_2 C_2 p + 1}{R_1 C_2 p}$
x
y
R_1
C_1
R_2
C_2
$\frac{y}{x} = -\frac{R_2}{R_1} \frac{R_1 C_1 p + 1}{R_2 C_2 p + 1}$
x
y
R_1
R_2
C_2
$\frac{y}{x} = -\frac{R_2}{R_1} \frac{1}{R_2 C_2 p + 1}$
x
y
R_1
C_1
R_2
$\frac{y}{x} = -\frac{R_2}{R_1} (R_1 C_1 p + 1)$

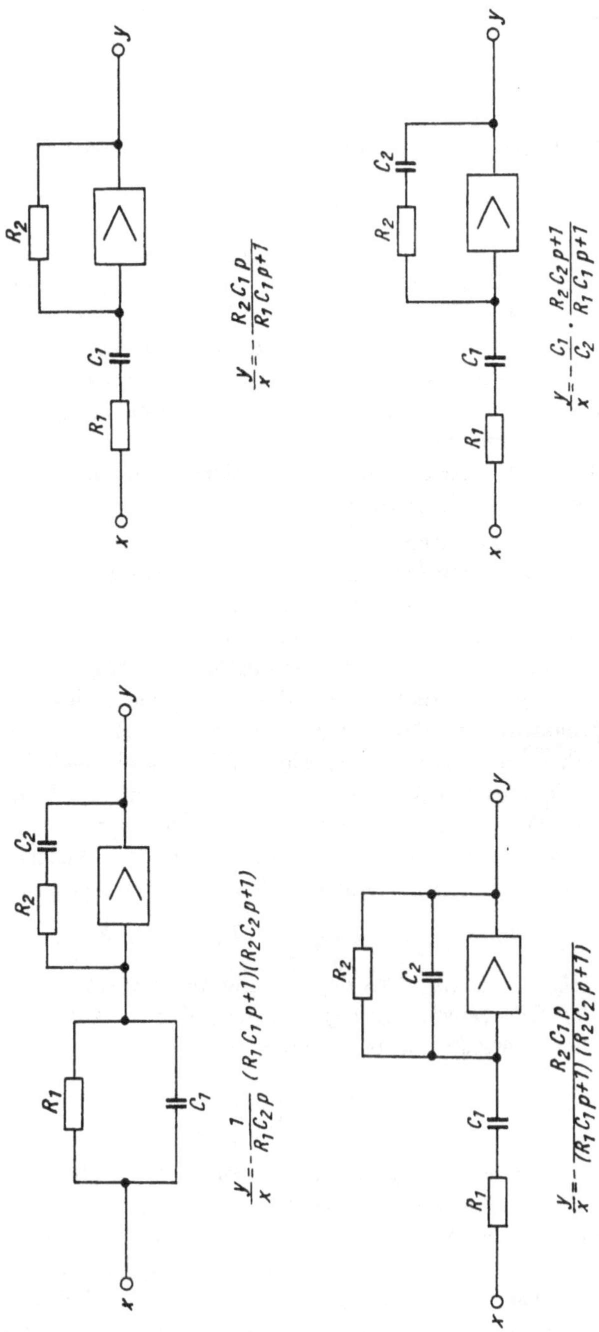

$$\frac{y}{x} = -\frac{R_2 C_1 p}{R_1 C_1 p + 1}$$

$$\frac{y}{x} = -\frac{C_1}{C_2} \cdot \frac{R_2 C_2 p + 1}{R_1 C_1 p + 1}$$

$$\frac{y}{x} = -\frac{1}{R_1 C_2 p} (R_1 C_1 p + 1)(R_2 C_2 p + 1)$$

$$\frac{y}{x} = -\frac{R_2 C_1 p}{(R_1 C_1 p + 1)(R_2 C_2 p + 1)}$$

Abb. 80. Operationsverstärker-Netzwerke mit ihren Übertragungsfunktionen

Abb. 79 zeigt einige derartige Spezial-Rechennetzwerke mit ihren Übertragungsfunktionen; in Abb. 80 sind verschiedene Operationsverstärkernetzwerke dargestellt, deren Anwendung sich in der Analogieelektronik als praktisch erwiesen hat.

B. Gleichspannungsverstärker für Analogierechenelektronik

1. Das Prinzip der Gleichspannungsverstärkung

In der Analogieelektronik verwendet man zur Verstärkung der zeitlich konstanten oder veränderlichen Gleichspannungen Ein- und Mehrgitterröhren, neuerdings auch vereinzelt Transistoren. Die Triode ist eine einfache Dreipolröhre mit Katode, Steuergitter und Anode, bei den Mehrgitterröhren sind zwischen Katode und Anode mehrere Gitter eingefügt. Der Transistor ist ein Schichtkristallverstärker, der aus einem Halbleiterkristall mit mehreren Zonen verschiedenartiger Störstellen besteht. Entsprechend der Arbeitsweise werden die elektronen- und defektelektronenleitenden Schichten (n- und p-Schichten) als Emitter, Basis und Kollektor bezeichnet.

Legt man in den Anodenkreis einer *Triode* einen äußeren Widerstand R_a, so hängt die an ihm liegende Spannung $I_a R_a$ von der Stärke des Anodenstromes ab, der wiederum eine Funktion der Gitterspannung ist. Kleine Änderungen der Gitterspannung können unter geeignet gewählten Bedingungen große Änderungen der Spannung am Außenwiderstand R_a hervorrufen. Eine derartige Spannungsverstärkung kann dadurch vervielfacht werden, daß man jeweils die verstärkte Ausgangsspannung dem Gitter einer weiteren Röhre zuführt. Abb. 81 veranschaulicht die Verstärkerwirkung einer Triode und zeigt die elementare Schaltung einer Verstärkerstufe mit der Eingangsspannung $\mathfrak{U}_e$ und der Ausgangsspannung $\mathfrak{U}_a$. Aus der Kennlinie kann man ablesen, wie sich der Anodenstrom I_a ändert, wenn der negativen Vorspannung U_g die Wechselspannung $\mathfrak{U}_e$ überlagert wird, sofern die an der Anode anliegende Gleichspannung

$$U_a = U_b - I_a R_a$$

konstant bleibt (U_b = positive Batteriespannung im Anodenkreis, I_a = Anodenruhestrom bei der Gitterspannung U_g). Die mit der in Abb. 81 dargestellten Schaltung erzielbare Verstärkung ist offenbar

$$\mathfrak{v} = \frac{\mathfrak{U}_a}{\mathfrak{U}_e} = \frac{\mathfrak{J}_a \cdot R_a}{\mathfrak{U}_e}\,.$$

Durch die Röhre und den äußeren Widerstand R_a fließt der Anodenwechselstrom $\mathfrak{J}_a$, wobei an der Anode eine Wechselspannung $\mathfrak{U}_a$ entsteht, die gegenüber $\mathfrak{J}_a$ und $\mathfrak{U}_e$ um 180° phasenverschoben ist. Der durch $\mathfrak{U}_e$ hervorgerufene Anodenwechselstrom ist gemäß der Gleichung für die Steilheit ($S = dI_a/dU_g$ bei U_a = konstant) gleich $S \cdot \mathfrak{U}_e$. Ferner bewirkt die Anodenwechselspannung einen Wechselstrom, der gemäß der Gleichung für den Innenwiderstand der

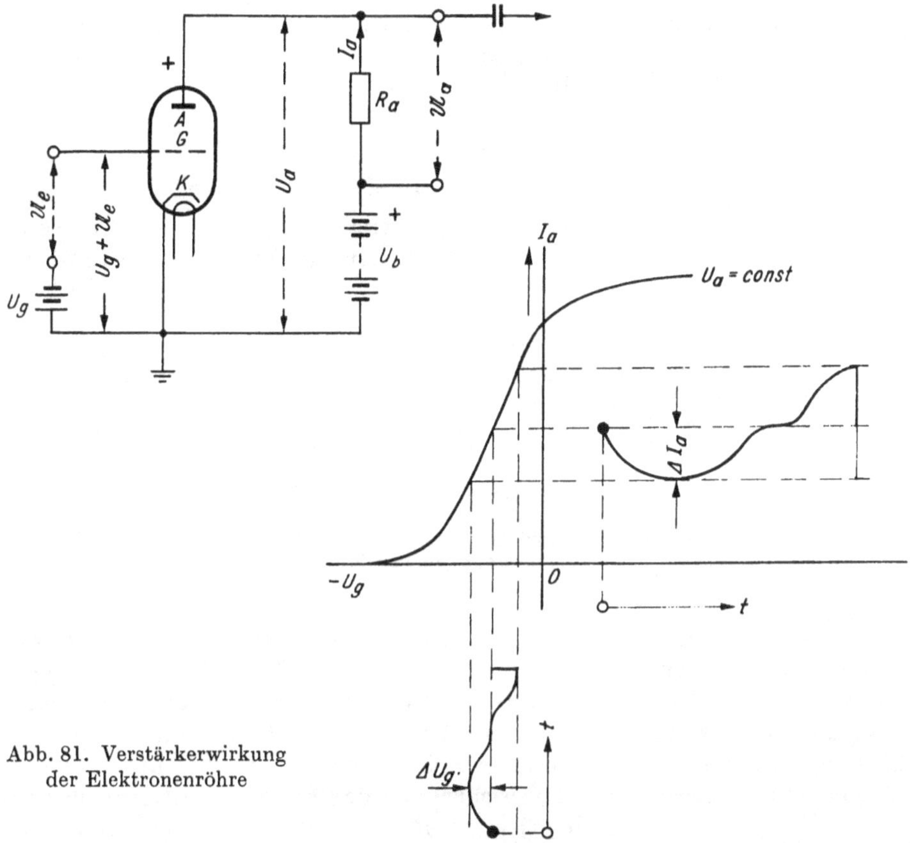

Abb. 81. Verstärkerwirkung der Elektronenröhre

Röhre ($R_i = dU_a/dI_a$ bei U_g = konstant) gleich $\mathfrak{U}_a/R_i$ ist. Beide Einflüsse addieren sich zu

$$\mathfrak{J}_a = S \cdot \mathfrak{U}_e + \frac{\mathfrak{U}_a}{R_i}.$$

Mit $\mathfrak{U}_a = -\mathfrak{J}_a R_a$ ergibt sich

$$\mathfrak{J}_a = S \cdot \mathfrak{U}_e - \frac{\mathfrak{J}_a R_a}{R_i},$$

und für die Verstärkung folgt schließlich

$$\mathfrak{v} = \frac{\mathfrak{U}_a}{\mathfrak{U}_e} = \frac{\mathfrak{J}_a R_a}{\mathfrak{U}_e} = S \cdot \frac{R_i R_a}{R_i + R_a} = \frac{1}{D} \frac{R_a}{R_a + R_i},$$

da gemäß der BARKHAUSEN-Formel

$$S \cdot R_i = \frac{1}{D} \quad \text{ist.} \qquad (D = \text{Durchgriff der Röhre}).$$

Nimmt man an, daß $R_a \gg R_i$ ist, so wird im Grenzfall

$$\mathfrak{v} = S \cdot R_i = \mu = \frac{1}{D}.$$

μ ist der Verstärkungsfaktor der Röhre und gibt die theoretisch erreichbare Grenze der Spannungsverstärkung an.

Für die Verstärkerpraxis gilt

$$\mathfrak{v} = \mu \frac{R_a}{R_i + R_a}.$$

Zur Erzielung einer möglichst hohen Verstärkung muß man daher eine Röhre mit hoher Steilheit und großem inneren Widerstand, d. h. geringem Durchgriff wählen. Enthält die Röhre zwischen Steuergitter und Anode ein zweites Gitter,

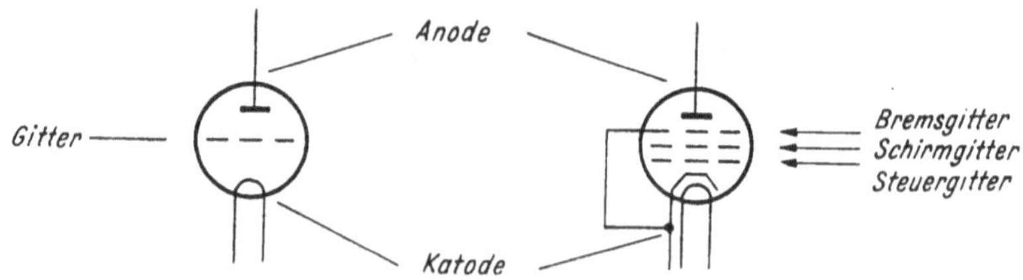

Abb. 82. Schaltsymbole für die direkt geheizte Triode und die indirekt geheizte Pentode

das Schirmgitter mit einem positiven Potential, so ist R_i erheblich höher. Ein weiteres Gitter zwischen Schirmgitter und Anode, das Bremsgitter mit Katodenpotential, ist erforderlich, um den bei der Zweigitterröhre (Tetrode) auftretenden Übergang von Sekundärelektronen aus der Anode auf das Schirmgitter zu verhindern, was das Auftreten negativer Innenwiderstände in einem gewissen Anodenspannungsbereich zur Folge haben würde. Da bei derartigen *Pentoden* (Abb. 82) $R_i \gg R_a$ ist, vereinfacht sich deren Verstärkungsgleichung zu

$$\mathfrak{v} = S \cdot R_a .$$

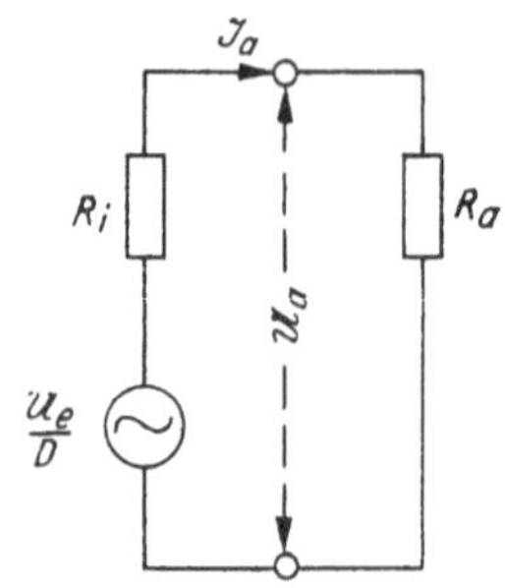

Abb. 83. Ersatzschaltbild einer Verstärkerröhre

Zeichnet man für die Verstärkerröhre ein Ersatzschaltbild, welches das dynamische Verhalten gemäß der Relation

$$\mathfrak{v} = \frac{\mathfrak{U}_a}{\mathfrak{U}_e} = \frac{1}{D} \frac{R_a}{R_i + R_a}$$

hervortreten läßt (Abb. 83), so erkennt man, daß man die Röhre als einen Wechselstromgenerator auffassen kann, der die Wechselspannung $\mathfrak{U}_e/D$ und den inneren Widerstand R_i besitzt und auf einen äußeren Widerstand R_a arbeitet.

Die heute hergestellten *Transistoren* haben überwiegend drei Elektroden (Emitter, Basis und Kollektor), von denen eine als der für Eingang und Ausgang gemeinsame Bezugspunkt gewählt wird. Dementsprechend existieren drei Grundschaltungen für Transistoren: Die Emitter-, Basis- und Kollektorschaltung. Da die erreichbare Leistungsverstärkung bei der Emitterschaltung relativ groß ist, auch die Werte für die Stromverstärkung wesentlich höher als bei den beiden anderen Grundschaltungen liegen, ist diese Schaltung, welche der Katodenbasisschaltung einer Verstärkerröhre entspricht, in der Analogieelektronik die gebräuchlichste. Abb. 84 zeigt die Emitterschaltung eines *p-n-p*-Transistors

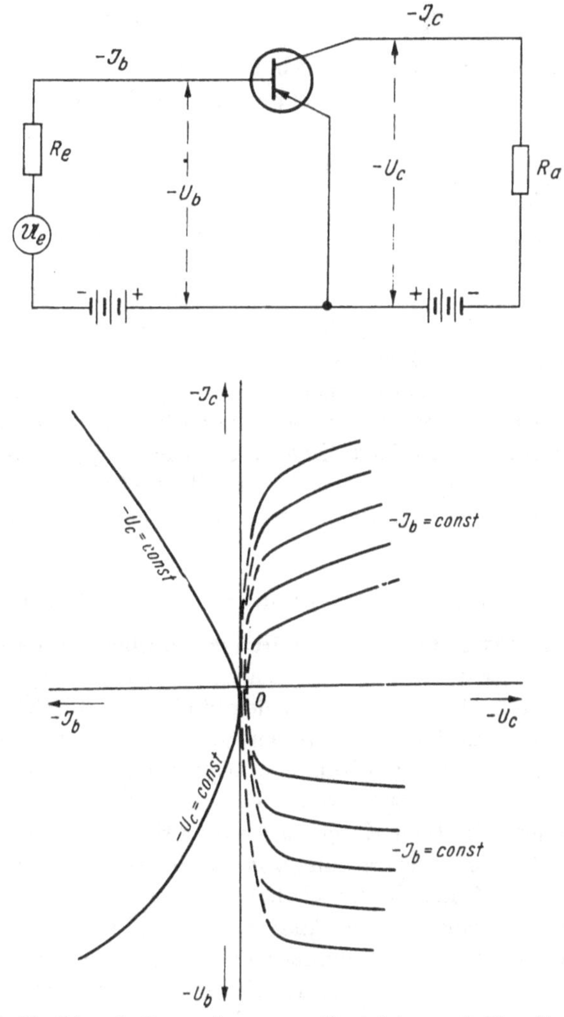

Abb. 84. Emitterschaltung eines *p-n-p*-Transistors mit Kennlinien-Schema

und sein Kennlinien-Prinzipbild. Für hinreichend kleine Werte der Wechselstromgrößen ergibt sich die Stromverstärkung bei kurzgeschlossenem Ausgang ($\mathfrak{U}_a = 0$) zu

$$\alpha' = \frac{\mathfrak{J}_c}{\mathfrak{J}_b} \approx \frac{\varkappa}{1 - \varkappa},$$

wobei α die Stromverstärkung der Basisschaltung darstellt ($0{,}90 \leq \alpha \leq 0{,}99$). Am Außenwiderstand R_a (Abb. 84) tritt, wenn im Basiskreis eine Wechselspannung $\mathfrak{U}_e$ wirksam ist, eine verstärkte Wechselspannung $\mathfrak{U}_a = \mathfrak{J}_c R_a$ auf. Mithin ist

$$\mathfrak{v} = \frac{\mathfrak{U}_a}{\mathfrak{U}_e} = \frac{\mathfrak{J}_c R_a}{\mathfrak{J}_b R_e} = \alpha' \frac{R_a}{R_e} \approx \frac{\alpha}{1-\alpha} \cdot \frac{R_a}{R_e}$$

die Spannungsverstärkung des einstufigen Transistorverstärkers. Die Leistungsverstärkung eines Transistors in der gebräuchlichen Emitterschaltung kann beträchtliche Werte annehmen. Sie liegt in der Größenordnung $10^3 \cdots 10^4$.

Transistoren haben gegenüber Röhren eine Reihe wesentlicher *Eigenschaftsunterschiede*, die sie in der Analogieelektronik mehr oder weniger geeignet erscheinen lassen. Die wichtigsten Transistoreigenschaften sind: Es wird keine Heizung benötigt, der Wirkungsgrad ist verhältnismäßig hoch, die Betriebsspannungen liegen in der Größenordnung von nur einigen Volt, es ist eine gewisse Steuerleistung erforderlich, die Temperaturabhängigkeit ist stark, die Exemplarstreuungen sind größer als bei der Röhrenfertigung (dadurch bedingt sind besondere Kompensationsmaßnahmen erforderlich), größeren Ausgangsleistungen und hohen Frequenzen sind derzeitig noch zu niedrige Grenzen gesetzt, schlechte Auswechselbarkeit infolge Einlötung in die Schaltung und relativ hohe Lebensdauer. Zusammengefaßt kann festgestellt werden, daß im derzeitigen Stadium der Transistor im analogierechenelektronischen Einsatz der Röhre noch unterlegen ist.

2. Aufbau von Gleichspannungsverstärkern

Ein Gleichspannungsverstärker ist dadurch gekennzeichnet, daß grundsätzlich alle in ihm enthaltenen Kopplungen (Eingangs-, Zwischen- und Ausgangskopplung) galvanisch, d. h. über ohmsche Widerstände bzw. direkt, erfolgen. Die Frequenz Null ist für ihn die wichtigste des zu übertragenden Frequenzbandes. Infolge dieser Bedingungen treten beim Gleichspannungsverstärker solche Eigenschaften der Röhren in den Vordergrund, die beim Wechselspannungsverstärker mit kapazitiver oder induktiver Kopplung unwesentlich sind. Dieses hat wiederum zur Folge, daß bei der Verstärkung von Gleichspannungen Komplikationen in der Schaltung, der Nullstabilität (Drift) und der Nulleinstellung auftreten. So ergibt sich schon daraus, daß das Anodenpotential beträchtlich höher als das Gitterpotential ist, bei ohmscher Kopplung zweier Verstärkerstufen eine Schwierigkeit. Entweder legt man die Katode der Folgeröhre auf Anodenpotential, was eine zu hohe positive Speisespannung zur Folge hat, oder man erniedrigt das Potential mittels eines Spannungsteilers auf den erforderlichen Wert. Der zweite Weg erfordert aber eine zusätzliche negative Speisespannung und führt zu einem Verstärkungsverlust. Eine dritte Möglichkeit ist die Verwendung von Batterien, sie scheidet jedoch wegen Umständlichkeit aus.

Besonders schwierig ist das Problem der Nulleinstellung. Beim Wechselspannungsverstärker wird unabhängig von den Schaltungsparametern der Eingangsspannung Null auch eine Ausgangsspannung Null zugeordnet, wenn man vom Rauschen und anderen Störspannungen absieht. Beim Gleichspannungsverstärker hingegen wirken die Schaltungsparameter infolge der galvanischen Kopplungen auf diese Zuordnung wesentlich ein, so daß sich eine variable Nulleinstellung des Ausganges erforderlich macht. Infolge der Effekte der Röhrenalterung, Temperaturänderung, Röhren- und Widerstandstoleranzen sowie der Vibrationen muß ein genügend großer Bereich für die Nulleinstellung vorgesehen sein, um die extremal auftretenden Abweichungen kompensieren zu können.

Die wichtigsten Kennwerte eines Gleichspannungsverstärkers sind:

1. Spannungsverstärkung bis zur Endstufe
2. Aussteuerbereich, d. h. die Eingangsspannung, die eine Vollaussteuerung des Ausganges bewirkt
3. Frequenzbereich, d. h. das Frequenzband, in dem die Verstärkung hinreichend konstant ist
4. Fehler, bedingt durch Drift, Gitterstrom, Nichtlinearität usw.

Dazu kommen noch Angaben über die Gestaltung des Ein- und Ausganges.

Am Beispiel eines bestimmten HfE-Operationsverstärkers (Abb. 85a und b) sollen die weiteren Erläuterungen folgen. Dessen technische Kenndaten sind:

Verstärkung: 10000 bei 0 Hz
Frequenzbereich: 0—100 Hz
Ausgangsspannung: —50 V bis +50 V
Ausgangsstrom: —1 mA bis +1 mA an 50 kΩ Belastungswiderstand
Eingangsspannung: —50 V bis +50 V an beiden Eingängen
Eingangsstrom: —0,1 μA bis +0,1 μA
Eingangsimpedanz: $>$100 MΩ
Ausgangsimpedanz bei offener Schleife: ca. 1 kΩ
Ausgangsimpedanz bei geschlossener Schleife: $<$ 1 Ω
Frequenzgang: 2 μs Anstiegszeit mit einer Bandbreite $<$ 100 kHz bei Inverterschaltung
Drift: 250 μV pro h
Gitterstrom: 0,05 μA
Bestückung: 2 $\times$ ECC 83 (Doppeltrioden)
Stromverbrauch: je 4,5 mA für +300 V und —300 V; 0,6 A für 6,3 V Gleich- oder Wechselspannung.

Derartige Operationsverstärker arbeiten stets mit einem äußeren Gegenkopplungsnetzwerk. Aus Abb. 86 sind folgende Schaltungsmerkmale ersichtlich:

Der Gleichspannungsverstärker besitzt eine Differenzverstärkerstufe im Eingang, daran schließt sich eine im Kap. VI B 1 beschriebene, übliche Verstärkerstufe an, und ein Katodenverstärker findet als Ausgangsstufe Anwendung. Die Ausgangsspannung des Differenzverstärkers ist für genügend hohe Werte des Katodenwiderstandes etwa der Differenz der an beiden Gittern liegenden Eingangsspannungen proportional, wodurch die Ausgangsspannung als Funktion der Eingangsspannung eine hinreichend lineare Funktion darstellt. Zwei Eingänge haben weiterhin den Vorteil, daß ein Eingangsgitter für das Rechennetzwerk, das andere für die Einstellung des Nullpunktes verfügbar ist. Nullpunkteinstellung bedeutet, daß bei spannungsfreiem Verstärkereingang auch die Ausgangsspannung den Wert Null aufweist. Ferner ist dadurch die Möglichkeit

Abb. 85a

Abb. 85b

Abb. 85. Operationsverstärker *HfE* (Funktionsmuster)

vorhanden, am positiven Eingang Anfangswerte bei Integrationen einführen zu können. Eine starke Mitkopplung zwischen der zweiten und letzten Stufe (Katodenkopplung) sorgt für den erforderlichen großen Verstärkungsfaktor. Der Katodenverstärker im Ausgang gewährleistet die Rückwirkungsfreiheit, da durch ihn ein niedriger Ausgangswiderstand verwirklicht wird. Die positive Rückkopplung in der Endstufe bewirkt zwar ein Ansteigen der Verstärkung, setzt aber gleichzeitig die Linearität und die Stabilität der Verstärkung herab.

Die *Drift* ist bei allen Gleichspannungsverstärkern von entscheidender Bedeutung. Hierunter versteht man jede zeitliche Änderung der Ausgangsspannung, wenn kein Eingangssignal vorhanden ist. Zur einheitlichen Beurteilung der Driftgröße wählt man jedoch das Eingangsgitter als Bezugspunkt. Das bedeutet, daß die zeitliche Änderung der Ausgangsspannung bei fehlendem Eingangssignal durch die wirksame Verstärkung vom Gitter zum Ausgang dividiert werden muß.

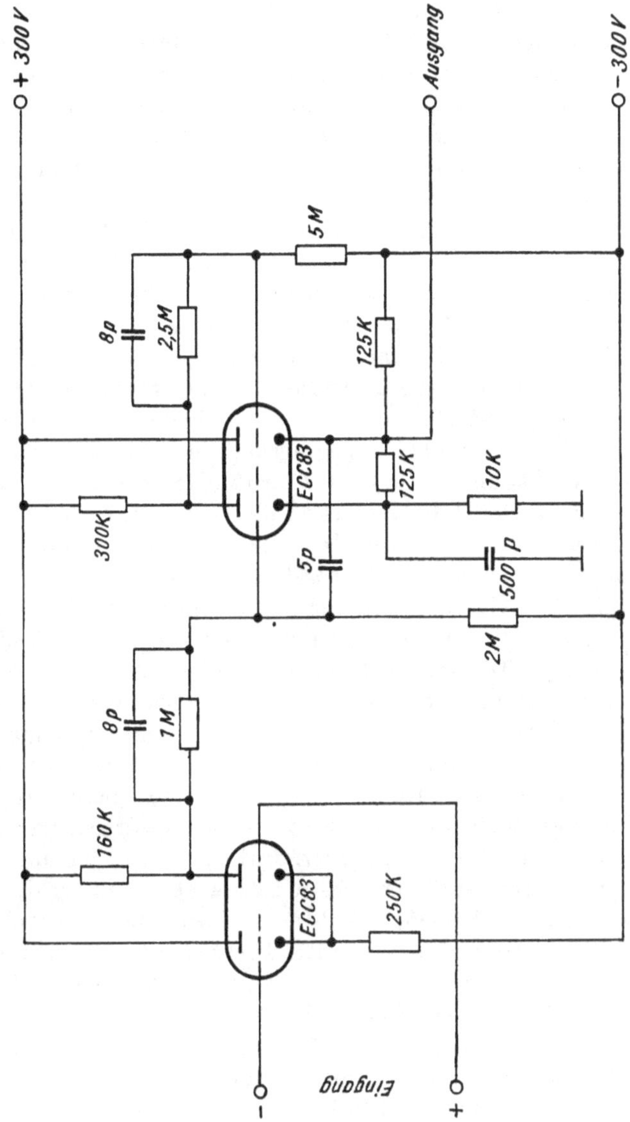

Abb. 86. Schaltbild des Operationsverstärkers *HfE*

Bei sehr hohen Anforderungen an die Genauigkeit der Analogierechenanlage muß die Drift durch Zusatzeinrichtungen vermindert werden. Dieses ist möglich durch mechanische Zerhacker in Verbindung mit Wechselspannungsverstärkern sowie durch elektronische, photoelektrische und kapazitive Korrektursysteme. Bright und Kruper verwenden Transistor-Choppers.

Für Langzeit-Analogieanlagen ist das Chopper-Relais-System am gebräuchlichsten. Die Eingangsspannung des Gleichspannungsverstärkers wird hierbei durch einen Zerhacker periodisch unterbrochen, so daß eine mit der Drift- bzw. Signalspannung modulierte Wechselspannung entsteht. Diese wird in einem üblichen Wechselspannungsverstärker verstärkt, gleichgerichtet und geglättet und dann zur Eingangsspannung des Operationsverstärkers hinzuaddiert (z. B. über das zweite Gitter einer Differenzverstärkerstufe). Da der Hilfsverstärker praktisch driftfrei ist, wird auf diese Weise die Drift um den Faktor der reziproken Zusatzverstärkung herabgesetzt. Die Chopper-(Zerhacker-)Frequenz soll dabei mindestens um den Faktor 10 über der Signalfrequenz liegen. Üblich ist ein Bereich von 50—400 Hz für die Chopperfrequenz.

Ein Schaltungsbeispiel für eine derartige Driftkorrektur ist in Abb. 87 dargestellt. Der Operationsverstärker (nur durch das Verstärkersymbol gekennzeichnet) ist als Konstantmultiplikator gegengekoppelt. Die Fehlerspannung am Summationspunkt M kommt über einen Tiefpaß (Grenzfrequenz 5 Hz) zu einem mit Wechselspannung von 50 Hz gespeisten Relais, das als Zerhacker dient. Das gleiche Relais wird zur synchronen Demodulation der verstärkten Wechselspannung benutzt. Der zweistufige Wechselspannungsverstärker mit der Doppeltriode ECC 83 gibt in Verbindung mit dem zur Glättung dienenden Ausgangsfilter eine Verstärkung von $|A| \approx 1000$. Wegen der erforderlichen Phasendrehung um 180° muß $A < 0$ sein. Die verstärkte Fehlerspannung wird dem zweiten Gitter der Differenzverstärkerstufe des Gleichspannungsverstärkers zugeführt, so daß dauernd ein sehr empfindlicher Abgleich dieses Verstärkers stattfindet. Bei Anwendung dieser Zerhackerstabilisierung ist es möglich, den ersten Eingang des Rechenverstärkers durch einen Kondensator abzublocken (punktiert gezeichnet), wodurch der Gitterstromfehler beseitigt wird. Die sehr niedrigen Signalfrequenzen gelangen dann über den Chopperverstärker, die höheren dagegen über den Gitterkondensator zum Rechenverstärker. Es ist zu beachten, daß für die mit Kf bezeichneten Kondensatoren besonders hochwertige Bauelemente verwendet werden müssen (Kunstfolienkondensatoren), um den Leckstrom klein zu halten.

In der Rechenschaltung wirken beide Verstärker zusammen, wobei sich ihre Frequenzgänge überlappen. Der Chopperverstärker mit der Verstärkung A und der Operationsverstärker mit v_0 ($A < 0$, $v_0 < 0$) verstärken einen Frequenzbereich von 0 Hz bis zur Grenzfrequenz, die durch die Filter im Ein- und Ausgang des Chopperverstärkers festgelegt ist. Die Gesamtverstärkung des Systems ergibt sich dann zu $v_0 (A - 1)$. Man erhält also bei tiefen Frequenzen einen erheblichen Verstärkungsgewinn, der sich besonders hinsichtlich der Genauigkeit von Integrationen vorteilhaft auswirkt. Oberhalb der Frequenzgrenze des Chopperverstärkers übernimmt der Operationsverstärker allein die Verstärkung, die immer mehr dem Wert $|v_0|$ zustrebt, weil $|A|$ dann rasch auf Null absinkt. Die mit derartigen driftkorrigierten Operationsverstärkern über mehrere Stunden ermittelten Restdriften entsprechen (auf den gesamten Aussteuerbereich bezogenen) Fehlern von der Größenordnung $5 \cdot 10^{-4}$.

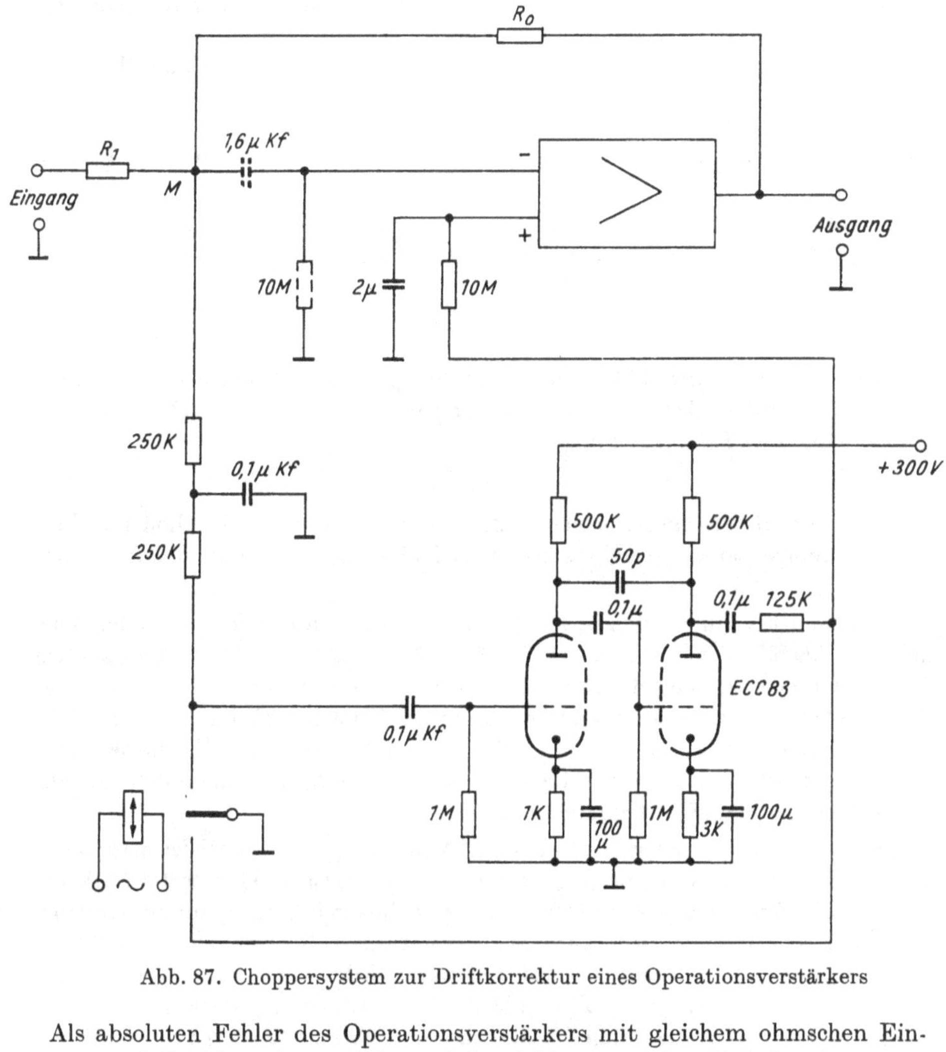

Abb. 87. Choppersystem zur Driftkorrektur eines Operationsverstärkers

Als absoluten Fehler des Operationsverstärkers mit gleichem ohmschen Eingangs- und Rückkopplungswiderstand bezeichnet man den Teil der Ausgangsspannung, der bei einer Summenbildung von Ein- und Ausgangsspannung übrigbleibt. Als Fehlerursachen sind im wesentlichen drei Effekte anzusehen:

1. Ungleichheit der Widerstände R_0 und R_1
2. Endliche Verstärkung v_0
3. Gitterstrom.

Die erstgenannte Ursache läßt sich durch Wahl einer hohen Güteklasse der Widerstände (0,5) und durch Trimmpotentiometer abschwächen. Zur Vermeidung von Temperaturfehlern empfiehlt sich die Verwendung von Borkohleschichtwiderständen. Infolge der endlichen Verstärkung ist die Spannung am Mischpunkt (Eingangsgitter) verschieden von Null. Um diesen Betrag ist die Ausgangsspannung zu klein, wenn man die anderen Fehler außer acht läßt. Um die Fehlerwirkung infolge Abnahme von v_0 mit wachsender Frequenz klein zu halten, soll

$$v_0 = f(\omega)$$

für alle vorkommenden Frequenzen der Rechensignale möglichst konstant sein.

Der Gitterstrom teilt sich auf die beiden Rechenwiderstände R_0 und R_1 auf (vgl. Abb. 70, erste Bildreihe von oben, rechtes Bild). Wegen des hohen Wertes von $|v_0|$ ist

$$|u_a| \gg |u_g|,$$

während u_e und u_g bei fehlendem Eingangssignal in der gleichen Größenordnung liegen. Infolgedessen fließt fast der ganze Gitterstrom durch R_0, so daß am Ausgang eine Fehlerspannung

$$u_a \approx i\, R_0$$

entsteht. Zu diesen besprochenen statischen Fehlern treten bei höheren Frequenzen infolge parasitärer Kapazitäten und ähnliches noch dynamische Fehler hinzu.

Die Verstärker für elektronische Analogieanlagen sind in fast allen handelsüblichen Ausführungen ein- bis dreistufige Gleichspannungsverstärker, ähnlich dem im vorangegangenen erläuterten Beispiel. In ausschließlich für repetierendes Rechnen bestimmten Analogie-Rechenmaschinen können auch *Wechselspannungsverstärker* eingesetzt werden. Hierbei wird die Eingangsspannung in eine Wechselspannung konstanter Frequenz umgewandelt, verstärkt und anschließend vorzeichenrichtig demoduliert und gefiltert.

Eine der bekanntesten handelsüblichen Ausführungen eines Gleichspannungs-Operationsverstärkers wurde von der Goodyear Aircraft Corporation Akron, Ohio, geschaffen. Dieser Verstärker zeichnet sich durch hohe Spannungsverstärkung und sehr geringe Drift aus. Die Verstärkung fällt von $|v_0| = 50000$ bei der Frequenz Null auf $|v_0| = 1$ bei 100 kHz. Wird er als Vorzeicheninverter eingesetzt mit $k = 0{,}5$ ($R_0 = R_1 = 1\,\mathrm{M}\Omega$), dann beträgt der Phasenfehler weniger als 1 Grad bei 30 Hz. Ohne zusätzliche Einrichtung für Driftkorrektur beträgt seine durchschnittliche Drift weniger als 200 μV/h. Wie aus dem Schaltbild (Abb. 88) zu erkennen ist, hat er eine reihenkompensierte Eingangsstufe. Zwei Kaskaden-Differenzverstärkerstufen sorgen für die Verstärkung der Differenz zwischen Ausgangsspannung der reihenkompensierten Stufe und dem korrespondierenden Bezugspegel. In der Ausgangsstufe arbeitet eine Pentode. Der Gitterstrom der Eingangsröhre ist kleiner als 50 pA.

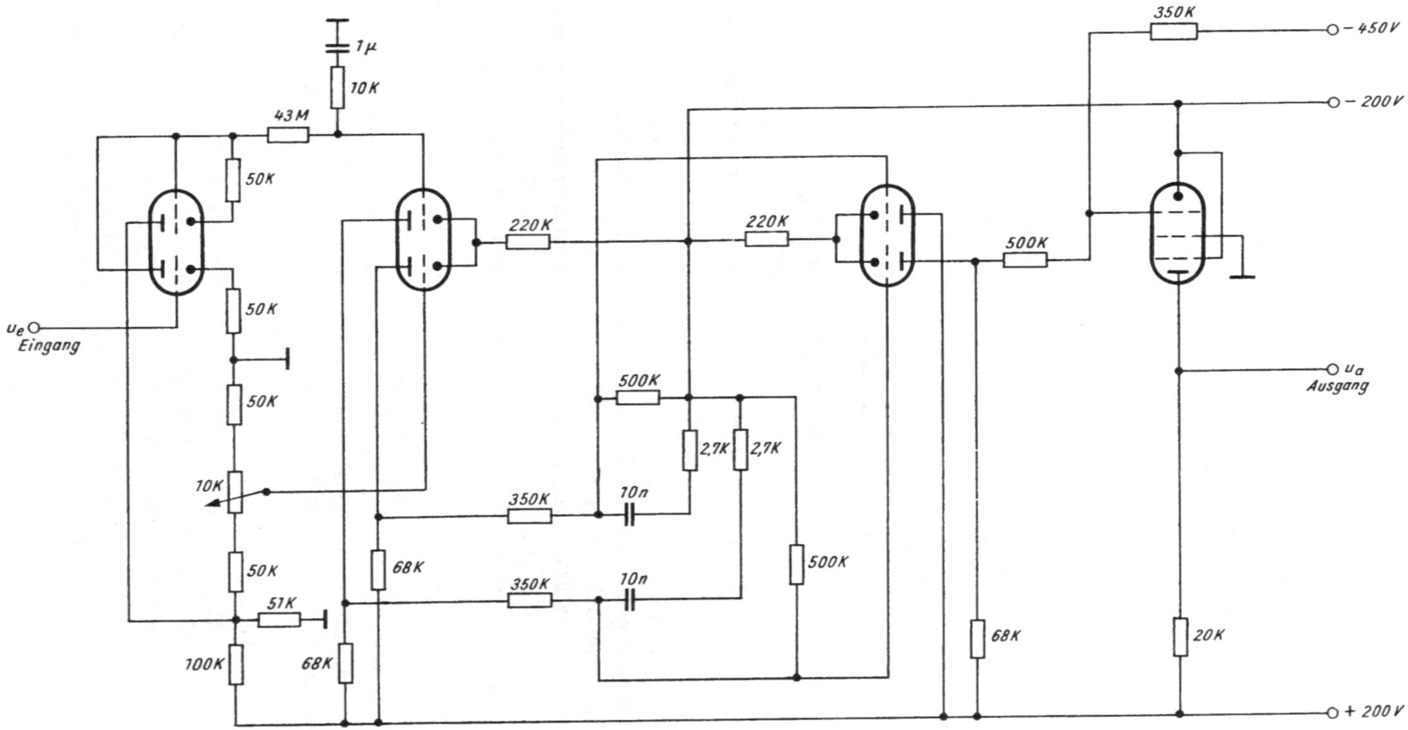

Abb. 88. *GAC*-Operationsverstärker

3. Stabilität des rückgekoppelten Gleichspannungsverstärkers

Mehrstufige, gegengekoppelte Verstärker sind meist instabil. Die Frage, ob ein System stabil oder instabil ist, wird mittels hierauf angewandter Stabilitätskriterien beantwortet, wobei im allgemeinen die Ortskurve der Schleifenverstärkung herangezogen wird. Hat man diese durch Messung ermittelt und erkannt, daß Instabilität vorliegt, so hat man aber noch keine Aussage über die für eine Stabilität erforderlichen Schaltungsänderungen, da Betrag und Phasenwinkel

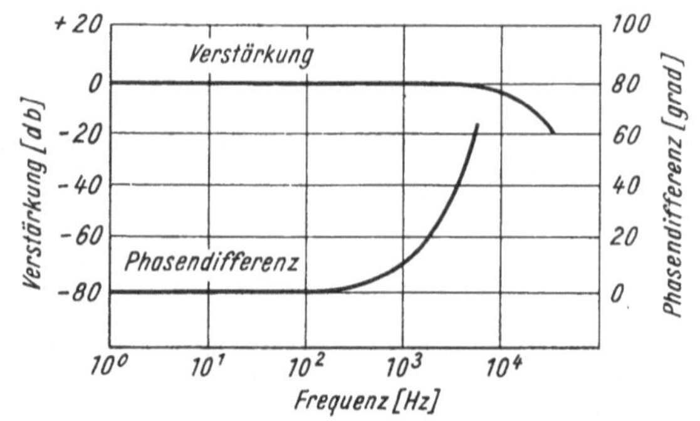

Abb. 89. Kennlinien eines rückgekoppelten Gleichspannungsverstärkers

voneinander abhängig sind. Für Gleichspannungs- und RC-Verstärker bei hohen Frequenzen geht man bei den theoretischen Untersuchungen von der Tatsache aus, daß die offene Gegenkopplungsschleife ein Minimalphasensystem darstellt. Auf Grund der Forderung nach geringstem Aufwand für die Stabilisierung wird der von Bode angegebene, optimale Verlauf des Realteiles des Schleifenübertragungsmaßes unter Verwendung der vorhandenen stabilisierenden Netzwerke mit geringstem Aufwand verändert, so daß ein Näherungsverlauf angegeben werden muß. Die Ermittlung dieses Näherungsverlaufes ergibt zusammen mit der Dimensionierung der stabilisierenden Netzwerke eine vollständige Methode des Entwurfs von absolut stabilen Gleichspannungs-Operationsverstärkern. Der bei dieser Methode maximal mögliche Realteil der Schleifenverstärkung im Übertragungsbereich ist feststellbar, wobei natürlich der geringe Aufwand Zugeständnisse an die maximale Gegenkopplung erfordert. Auch Stabilitätsuntersuchungen an Gleichspannungsverstärkern in bezug auf eine zur Verstärkungserhöhung angewandte Mitkopplung können in gleicher Weise durchgeführt werden, so daß schließlich absolut stabiles Verstärkerverhalten bei Mit- und Gegenkopplung durch entsprechende Änderung erreicht werden kann.

Die Abhängigkeit des Verstärkungsgrades und der Phasenverschiebung von der Frequenz für einen typischen Gleichspannungsverstärker mit hoher Verstärkung zeigt Abb. 89. Stabilität ist dann vorhanden, wenn der Verstärkungsgrad bei einer Frequenz, die kleiner als jene ist, welche eine Phasendifferenz von 180° bewirkt, unter eins sinkt.

Die Übertragungsfunktion eines Gleichspannungsverstärkers mit hohem Verstärkungsgrad v_0 ($v_0 < 0$) und negativer Rückkopplung ist

$$\frac{u_a}{u_e} = -\frac{1}{1 - \frac{1}{v_0}\left(\frac{Z_0}{Z_1} + 1\right)} \cdot \frac{Z_0}{Z_1},$$

wie bereits gezeigt wurde (Gl. VI A 3–1). Z_0 und Z_1 sind die Rückkopplungs- und Eingangsimpedanzen. Für $|v_0| \gg 1$ wird der Quotient u_a/u_e nur wenig von der Änderung des Verstärkungsgrades beeinflußt. Die Übertragungsfunktion u_a/u_e eines Verstärkers bei geschlossener, ohmscher Schleife ist also über einen großen Bereich von v_0 und über einen großen Frequenzbereich annähernd konstant, aber die Phasendrehungen addieren sich. Hiernach gibt es kein Stabilitätskriterium, nach dem ein Gleichspannungsverstärker sich in sämtlichen Netzwerkschaltungen stabil verhalten muß. Nur wenn man alle praktisch möglichen Rückkopplungen bei der anfangs dieses Abschnitts beschriebenen Stabilisierungsmethode berücksichtigt, kann ein „absolut“ stabiles Verhalten erreicht werden.

VII. NICHTLINEARE ANALOGIEELEMENTE

A. Elektronische Methoden und Geräte für die Multiplikation mehrerer Veränderlicher

1. Überblick: Ein-, Zwei- und Vierquadrantmultiplikationen

Einrichtungen für die Multiplikation von zwei Analogieanlagen-Veränderlichen werden zum Unterschied gegenüber den einfachen Multiplikatoren, die lediglich eine Veränderliche mit einem konstanten Wert multiplizieren, allgemein als *Funktionsmultiplikatoren* bezeichnet. Ihre Schaltsymbole zeigt Abb. 90. Der einfache Multiplikator (Koeffizientenpotentiometer) ist ein lineares, der Funktionsmultiplikator ein nichtlineares Analogieelement. Letzteres ist für die Behandlung von Nichtlinearitäten bei der Lösung von Gleichungen und Gleichungssystemen bestimmt. Für die Multiplikation von mehr als zwei Variablen werden entsprechend mehr Funktionsmultiplikatoren eingesetzt.

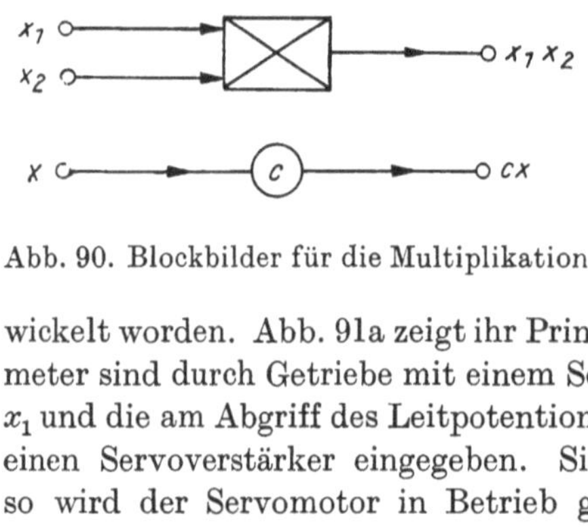

Abb. 90. Blockbilder für die Multiplikation

Für langsames Rechnen — mit größeren Rechenzeiten als eine Sekunde — sind nichtlineare Analogieelemente mit Servomotor zu großer Vollkommenheit entwickelt worden. Abb. 91a zeigt ihr Prinzip. Die Abgriffe zweier linearer Potentiometer sind durch Getriebe mit einem Servomotor (SM) gekoppelt. Die Spannung x_1 und die am Abgriff des Leitpotentiometers liegende Spannung $c\,U$ werden über einen Servoverstärker eingegeben. Sind beide Spannungen verschieden groß, so wird der Servomotor in Betrieb gesetzt, der die Abgriffe beider Potentiometer so lange verstellt, bis die Differenz der Verstärkereingangsspannungen Null ist, d. h. $c \cdot U = x_1$ gilt. Die am anderen Potentiometerabgriff liegende Spannung beträgt $c\,x_2 = y$, also wird $y = \frac{x_1\,x_2}{U}$. Falls U nicht zu klein ist und der Servo-Verstärker eine automatische Verstärkungsregelung besitzt, sind hiermit Multiplikationen und Divisionen durchführbar. Beschränkt man sich nur auf Multiplikationen, dann vereinfacht sich die Schaltung gemäß Abb. 91b. Hierbei können auf der gleichen Motorachse mehrere Potentiometer angeordnet werden, so daß eine Funktion gleichzeitig mit mehreren Funktionen multipliziert werden kann. Außerdem können statt der linearen Potentiometer Funktionspotentiometer mit einem oder mehreren Abgriffen gesteuert werden (Abb. 91c), so daß beispielsweise mit Sinus- und Cosinus-Potentiometern zugleich die Funktionen $\pm\,x_2 \sin x_1$ und $\pm\,x_2 \cos x_1$ abgegriffen und in das Rechennetzwerk eingeleitet wer-

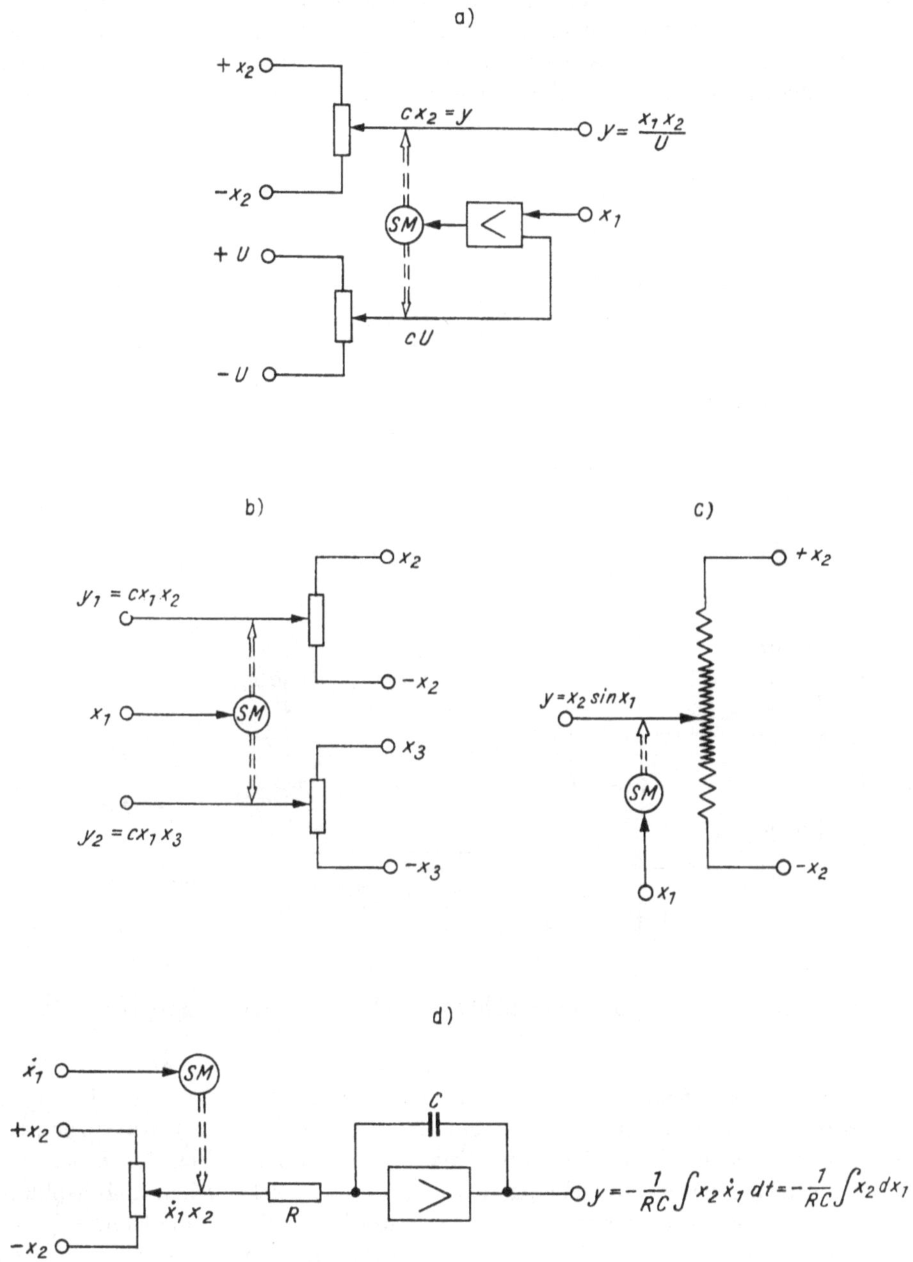

Abb. 91. Nichtlineare Servo-Analogieelemente

den können. Abb. 91d stellt dar, wie mittels eines Servo-Analogieelementes auch die Integration von Produkten durchgeführt werden kann, so daß die Möglichkeit für die Einführung freier unabhängiger Veränderlicher gegeben ist. Hierzu wird $\dot{x}_1$ eingeführt, und alle mit x_1 als Integrationsvariable zu integrierenden Funktionen werden über Potentiometer auf der gleichen Achse eingegeben.

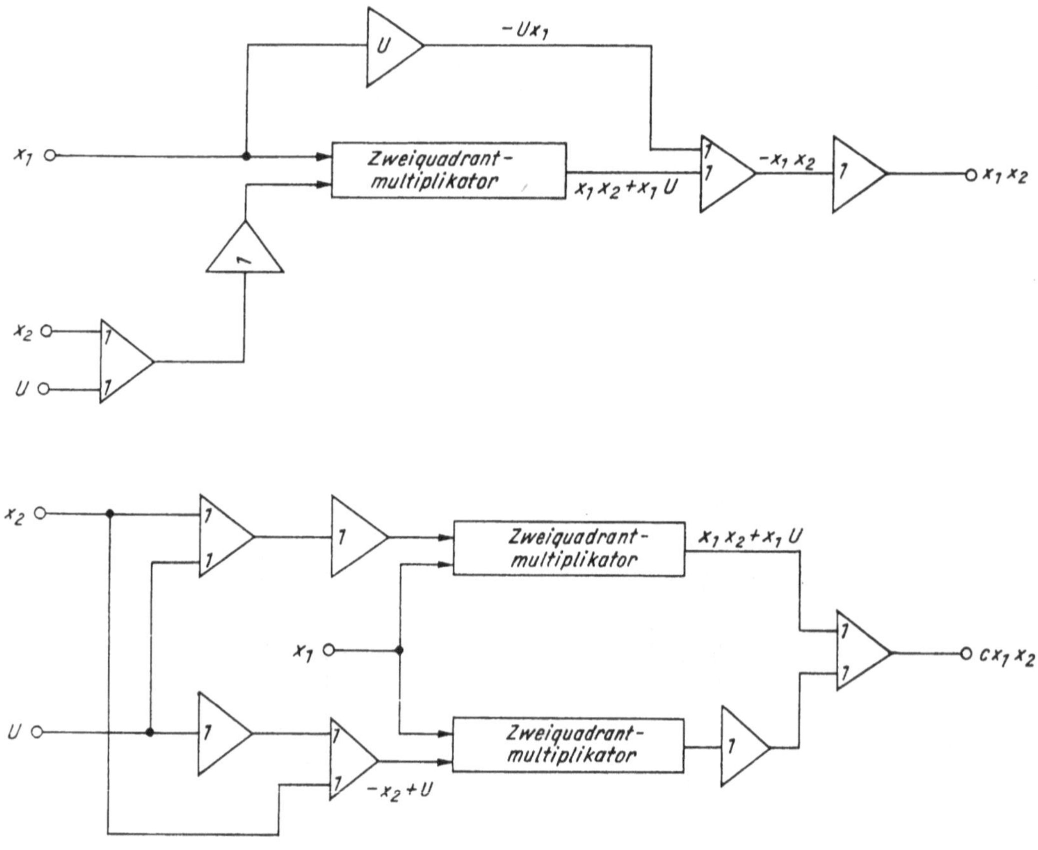

Abb. 92. Zweiquadrantmultiplikatoren für Vierquadrantoperationen

Betragen die Rechenzeiten bei Analogieanlagen weniger als eine Sekunde — wie es bei allen repetierenden elektronischen Systemen der Fall ist —, so müssen an Stelle der elektromechanischen elektronische Methoden für die Funktionsmultiplikationen angewandt werden. Die folgenden Abschnitte sollen den Leser mit den verschiedenartigen Entwicklungsrichtungen bei der elektronischen Multiplikation mehrerer Variablen vertraut machen; sie werden weniger in die Konstruktion entsprechender Geräte eindringen. Der Konstrukteur findet diesbezügliche Angaben in einer Reihe von Veröffentlichungen, die im Anhang dieses Buches zitiert sind.

Der ideale Funktionsmultiplikator muß beide Vorzeichen von jeder Eingangsgröße x_1 und x_2 aufnehmen und verarbeiten, so daß die Ausgangsspannung $y = x_1 x_2$ mit dem korrekten Vorzeichen versehen ist. Man sagt dann, er ist fähig, eine *Vierquadrantmultiplikation* auszuführen. Demgegenüber ist eine *Zweiquadrantmultiplikation* dadurch gekennzeichnet, daß ein veränderlicher Faktor x_1 während der gesamten Rechnung entweder nur positive oder nur negative Werte annehmen kann, während x_2 beliebiges Vorzeichen haben darf. Eine dritte Klasse stellen die *Einquadrantmultiplikatoren* dar, bei denen sowohl x_1 als auch x_2 nur ein festes Vorzeichen annehmen können. Grundsätzlich besteht die Möglichkeit, Vierquadrantmultiplikationen durch geeignete Rechenschaltungen mittels Ein- bzw. Zweiquadrantmultiplikatoren auszuführen, wie die in Abb. 92 gezeigten Beispiele veranschaulichen. In beiden Fällen können x_1 und x_2 beliebiges Vorzeichen haben, solange die positive Spannung U der Bedingung $U > |x_2|$ genügt. Das untere Beispiel ist zwar komplizierter im Aufbau, jedoch können durch die Gegentaktschaltung einige Fehler kompensiert werden.

2. Die Viertelquadratmethode

a) Allgemeines

Nichtlineare Analogieelemente für die Funktionsmultiplikation können unter Verwendung von Funktionsgeneratoren, deren Ausgangsspannung gleich dem Quadrat oder dem Logarithmus der Eingangsspannung ist, hergestellt werden. Dem Blockschaltbild eines logarithmischen Multiplikators (Abb. 93) liegt folgende Relation zugrunde:

$$x_1 x_2 = num_a (\log_a x_1 + \log_a x_2) .$$

Auf diese Art kann man verständlicherweise nicht nur multiplizieren, sondern auch dividieren, potenzieren und radizieren. Da die logarithmische Funktion für negative Argumente nicht definiert ist, ist die o. a. Methode allerdings nur für Opera-

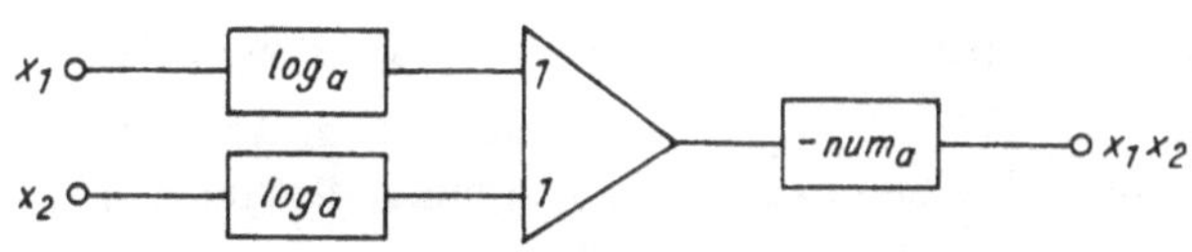

Abb. 93. Elektronischer logarithmischer Funktionsmultiplikator

tionen mit positiven Werten x_1 und x_2 anwendbar. Es handelt sich also hier um eine Einquadrantmultiplikation. Auf Grund dieser Beschränkung hat die elektronische Multiplikation mittels Logarithmen für die Analogierechentechnik nur vereinzelt praktische Bedeutung.

Die *Viertelquadratmethode*, dargestellt in Abb. 94, basiert auf der Gleichung

$$x_1 x_2 = \frac{(x_1 + x_2)^2 - (x_1 - x_2)^2}{4} .$$

Wenn die Quadrierglieder sowohl mit positiven als auch mit negativen Eingangsspannungen zu arbeiten vermögen, erfolgt die Funktionsmultiplikation als Vierquadrantoperation: Positive und negative Größen werden vorzeichenrichtig miteinander multipliziert.

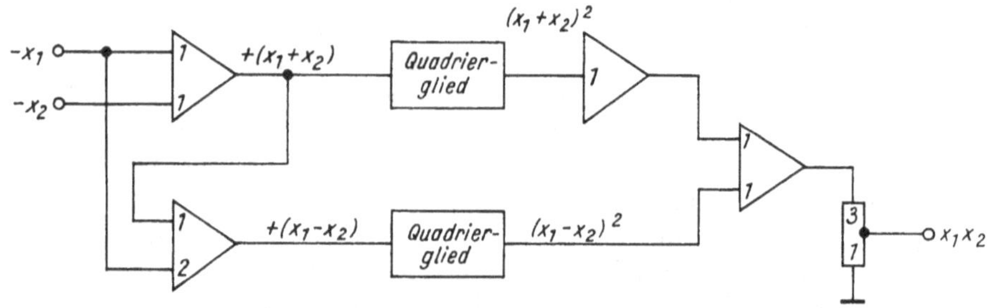

Abb. 94. Viertelquadrat-Funktionsmultiplikator

b) Quadrierglieder

Bei der Anwendung der Viertelquadratmethode zur elektronischen Funktionsmultiplikation benötigt man im wesentlichen ein Analogieelement, das es gestattet, das Quadrat einer vorgegebenen Spannung zu bilden. Zur Entwicklung solcher Quadrierglieder gibt es verschiedene Möglichkeiten. Generell sind alle in Kap. VII C1 und 2 beschriebenen Funktionserzeugungssysteme hierfür einsatzfähig, wobei speziell die Funktion $u_a = c\, u_e^2$ elektrisch dargestellt werden muß. Eine quadratische Parabel kann hierbei durch vorgespannte Dioden approximiert oder in Form einer Maske hergestellt und elektronenoptisch abgetastet werden.

Ferner werden Elektronenröhren und Halbleiterelemente mit quadratischer Kennlinie als Quadrierglieder eingesetzt. Im folgenden werden nunmehr diese Wege zur Spannungsquadrierung einzeln betrachtet.

Approximation einer quadratischen Parabel durch vorgespannte Dioden

Das Grundprinzip der vorgespannten Dioden ist in Abb. 95 dargestellt. u_e ist die Eingangs- und $-U$ eine negative Vorspannung, die Ausgangsgröße wird durch

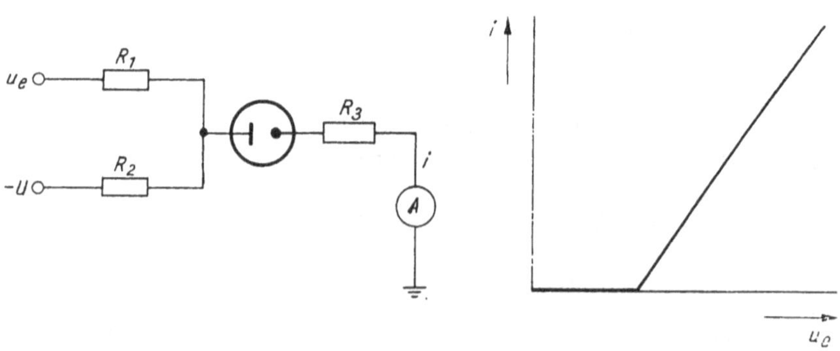

Abb. 95. Negativ vorgespannte Diode

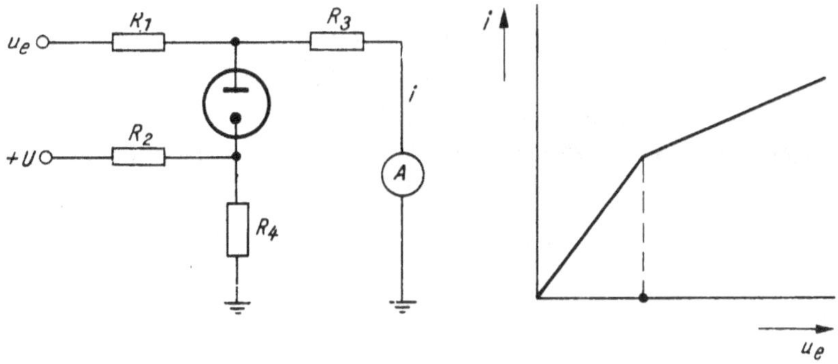

Abb. 96. Positiv vorgespannte Diode

den durch den Widerstand R_3 fließenden Strom i repräsentiert. Wenn

$$-U + \frac{R_2}{R_1 + R_2}(u_e + U) > 0\,,$$

d. h. $-R_1 U + R_2 u_e > 0$ ist, fließt ein Strom

$$i = \frac{-R_1 U + R_2 u_e}{R_1 R_2 + R_2 R_3 + R_1 R_3}\,.$$

Abb. 96 zeigt eine Schaltung mit positiv vorgespannter Diode und deren Kennlinie. Solange die Diode nicht leitend ist, fließt ein Strom

$$i = \frac{u_e}{R_1 + R_3}\,.$$

Wenn die Eingangsspannung u_e die Bedingung

$$u_e \frac{R_3}{R_1 + R_3} - U \frac{R_4}{R_2 + R_4} > 0$$

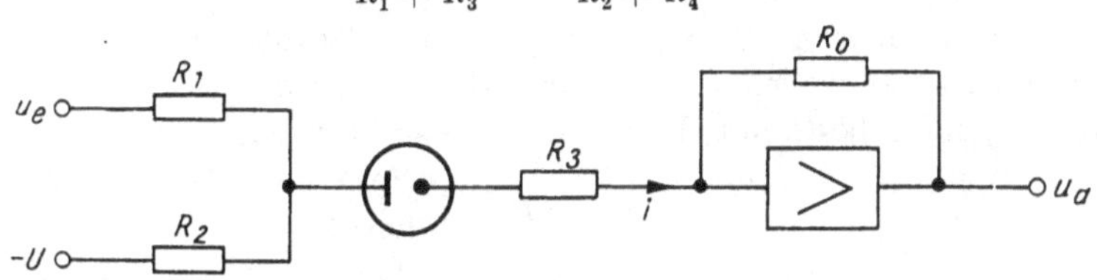

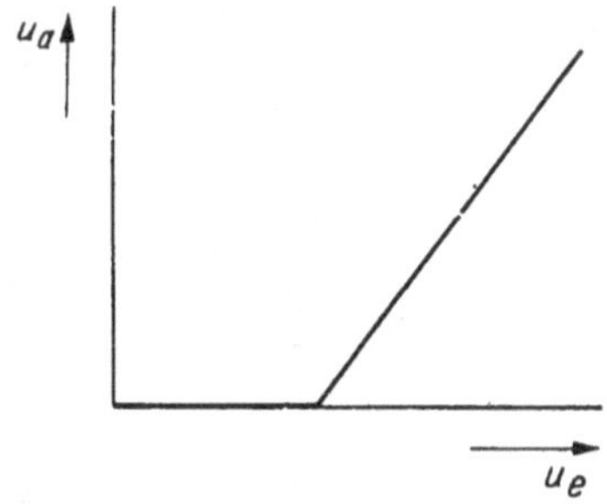

Abb. 97. Negativ vorgespannte Diode mit Gleichspannungsverstärker

erfüllt, leitet die Diode. Der durch R_3 fließende Strom beträgt dann

$$i = \frac{R_4 (U R_1 + u_e R_2)}{R_1 R_2 (R_3 + R_4) + R_3 R_4 (R_1 + R_2)}$$

In der praktischen Analogieelektronik wird der Strommesser durch einen Gleichspannungsverstärker ersetzt (Abb. 97). Dessen Ausgangsspannung hat den Wert

$$u_a = - i R_0 .$$

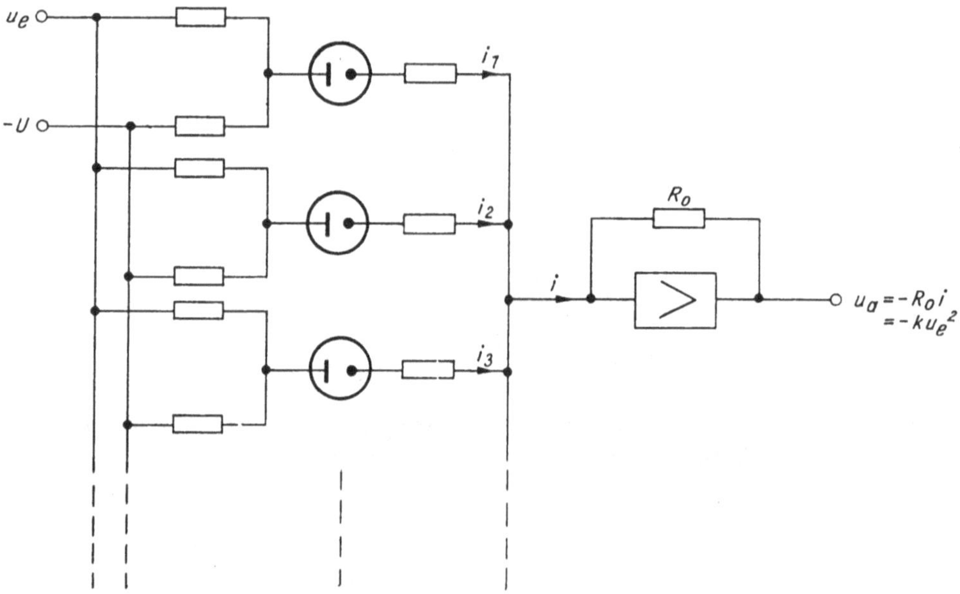

Abb. 98. Netzwerk vorgespannter Dioden

Gestützt auf die in Abb. 95 und 96 angegebenen Grundschaltungen für vorgespannte Dioden lassen sich Diodennetzwerke aufbauen, bei denen der Verlauf von i bzw. u_a durch bestimmte Polygonzüge charakterisiert ist. Ein Beispiel hierfür zeigen Abb. 98 und 99. Bei entsprechender Dimensionierung der ohmschen Widerstände kann auf diese Weise eine quadratische Parabel durch einen Polygonzug approximiert werden:

$$u_a = - k \cdot u_e^2 .$$

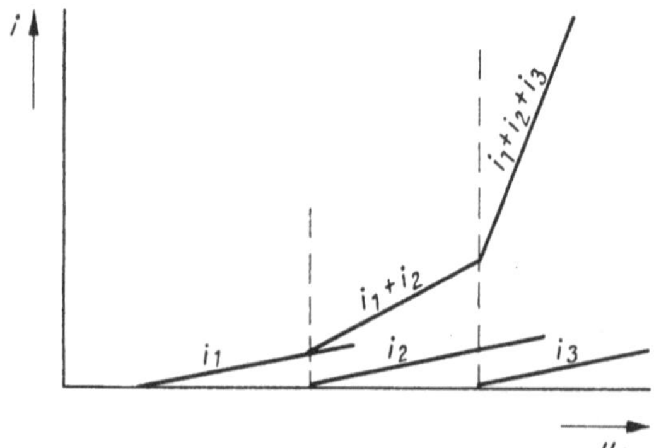

Abb. 99. Kennlinie des Diodennetzwerkes

Die Kurve in Abb. 99 ist für 3 Dioden gezeichnet. Werden mehr Dioden eingesetzt, so werden die einzelnen Polygonstrecken kürzer und die Approximation besser. Der Genauigkeit ist in der Praxis

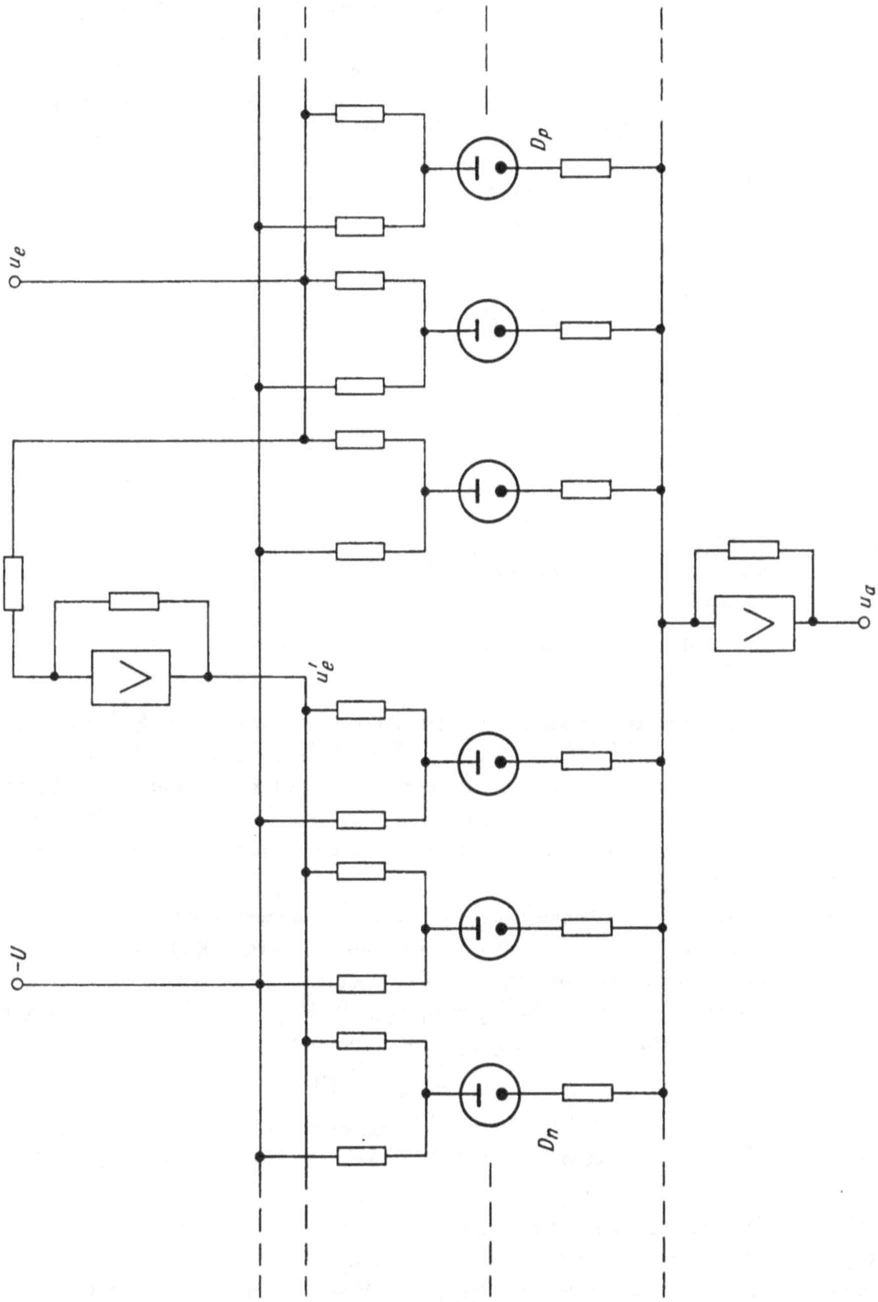

Abb. 100. Diodengenerator für quadratische Funktionen

jedoch durch die Größe des Diodenwiderstandes und dessen Änderung infolge Schwankungen der Heizspannung, Inkonstanz der Temperatur und Alterungserscheinungen sowie durch die Güte der Widerstände eine Grenze gesetzt. Bei Auswahl der geeignetsten Dioden und Widerstände ist es immerhin möglich, Genauigkeiten von 0,2% zu erreichen. Um eine vollständige quadratische Parabel anstatt des in Abb. 99 dargestellten einen Parabelastes zu erzeugen, be-

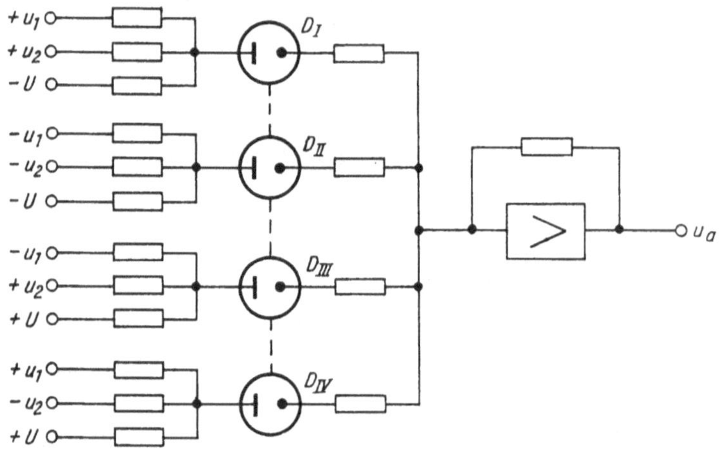

Abb. 101. Funktionsmultiplikator mit vorgespannten Dioden

nötigt man ein doppeltes Diodennetzwerk (Abb. 100). Wenn die Eingangsspannung u_e positiv ist, ist u_e' infolge der Zwischenschaltung eines Vorzeicheninverters negativ. Dann sind die Dioden D_n nichtleitend und die Dioden D_p verhalten sich wie die in Abb. 98. Bei Vorzeichenänderung ($u_e < 0$) wird $u_e' > 0$, und die Dioden D_n werden leitend, die Dioden D_p sperren, und die Ausgangsspannung bleibt dadurch die gleiche.

Einen *kompletten Funktionsmultiplikator mit vorgespannten Dioden* zeigt Abb. 101. Vier Diodensätze $D_{\mathrm{I}}, \ldots, D_{\mathrm{IV}}$, von denen jeweils nur eine Diode dargestellt ist, und ein Additionsverstärker bewirken, daß die beiden zeitlich veränderlichen Eingangsspannungen $\pm u_1$ und $\pm u_2$ ($u_1 > 0$, $u_2 > 0$, $U > 0$) multiplikativ miteinander verbunden werden. Die Ausgangsspannung beträgt hierbei

$$u_a = -c' \left[(u_1 + u_2)^2 - (u_1 - u_2)^2\right] = -c\, u_1 u_2 ,$$

wobei der Proportionalitätsfaktor $c = 4\,c'$ von der Größe der Widerstände abhängt. Ein derartiges elektronisches Multipliziergerät operiert in allen vier Quadranten.

Um die Genauigkeit bei optimal gewählter Diodenzahl zu steigern, kann das Polygon mittels einer hochfrequenten Spannung abgerundet werden: Zur Rechenspannung $u_1 \pm u_2$ addiert man eine kleine Wechselspannung hoher Frequenz, wodurch in der Umgebung der Polygonknickpunkte ein die Ecken abrundender

Richtstrom auftritt. Durch geeignete Wahl der Wechselpannungsamplitude kann der Fehler an einer Polygonecke praktisch zum Verschwinden gebracht werden, jedoch nicht für alle Knickpunkte gemeinsam, da die Leitverhältnisse für jede Diodenstrecke verschieden sind. Man ist daher gezwungen, einen durchschnittlichen Amplitudenwert der HF-Spannung zu wählen, der der Spannung $u_1 + u_2$ bzw. $u_1 - u_2$ am Multiplikatoreingang additiv überlagert wird. Da bei dieser

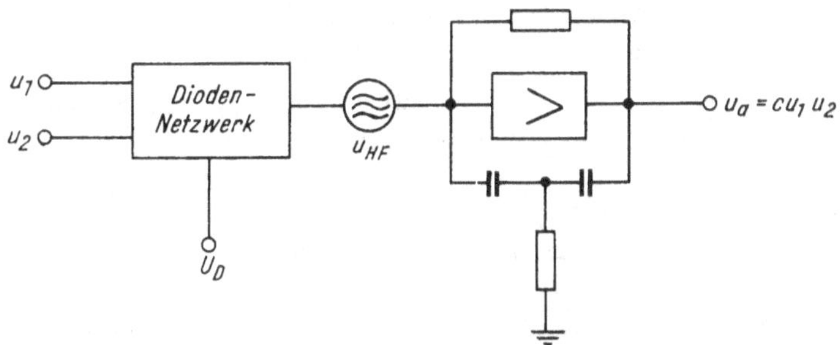

Abb. 102. Abrundung der Polygonecken durch Hochfrequenzüberlagerung

Methode jedoch ein beachtlicher Aufwand an Siebmitteln erforderlich ist, ist es günstiger, die Hochfrequenz niederohmig am Summierpunkt einzuführen, wie Abb. 102 zeigt. Die Wahl der Frequenz wird durch zwei einander widersprechende Forderungen eingeengt. Um einerseits die HF-Komponente ohne nennenswerte Beeinflussung der tiefen Rechenfrequenzen aussieben zu können, sollte die Frequenz möglichst hoch sein; andererseits läßt sich dieser Forderung nur insoweit nachkommen, als sich Polygonknickpunkte infolge Aufladung der parasitären Kapazitäten des Diodennetzwerks noch nicht verschieben. Die Abrundung des Polygons durch die Hochfrequenz liefert einen statischen Genauigkeitsgewinn mindestens um den Faktor 4. (Ein von Telefunken nach diesem Prinzip gebauter Multiplikator arbeitet mit einer Wechselspannung von 6 V, 100 kHz. Er zeigt einen mittleren statischen Produktfehler von 0,4%. Der dynamische Fehler bei 200 Hz wird ebenfalls mit 0,4% angegeben.)

Im folgenden sollen nunmehr die *Fehlerquellen* bei Multiplikatoren mit vorgespannten Dioden betrachtet werden. Es interessieren hier lediglich die statischen Fehler, da die auftretenden dynamischen Fehler ausschließlich durch die bereits im Kap. VI behandelten Eigenschaften des Additionsverstärkers bestimmt werden. Der größte Fehleranteil wird durch die Anlaufspannung der Dioden bedingt, da diese eine Verschiebung der Polygonknickpunkte bewirkt und damit die Approximierung in unzulässiger Weise beeinflußt. Bei Glühdioden mit einer durchschnittlichen Anlaufspannung von etwa 0,6 V ergibt sich damit eine Knickpunktverschiebung von mindestens 0,6% des Endwertes. Dieser Effekt läßt sich durch Kompensation mittels niederohmiger Gleichspannungsquellen beheben. Damit die Änderung der Anlaufspannung infolge Heizspannungsschwankungen den zulässigen Wert nicht überschreitet, muß die Heizspannung stabilisiert werden. Soll der Parabelendwert auf 0,1% konstant bleiben, dann ist eine Heizspannungskonstanz von 5% erforderlich. Um die Streuung der Anlaufspannungen und der Widerstandswerte der Dioden zu verringern, werden Glühdioden vor ihrem Recheneinsatz gealtert und nach gleichen Anlaufspannungen ausgesucht.

Um auch bei höheren Frequenzen die Fehler klein zu halten, sind folgende Forderungen bei der Entwicklung nichtlinearer Analogieelemente zu berücksichtigen:

a) Die Elemente sollen bei einer großen Breite des Frequenzbandes eine vernachlässigbar kleine Phasendrehung zeigen,

b) die nichtlineare Kennlinie soll unabhängig von Veränderungen der Daten der einzelnen nichtlinearen Glieder sein.

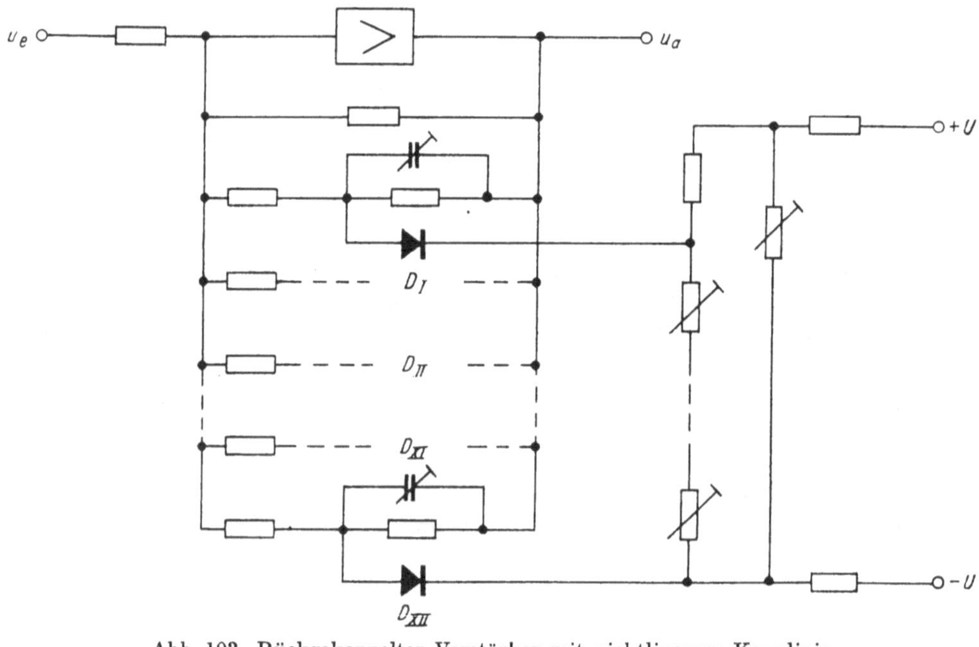

Abb. 103. Rückgekoppelter Verstärker mit nichtlinearer Kennlinie für breites Frequenzband mit vernachlässigbar kleiner Phasendrehung

Man kann diese Bedingungen hinreichend erfüllen, wenn man die nichtlinearen Kennlinien durch Änderung des Rückkopplungsleitwertes eines Gleichspannungsverstärkers erzeugt (Abb. 103). Die zu den Rückkopplungswiderständen parallel geschalteten Trimmkondensatoren dienen der Kompensation der Dioden-Eigenkapazitäten, wodurch die Rückkopplung stets ohne Phasendrehung erfolgt und eine große Bandbreite möglich ist. Naturgemäß ist die Erzeugung einer symmetrischen parabolischen Kennlinie auf diese Art nicht gegeben.

Die im vorangegangenen beschriebene Erzeugung einer Funktion $u_a = c\, u_e^2$ mittels geeigneter Netzwerke läßt sich ohne weiteres auf die Erzeugung beliebiger, einwertiger Funktionen $u_a = f(u_e)$ ausdehnen. In dieser universellen Verwendbarkeit nennt man derartige nichtlineare Analogiegeräte *Funktionsgeneratoren* bzw. *-transformatoren* (Kap. VII C1). Sind in einer elektronischen Analogieanlage Einrichtungen zur elektronischen Funktionserzeugung, beispielsweise photoelektrische Systeme (Kap. VII C2), verfügbar, so können diese stets als Quadrierglieder eingesetzt und die Viertelquadratmethode für die Funktionsmultiplikation gemäß Abb. 104 angewendet werden. Bei den photoelektrischen Funktionsgebern werden zu diesem Zweck auf die Bildschirme der Katodenstrahlröhren Masken von der Form einer quadratischen Parabel aufgebracht.

Die *Quadrierröhre* benutzt die Möglichkeit, mittels Elektronenbandstrahlen und geeigneten Schablonen, die sich im Strahlengang befinden, beliebige Kurven elektronenoptisch zu modellieren. Die Schablonen werden dabei vom Elektronenbandstrahl, der durch ein elektrisches Querfeld aus der Nullage ausgelenkt wird, überstrichen. Die Zahl der auf den Kollektor auftreffenden Elektronen wird hierbei durch die Schablonenform bestimmt. Im Falle der Quadrierröhre stellt diese Schablone eine quadratische Parabel dar. Zur Bandstrahlerzeugung gibt es verschiedene Methoden.

A. S. Soltes verwendete für die QK 329 folgende Anordnung: Alle Elektroden sind konzentrisch um eine zylindrische Stabkatode angeordnet. In diesem Aufbau wird mit Hilfe eines Kondensators, dem die Fokussierung und Ablenkung der Elektronen übertragen wird, ein Scheibenstrahl erzeugt. Ein Vergleich der statischen Kennlinie der Quadrierröhre QK 329 mit einer mathematischen Parabel zeigt, daß innerhalb eines Eingangsbereiches von nahezu $\pm$ 35 V der Fehler zu klein ist, um mit gewöhnlichen Mitteln festgestellt zu werden. Bis zu $\pm$ 40 V bleibt er unter 1%. Innerhalb dieser Grenzen kann die statische Kennlinie durch folgende Gleichung idealisiert werden:

$$i_a = i_0 + k\,(u_0 + u_e)^2 .$$

Hierbei ist u_e die am Kondensator wirksame Eingangsspannung, die quadriert werden soll. Der Faktor k ist im wesentlichen eine Konstante für eine gegebene Röhre und für einen weiten Bereich der Anodenspannung. Die Spannung u_0, die zur Zentrierung der Parabel notwendig ist, ist im allgemeinen sehr klein. Ihre Größe kann sich von Röhre zu Röhre ändern, bleibt aber für eine gegebene Röhre zeitlich konstant und ist gegenüber Potentialveränderung unempfindlich. Der Strom i_0 ist eine Funktion des Gesamtstromes und ändert sich mit den Arbeitsparametern. Die normalen Stabilisierungsmaßnahmen, wie sie bei Gleichspannungsverstärkern üblich sind, sind deshalb auch hier ratsam, um i_0 stabil zu halten. Den gesamten Multiplikator mit zwei Quadrierröhren zeigt das in Abb. 105 dargestellte Blockbild, sein vereinfachtes Schaltbild ist in Abb. 106 dargestellt. Infolge der durch die Quadrierung entstehenden Harmonischen muß der Additions-Verstärker ein breiteres Frequenzband als die Inverter übertragen können. Dazu ist eine niedrigere Eingangsimpedanz notwendig. Um eine übermäßige Signaldämpfung zu verhindern, werden Katodenverstärker als Impedanzwandler eingesetzt. Die Genauigkeit dieses Funktionsmultiplikators beträgt etwa $\pm$ 0,5%

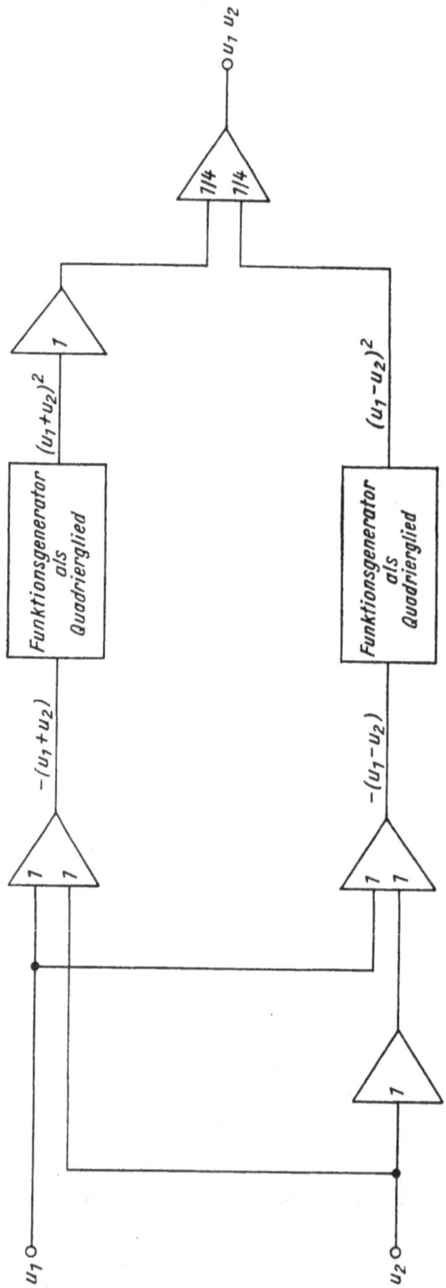

Abb. 104. Funktionsmultiplikation mittels zweier elektronischer Funktionsgeneratoren

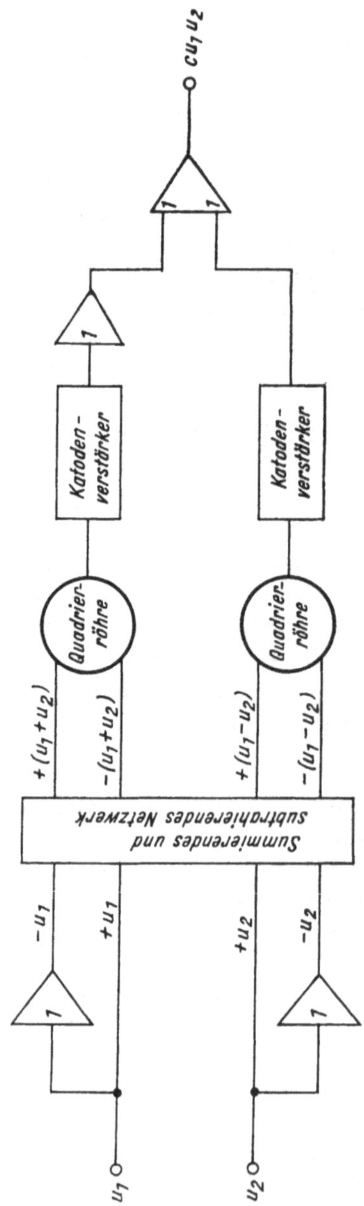

Abb. 105. Blockbild eines Funktionsmultiplikators mit zwei Quadrierröhren

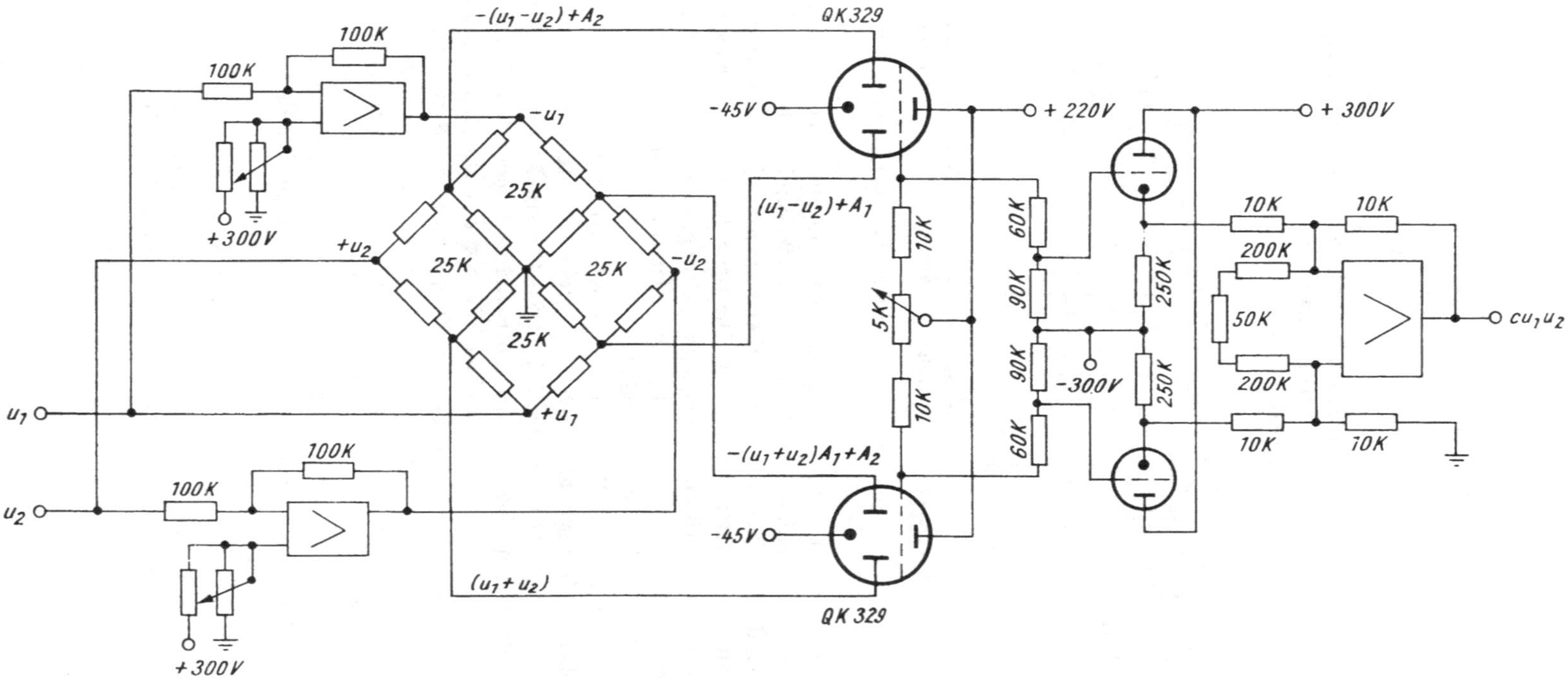

Abb. 106. Schaltbild des elektronischen Funktionsmultiplikators mit zwei Quadrierröhren QK 329

des maximalen Produktes innerhalb eines Eingangsbereichs von $\pm$ 25 V, der erreichbare Dynamikbereich etwa 30 dB für jeden Eingang und 60 dB am Ausgang. Der Frequenzgang ist für beide Eingänge von 0 bis 90 kHz und für den Ausgang von 0 bis 180 kHz linear. Der Fehler der Quadrierröhre wird prinzipiell durch die veränderlichen Ströme zwischen den Ablenkplatten und der Katode erzeugt, besonders dann, wenn an den Ablenkplatten eine bestimmte positive Spannung (bezogen auf die Katode) überschritten wird. Die Genauigkeit läßt sich erhöhen, indem man für die Quadrierröhren Arbeitsbedingungen mit kleineren Ablenk-

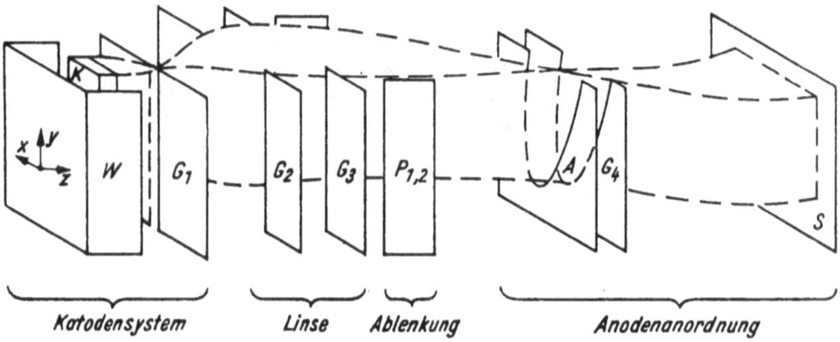

Abb. 107. Prinzip des Aufbaus der Quadrierröhre (*HfE*)

strömen schafft. Eine Verringerung der Eingangsimpedanzen der Quadrierstufen verbessert ebenfalls die Leistung des Multiplikators. Der Frequenzgang wird durch die Bandbreite der Verstärker begrenzt. Die Quadrierröhre QK 329 arbeitet bis zu einigen MHz einwandfrei. Die Drift des Multiplikators besteht hauptsächlich aus der Drift der Ausgangsschaltung. Es ist notwendig, driftstabilisierte Verstärker zu verwenden. Die Quadrierstufen sind nur zu 12% an der Gesamtdrift des Multiplikators beteiligt.

Grellmann und Winkler entwickelten eine Quadrierröhre (HfE), bei der der Elektronenbandstrahl durch ein „cross-over"-Katodensystem mit zweiteiliger Linse erzeugt wird. In Abb. 107 ist das Prinzip des Röhrenaufbaus zu sehen. Das Katodensystem besteht aus einer indirekt geheizten Rechteckkatode K mit einseitiger Belastung, aus einer Wehnelt- oder Steuerelektrode W und einer Absaugelektrode G_1. Das Linsensystem setzt sich aus zwei unabhängig voneinander angebrachten Blenden G_2 und G_3 mit unterschiedlichen Schlitzbreiten und Potentialen zusammen. Symmetrisch zur $y\,z$-Ebene ist der aus zwei Winkelblechen P_1 und P_2 bestehende Ablenkkondensator angeordnet. Zum Anodensystem gehören die Anode A und das Bremsgitter G_4 (aus beiden ist eine quadratische Parabel ausgestanzt) sowie die Sammelelektrode S. Die Röhrenkennlinie entspricht der Gleichung

$$i_a = i_0 + k\,(\Delta u_p)^2\,,$$

wobei i_a den von der Schablonenanode aufgenommenen Strom, i_0 den vom Gesamtstrom und den Arbeitsparametern abhängigen Ruhestrom, k den vom Röhrensystemaufbau bestimmten Koppelfaktor und Δu_p die Ablenkspannung an den Platten darstellt.

Diese Strahlablenkröhre mit quadratischer Charakteristik (Abb. 108) ist für den recheneIektronischen Einsatz praktisch frequenzinvariant. Es wurden bisher nur einige Funktionsmuster hergestellt.

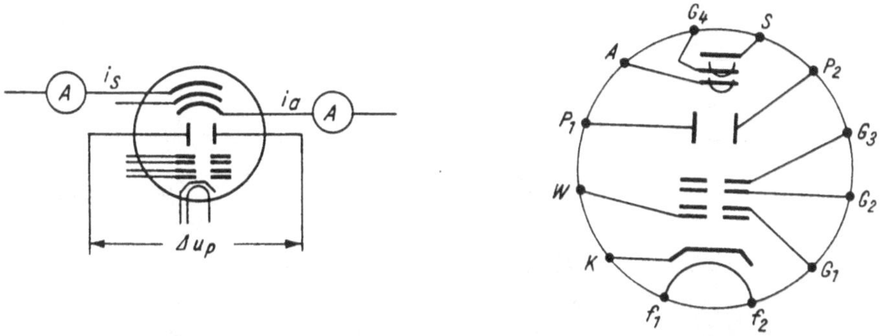

Abb. 108. Schaltsymbol und Sockelschaltung der Quadrierröhre

Varistoren (Variable Resistors) als Quadrierglieder

Varistoren sind Bauelemente, deren Stromspannungskennlinie einen nichtlinearen Verlauf hat. Ihr Widerstand wird von der angelegten Spannung bestimmt. Aus diesem Grunde werden sie auch als VDR-Widerstände (Voltage Dependent Resistors) bezeichnet. Andere Hersteller bringen Varistoren unter den Bezeichnungen Thyrite, Ocelite, Atmite, Harwide, Metrosyle usw. in den Handel. Bei den Varistoren findet man solche mit unsymmetrischer und andere mit symmetrischer Kennlinie. Zu der ersten Art gehören alle Bauelemente, die als Gleichrichter verwendet werden und aus Selen, Germanium, Kupferoxyd, Silizium oder ähnlichem bestehen. Die zweite Gruppe mit symmetrischer Kennlinie (Abb. 109) ist aus Siliziumkarbidkörnern aufgebaut und soll im folgenden näher betrachtet werden.

Werden Siliziumkarbidkörner bei 2000° C gesintert, so zeigt sich keine Nichtlinearität (Silit, Globar). Erst Sintern von gepreßten Scheiben nach geeigneter Vorbehandlung hat ein stark nichtlineares Verhalten zur Folge. Zwischen den einzelnen Siliziumkarbidkörnern entstehen Kristallkontakte, die als kompliziertes Netzwerk von in Reihe und parallel geschalteten Einzelkontakten anzusehen sind. Das elektrische Verhalten ist auf die Kennlinie dieser einzelnen Kontakte zurückzuführen. Preßdruck und Korngröße haben einen großen Einfluß auf die Kennlinienform. Zur Erklärung der Spannungsabhängigkeit der Kontaktwiderstände bzw. des Strommechanismus an der Kontaktstelle ist eine ganze Reihe von Theorien aufgestellt worden. Eine restlose Klärung der tatsächlichen Verhältnisse ist bisher noch nicht gelungen. Bei der folgenden Deutung der Kontaktzone nimmt man an, daß die Siliziumkarbidkörner kugelförmige Gestalt haben, so daß sich zwei benachbarte Körnchen nur in einem Punkt berühren. Es fließt dann bei sehr kleinen Spannungen nur über diesen Bereich der direkten Berührung ein Strom, für den das ohmsche Gesetz gilt. Der Gesamtwiderstand von Kontakt und Halbleiter ist konstant und wird um so größer, je dicker die Oxydschicht ist und je kleiner die berührende Fläche ist. Wird die Spannung erhöht, so weitet sich der Bereich für den Stromfluß aus. Die Stromleitungswege sind also veränderlich, und

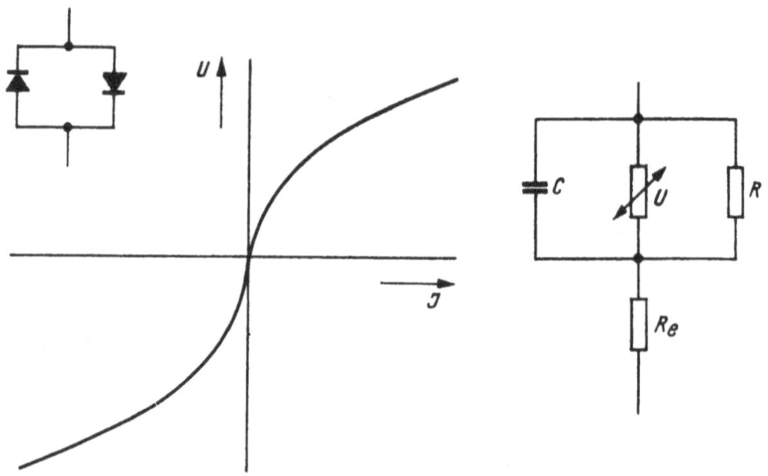

Abb. 109. Varistor mit symmetrischer Kennlinie und sein Ersatzschaltbild (R_e Elektrodenwiderstand)

zwar steigt bei wachsender Spannung der Strom mit U^α ($\alpha > 1$) an. Es ergibt sich also ein nichtlineares Verhalten des Gesamtwiderstandes. Bei weiterer Erhöhung der Spannung wird eine bestimmte Zone erreicht, bei der das starke Ansteigen des Stromes aufhört. Es entsteht dann wieder eine lineare Abhängigkeit zwischen Strom und Spannung.

Für einen großen Bereich der Kennlinie eines solchen Varistors gilt also die Beziehung

$$J = K\, U^\alpha$$

bzw. in anderer Schreibweise

$$U = C\, J^\beta .$$

C bzw. K ist eine Konstante, die von den geometrischen Abmessungen abhängig ist, und α bzw. β ist ein Maß für die Nichtlinearität. Während β nahezu temperaturunabhängig ist, hat die Konstante C einen negativen Temperaturkoeffizienten. Es gilt die Gleichung

$$C_t = C_0\,(1 + a\,t)\,,$$

wobei der Temperaturkoeffizient $a = -0{,}0012 \cdots -0{,}0018\ \text{grad}^{-1}$ beträgt. Das elektrische Verhalten bei Wechselstrom ist dadurch gekennzeichnet, daß beim Anlegen einer Spannung der Strom praktisch ohne zeitliche Verzögerung einsetzt.

Da die Strom-Spannungs-Kennlinie (Abb. 109) symmetrisch ist, ist ein Wechselstrombetrieb gegeben. Die Siliziumkarbidwiderstände werden gewöhnlich in Scheibenform hergestellt, ihre Kapazität kann nicht vernachlässigt werden. Die obere Frequenzgrenze der Einsatzmöglichkeit liegt etwa bei 5 kHz.

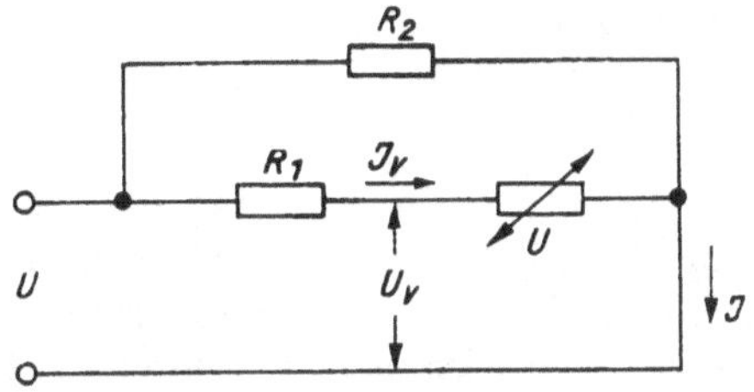

Abb. 110. Varistornetzwerk zur Quadrierung

Um die Varistorenkennlinie

$$J = K \cdot U^{\alpha}$$

der Gleichung einer quadratischen Parabel anzunähern, bedient man sich beispielsweise des in Abb. 110 dargestellten Netzwerkes. Für den Leitwert G des Netzwerkes ergibt sich auf Grund der Forderung $J = K\,U^2$ die Gleichung

$$G = \frac{J}{U} = K\,U = G_2 + \frac{G_1\,G_v}{G_1 + G_v}\,,$$

wobei G_1, G_2 und G_v die elektrischen Leitwerte für die Widerstände R_1, R_2 und den Varistorwiderstand R_v bedeuten. Setzt man $G_2 = G_1\,(n - 1)$, so erhält man

$$G_v = \frac{G_1\,[K\,U - G_1\,(n-1)]}{n\,G_1 - K\,U}\,.$$

Durch Eliminieren von U und G_v läßt sich J_v bestimmen:

$$J_v = \frac{n\,G_1^2}{2\,K} - \sqrt{\frac{n^2\,G_1^4}{4\,K^2} - \frac{G_1^3}{K}\,U_v} - G_1\,U_v$$

oder

$$J_v = a - \sqrt{a^2 - b\,U_v} - c\,U_v\,.$$

Mittels dieser Gleichung werden die Koeffizienten a, b und c nach drei Punkten der experimentell ermittelten Kennlinie $J_v = J_v(U_v)$ festgelegt. Zwischen diesen Hilfsgrößen und R_1, R_2, K bestehen die

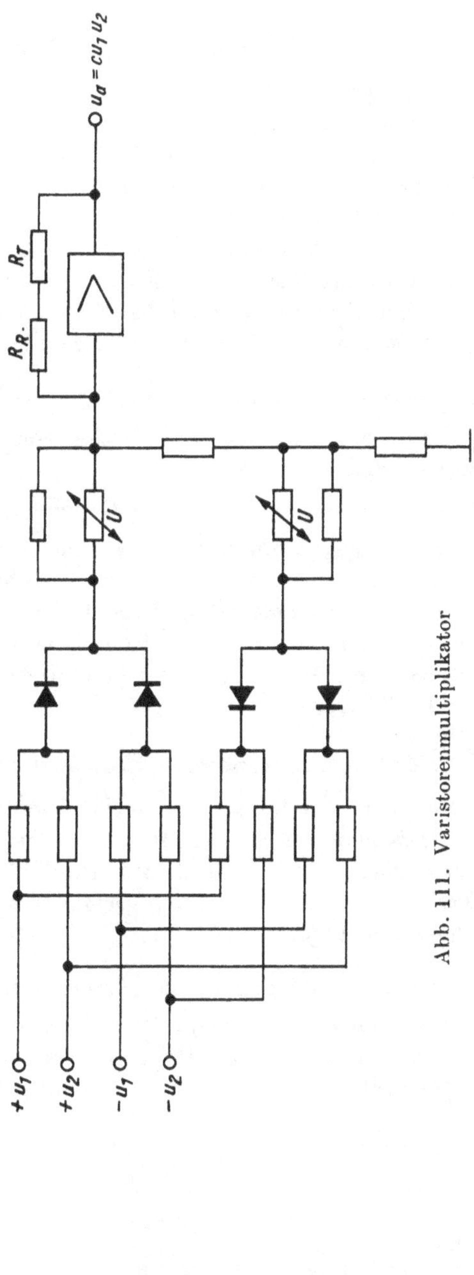

Abb. 111. Varistorenmultiplikator

Beziehungen

$$R_1 = \frac{1}{G_1} = \frac{1}{c}, \qquad R_2 = \frac{1}{G_1(n-1)} = \frac{1}{G_2} = \frac{b}{(2ac-b)c}, \qquad K = \frac{c^3}{b}.$$

Eine genaue Übereinstimmung der Kennlinie des Varistornetzwerkes mit der quadratischen Parabel ist also nur in drei Punkten vorhanden. In allen übrigen Punkten ergibt sich ein Fehler, der von der Auswahl der Punkte abhängig ist. Diese Auswahl wird graphisch mit Hilfe des Vielecks von TSCHEBYSCHEW durchgeführt. Eine andere brauchbare Möglichkeit der Punktauswahl zur Bestimmung der Konstanten a, b, und c ist die lineare Verteilung der drei Punkte, d. h. man wählt U_{max}, $\frac{2}{3}U_{max}$ und $\frac{1}{3}U_{max}$. Hierbei läßt sich ein Approximationsfehler von weniger als 0,5% erreichen. Wie aus Abb. 109 ersichtlich ist, sind die Vorzeichen des Ein- und Ausganges identisch. Um am Ausgang stets das gleiche, vom Vorzeichen des Eingangs unabhängige Vorzeichen zu erhalten, wie es die Quadrierung vorschreibt, werden Germaniumdioden eingefügt. Eine komplette Multiplikationsschaltung mit Varistoren zeigt Abb. 111. R_T ist ein Thermowiderstand. Die Größe des Rückkopplungswiderstandes $(R_R + R_T)$ bestimmt den Koeffizienten c des Multiplikators. Der Fehler dieses Varistoren-Multiplikators ist kleiner als 1%. Der Temperaturfehler bei Schwankungen der Umgebungstemperatur um $\pm 10°$ beträgt nur einige Zehntel Prozent.

Elektronenröhren als Quadrierglieder

Für die Strom-Spannungs-Kennlinie von Elektronenröhren gilt allgemein folgender, angenäherter Ausdruck:

$$I_a = a + b(U_g - U_0) + c(U_g - U_0)^2,$$

wobei a, b und c Röhrenkonstanten und U_0 ein Richtwert ist, von dem ab die Eingangsspannung gemessen wird. Eine Röhrenkonstruktion mit $b \approx 0$ wäre für Quadrierungen einsatzfähig. Diese Forderung kann man z. B. erfüllen, wenn man zwei gegenphasig gesteuerte Röhren auf einen gemeinsamen Außenwiderstand arbeiten läßt. Mit Röhren vom Typ 6 B 8 wurde auf diese Weise eine Genauigkeit von 0,5% erreicht.

3. Multiplikationsverfahren mit Modulationen und Zeitteilung

Moduliert man Sinus- oder Rechteckwellenträger mit den zu multiplizierenden Gleichspannungen, so kann man die Gleichstromkomponente, die sich nach der Demodulation ergibt, gleich dem Produkt der beiden Eingangsgrößen machen. Dieses Prinzip läßt sich durch geeignete Modulation und Demodulation auf verschiedenen Wegen realisieren.

Multiplikator mit doppelter Amplitudenmodulation

Das Grundelement dieses Modulationsmultiplikators bildet ein abgeglichener Modulator in Brückenschaltung, der vorerst näher beschrieben wird. MEYER und FULLER geben die in Abb. 112 dargestellte, bewährte Schaltung an.

Der zu modulierende Sinusträger wird der Schaltung über C_1 zugeführt. Die Kristalldioden beschneiden die Amplitude der Sinusschwingung derart, daß eine Rechteckschwingung entsteht. Diese wird durch Rö 1 und Rö 2 gegenphasig auf ein Paar Katodenverstärker gegeben. Die Rechteckschwingung führt in der

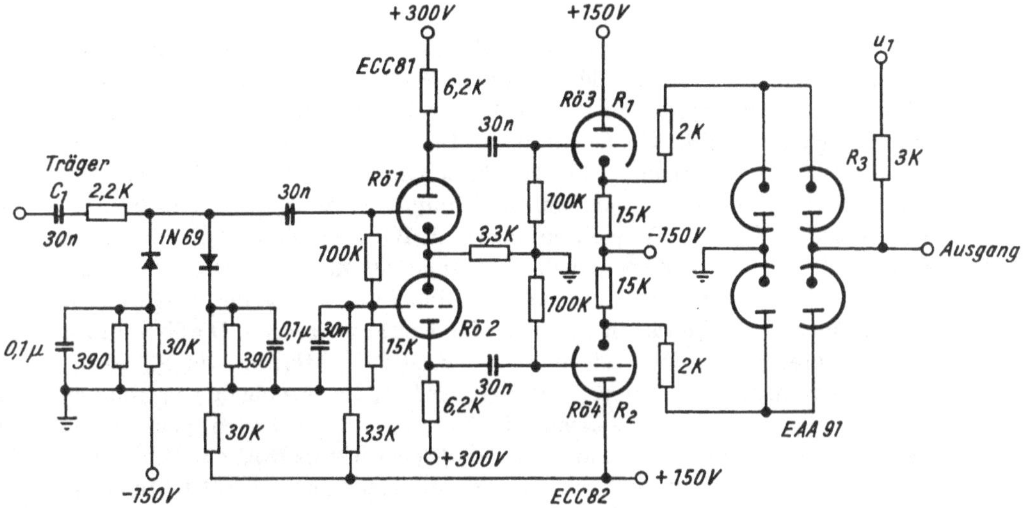

Abb. 112. Amplitudenmodulator in Brückenschaltung für Modulationsmultiplikatoren

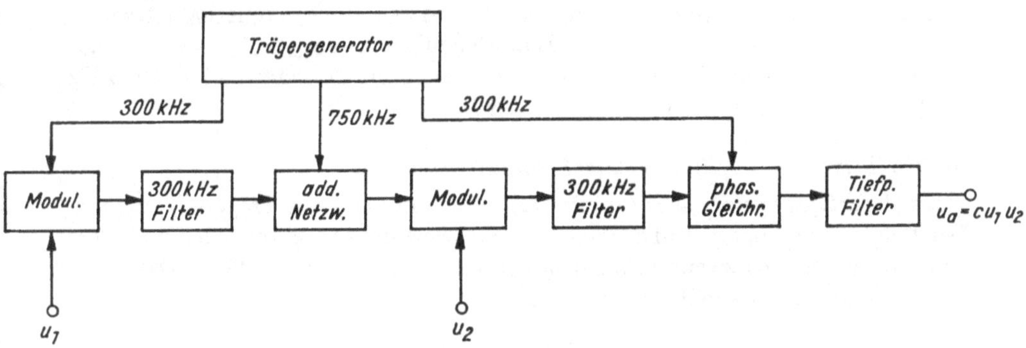

Abb. 113. Blockschaltbild eines Multiplikators mit doppelter Amplitudenmodulation

Diodenbrückenschaltung die Schaltfunktion aus. Die Modulationsspannung u_1 erhält die Brücke über R_3, und der modulierte Ausgang wird von der Brückenseite des Widerstandes R_3 abgenommen. Am Ausgang entsteht eine Rechteckschwingung im Takt der Trägerfrequenz. Für die Brückendioden sind zwei Röhren auszuwählen, die für ein gutes Gleichgewicht der Brücke sorgen. Wenn die beiden Brückeneingangsspannungen gleich sind und die modulierende Spannung gleich

Null gemacht wird, dann ist eine Unterdrückung der Trägerfrequenz von 50 dB unter den Maximalwert des Ausgangs erreichbar. Diese Trägerunterdrückung kennzeichnet den Dynamikbereich, der bei entsprechender Symmetrie der Brücke und sorgfältigem Aufbau erreichbar ist. Die Reihenwiderstände R_1 und R_2 und der Eingangswiderstand R_3 werden klein gehalten, um hohe Trägerfrequenzen verwenden zu können.

Das Blockschaltbild des kompletten AM-AM-Multiplikators zeigt Abb. 113. Als Trägerfrequenzen werden 300 kHz und 750 kHz verwendet. Der erreichte absolute Produktfehler ist kleiner als $\pm 0{,}5\%$ bei voller Aussteuerung des Multiplikatorsausganges in allen vier Quadranten. Die Ein- und Ausgangsspannungen betragen $\pm$ 20 V. Die beiden 300 kHz-Filter haben eine Bandbreite von etwa 80 kHz und eine Anstiegszeit von 8 μs. Die Dämpfung des Tiefpaßfilters im Ausgang beträgt 50 dB für Frequenzen oberhalb 200 kHz. Zerhackerstabilisierte Gleichspannungsverstärker speisen die Eingänge der Modulatoren, um den Ausgang des Multiplikators stabil zu halten. Eine Veränderung der Trägerunterdrückung der Modulatoren kann eine Drift im Ausgang erzeugen. Die Kennlinien der Modulatoren sind jedoch relativ stabil. Eine Driftstabilität von $\pm$ 30 mV bei einer Ausgangsspannung von $\pm$ 20 V ist über die Dauer von einigen Stunden erreichbar. Durch eine Phasenverschiebung von 6° zwischen den beiden 300 kHz-Eingängen des phasenempfindlichen Gleichrichters wird ein Fehler von 0,5% hervorgerufen. LUKASZEWICZ erreicht mit einer ähnlichen Schaltung des AM-AM-Multiplikators einen Fehler in der Größenordnung von 0,3% über den ganzen Bereich bei einer oberen Grenzfrequenz für beide Eingänge von etwa 10 kHz. Er verwendet Trägerfrequenzen von 500 kHz und 1220 kHz.

Genauigkeit und Bandbreite können bei beiden Schaltungen innerhalb gewisser Grenzen optimal eingestellt werden: Eine Genauigkeit von $\pm$ 0,1% kann grundsätzlich auf Kosten der Bandbreite oder eine Bandbreite von einigen hundert kHz auf Kosten der Genauigkeit erreicht werden.

Multiplikator mit Amplituden- und Frequenzmodulation

Ein derartiges System arbeitet mit Doppelmodulation einer Trägerschwingung. Der Träger wird proportional der einen Eingangsspannung u_1 amplitudenmoduliert und proportional der zweiten Eingangsspannung u_2 frequenzmoduliert. Das resultierende Signal hat dann die Form

$$f(u_1, u_2) = u_1 \cdot \sin [(\omega + c\, u_2) \cdot t] .$$

Ein frequenzempfindlicher Demodulator liefert das Produkt $u_1 \cdot u_2$. Die Linearität des Modulators kann durch Gegenkopplung verbessert werden. McCOOL beschreibt einen derartigen elektronischen Multiplikator, der nach dem in Abb. 114 angegebenen Prinzip arbeitet.

Durch die Anwendung von Rückführungen hängt die Gesamtstabilität in erster Linie von passiven Bauelementen ab. Veränderungen in den Röhrencharakteristiken spielen nur eine untergeordnete Rolle. Als Diskriminator arbeitet eine FOSTER-SEELEY-Schaltung. Die Trägerfrequenz beträgt 555 kHz, die Bandbreite

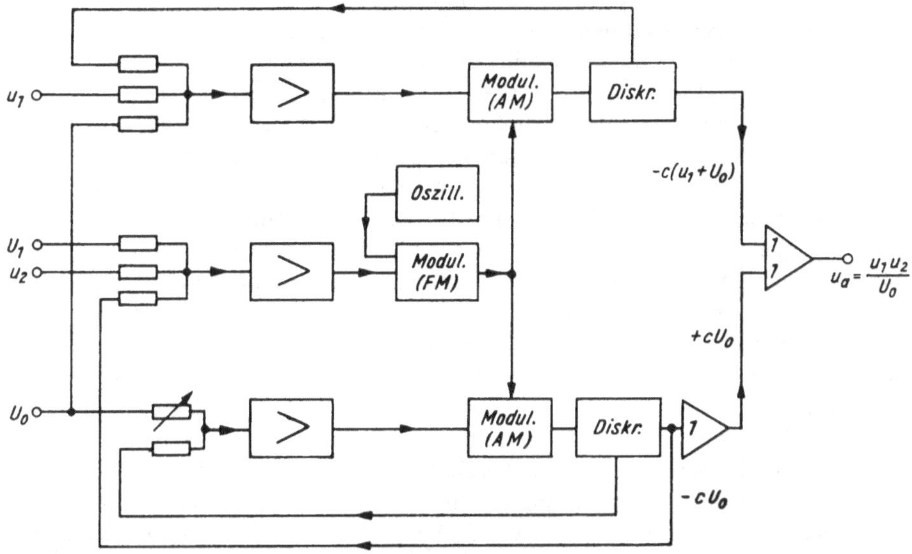

Abb. 114. Blockschaltbild eines Multiplikators mit Frequenz- und Amplitudenmodulation

für beide Eingänge etwa 10 kHz. Der sich ergebende Produktfehler liegt bei $\pm$ 0,5% der maximalen Ausgangsspannung. Störpegel und Drift ergeben einen Fehler von 0,5%. Die genaue Justierung des Multiplikators erfordert einigen Aufwand. Insgesamt enthält das McCoolsche Funktionsmuster 42 Röhrensysteme. Durch Verwendung von zerhackerstabilisierten Gleichspannungsverstärkern und durch Auswahl geeigneter Diskriminatoren kann der Gesamtfehler auf 0,3% der maximalen Ausgangsspannung herabgedrückt werden.

Multiplikator mit Amplituden- und Phasenmodulation

Das Blockschaltbild in Abb. 115 läßt die prinzipielle Wirkungsweise erkennen. Ein Trägergenerator mit einem Quarzkristalloszillator liefert eine Sinusschwingung konstanter Frequenz. Durch einen Begrenzer und ein Filter erhält man eine kon-

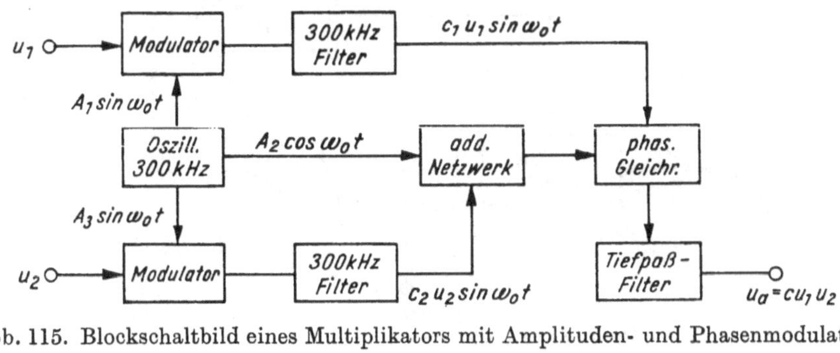

Abb. 115. Blockschaltbild eines Multiplikators mit Amplituden- und Phasenmodulation

stante, sinusförmige Amplitude. Teilende und phasendrehende Netzwerke erzeugen drei Trägerspannungen $A_1 \cdot \sin \omega_0 t$, $A_2 \cdot \cos \omega_0 t$ und $A_3 \cdot \sin \omega_0 t$.

Als Modulator dient wieder der bereits beschriebene Diodenbrückenmodulator (Abb. 112). Der Träger $A_1 \sin \omega_0 t$ wird mit der Eingangsspannung u_1 moduliert, wodurch eine Spannung $c_1 u_1 \sin \omega_0 t$ entsteht (Amplitudenmodulation). In gleicher Weise wird die Spannung $c_2 u_2 \sin \omega_0 t$ erzeugt, die mit dem Träger $A_2 \cos \omega_0 t$ nach einem linear addierenden Netzwerk die Spannung $A \cos (\omega_0 t + c_2 u_2/A_2)$ ergibt (Phasenmodulation). Ein dritter Brückenmodulator arbeitet als phasenempfindlicher Gleichrichter. Die Linearität des Produkts hinsichtlich der Eingangsspannung u_2 hängt von zwei trigonometrischen Approximationen ab. Es sind dies die Phasenmodulation des Trägers $A_2 \cos \omega_0 t$ und die phasenempfindliche Gleichrichtung. Für einen Multiplikator mit einer Genauigkeit von 1% darf nach Untersuchungen von MEYER und FULLER die maximale Phasenmodulation deshalb nur $\pm$ 8° betragen, die Phasenstabilität der Multiplikatorenelemente muß besser als 0,08° sein, um eine gute Gleichspannungscharakteristik des Ausgangs zu erhalten. Die Bandbreite beträgt 30 kHz bei einer Trägerfrequenz von 300 kHz. Die maximalen Eingangsspannungen sind $\pm$ 20 V, und der phasenempfindliche Gleichrichter liefert etwa $\pm$ 1 V. Bei 20facher Nachverstärkung wurde mit den oben beschriebenen Diodenbrückenmodulatoren eine Genauigkeit des Produkts von einigen Prozent erreicht.

Die geringe Amplitude der Produktausgangsspannung und die geforderte hohe Phasenstabilität bei diesem AM-FM-Multiplikator sind Faktoren, die die Verwendung des vorher beschriebenen AM-AM-Multiplikators günstiger erscheinen lassen.

Die Zeitteilungsmethode der Spannungsmultiplikation

Zwecks Multiplikation zweier zeitlich veränderlicher Spannungen u_1 und u_2 wird die Amplitude einer Rechteckschwingung proportional u_1 und die Impuls-

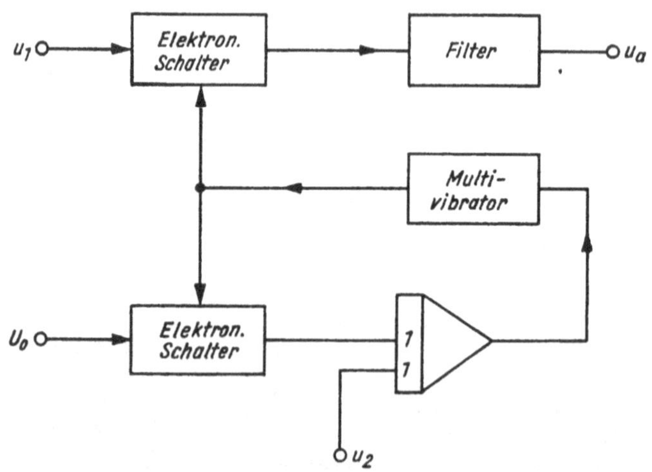

Abb. 116. Schaltbild eines Multiplikators nach der Zeitteilungsmethode

länge proportional u_2 gemacht. Der Mittelwert oder die Gleichspannungskomponente der resultierenden Schwingung ist dann proportional dem Produkt beider Spannungen:

$$u_a = c\, u_1\, u_2.$$

Die Wirkungsweise zeigt das in Abb. 116 dargestellte Schaltbild. Die Spannung u_2 wird zusammen mit einer Hilfsspannung integriert. Wenn die Ausgangsspannung des Integrators einen vorgegebenen Wert u_{max} erreicht hat, kippt der bistabile Multivibrator von seiner ersten in die zweite stabile Lage um. Gleichzeitig wird über den unteren elektronischen Schalter das Vorzeichen der Hilfsspannung umgekehrt, so daß die Integratorausgangsspannung absinkt. Hat diese einen unteren Grenzwert u_{min} erreicht, wird dadurch der Multivibrator wieder ausgelöst und nimmt seinen ursprünglichen stabilen Zustand ein. Dieser Vorgang wiederholt sich periodisch mit einer Schaltfrequenz, die groß im Vergleich zur Signalfrequenz sein soll, damit die Spannung u_2 während einer Schaltperiode als praktisch konstant angesehen werden kann. Am Ausgang des Multivibrators entstehen auf diese Weise Rechteckimpulse, deren Dauer sich entsprechend der variablen Eingangsspannung u_2 ändert. Die Amplitude der Impulse wird mittels des oberen elektronischen Schalters durch die Eingangsspannung u_1 gesteuert. Das Tiefpaßfilter bewirkt eine Glättung der Ausgangsspannung (Mittelwertbildung). Um eine Vierquadrantmultiplikation zu ermöglichen, wird zu den Eingangsspannungen u_1 und u_2 eine konstante Hilfsspannung U addiert, so daß die resultierenden Eingangsspannungen stets positiv sind (vgl. Abb. 92). Dann ergibt sich eine Ausgangsspannung

$$u_a' = c\,(u_1 + U)\,(u_2 + U) = c\,u_1\,u_2 + c\,u_1\,U + c\,u_2\,U + c\,U^2\,.$$

Nach Subtraktion der drei letzten Terme vom Resultat erhält man das gewünschte Produkt $u_a = c\, u_1\, u_2$.

Für die Verstärkung werden zerhackerstabilisierte Gleichspannungsverstärker eingesetzt. Der elektronische Schalter ist das Herz des Multiplikators. Er muß die

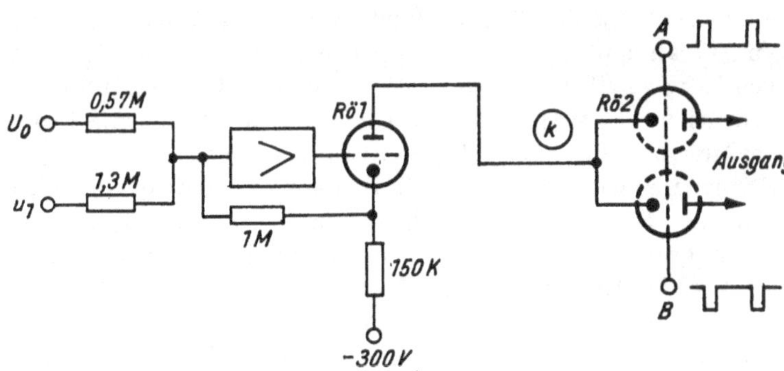

Abb. 117. Prinzipschaltbild des elektronischen Schalters für die Zeitteilungsmethode der Multiplikation

Schaltfunktion eines elektronischen Signals ausführen, ohne die Information, die in diesem Signal enthalten ist, zu beeinflussen. Abb. 117 zeigt das Prinzipschaltbild. Die eigentliche Schaltröhre Rö 2, die anodenseitig ungefähr auf Nullpotential liegt, befindet sich in einer Reihenschaltung mit der stromsteuernden Röhre Rö 1. Die Spannungen an den Gittern der Schaltröhre haben eine Phasenverschiebung von 180°, so daß nur jeweils ein System leitet. Es ist schwierig, zwei Röhrensysteme zu finden, deren I_a-U_a-Kennlinien gleich sind und auch zeitlich konstant bleiben. Der Restfehler infolge dieser Unsymmetrie läßt sich jedoch

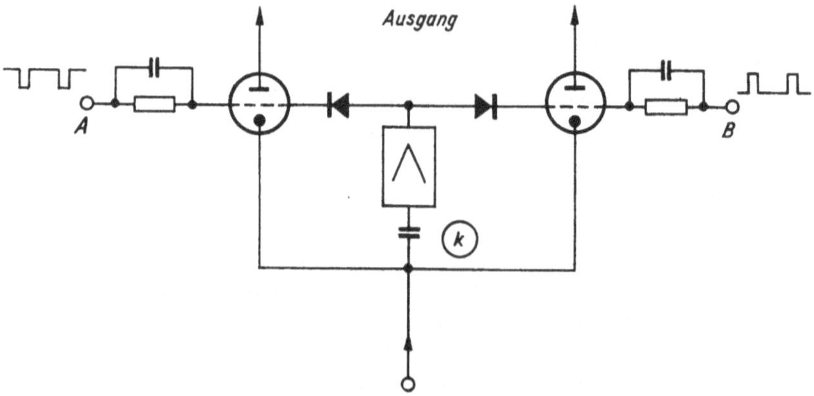

Abb. 118. Kompensationsschaltung für den elektronischen Schalter

durch entsprechende Schaltungen stark verringern. Eine hierfür geeignete Kompensationsschaltung zeigt Abb. 118. Die Spannung im Punkt k wird über einen Wechselspannungsverstärker mit der Verstärkung v verstärkt, gleichgerichtet und auf die Gitter übertragen. Dadurch wird die Spannungsdifferenz, die infolge der Unsymmetrie der beiden Röhrensysteme im Punkt k auftritt, um den Faktor $1/v$ verringert. In der Praxis beträgt $v \approx 100$. Sternberg gibt ein vollständiges Schaltbild eines elektronischen Schalters an.

Eine weitere Fehlerquelle ist die im Punkt k wirksame Schaltkapazität. Durch sorgfältigen Aufbau muß man sie so klein wie möglich machen. Bei einer Schaltfrequenz von 10 kHz läßt sich der Gesamtfehler des elektronischen Schalters unter 0,1% herabdrücken. Er steigt mit wachsender Schaltfrequenz an. Das Filter im Ausgang des Multiplikators (Abb. 116) bestimmt den Frequenzgang der Schaltung. Eine hohe Schaltfrequenz ist von Vorteil, da dann die Glättung ohne nachteilige Beeinflussung der Signalfrequenz erfolgen kann. Die Phasendrehungen sollen möglichst gering sein. Geeignet für Rechenfrequenzen bis zu 20 Hz ist z. B. ein Filter gemäß Abb. 119 mit $L_1 = 10$ H, $L_2 = 1$ H, $R = 13$ kΩ, $C = 0{,}02\,\mu$F. Allgemein kann man sagen, daß die maximale Rechenfrequenz etwa 1% der niedrigsten Schaltfrequenz beträgt, wenn man einen Wechselspannungsanteil von 0,1% der gesamten Ausgangsspannung und einen Phasenfehler von weniger als 3° zugrunde legt.

Das Zeitteilungsverfahren ist in mehreren Variationen von verschiedenen Entwicklungsstellen erfolgreich angewandt worden. An Genauigkeit übertrifft es alle anderen elektronischen Multiplikationsverfahren. Es ist für Vierquadrantmulti-

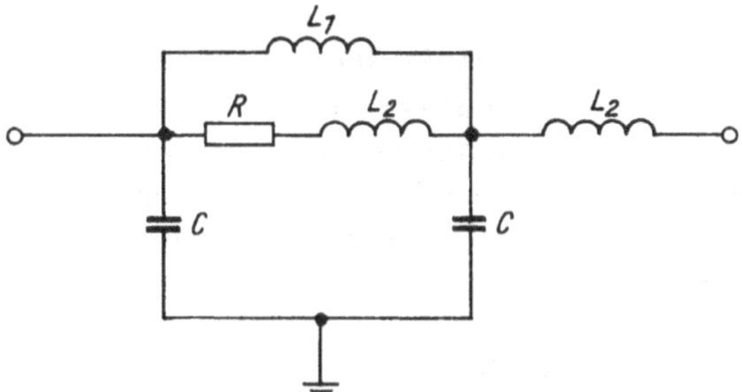

Abb. 119. Schaltbild des Filters

plikationen geeignet und bietet auch die Möglichkeit, mehr als zwei Eingangsgrößen miteinander zu multiplizieren. Die niedrige Arbeitsfrequenzgrenze beschränkt jedoch die Anwendbarkeit nur auf ausgesprochene Langzeitrechner, der Röhrenaufwand ist relativ hoch.

Der Koinzidenz-Multiplikator

Wenn zwei oder mehr Rechteckschwingungen von unterschiedlichen, aber festen Impulsfolgefrequenzen und veränderlichem Tastverhältnis verglichen werden, wird die Zeit, während der sich die Impulse überdecken, proportional dem Produkt der Impulsbreiten sein. Die Impulsgeneratoren erzeugen Impulse konstanter Amplitude, aber veränderlicher Dauer proportional den Eingangsspannungen u_1 und u_2 (Abb. 120). Der Vorteil dieses Systems ist, daß mehr als zwei Variable zur gleichen Zeit multipliziert werden können und daß die etwas schwierige Impulsamplitudenmodulation vermieden wird, da alle Amplituden konstant

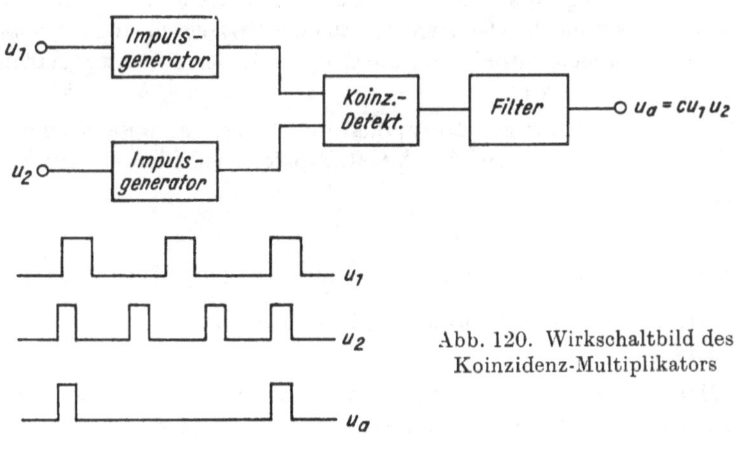

Abb. 120. Wirkschaltbild des Koinzidenz-Multiplikators

sind und nur die Eingangsamplitude kritisch ist. Für einen derartigen Multiplikator wurden von HARDY Schaltungen angegeben. Hiernach gebaute Geräte haben Genauigkeiten von 1—4% bei 2 kHz.

Multiplikator mit Dreieckimpuls-Modulation

Die Anwendung von Dreieckimpulsen zur Multiplikation zweier Größen erfolgt in Verbindung mit der Viertelquadratmethode. Eine Quadrierung ist hierbei leicht durch Integration der modulierten Dreieckschwingungen möglich, da bei Dreiecken der Flächeninhalt (Integratorausgangsspannung) proportional dem Quadrat der Höhe (Eingangsspannung) ist.

Aus Abb. 121 ist die Wirkungsweise eines derartigen von NORSWORTHY gebauten Multiplikators ersichtlich. Die Dreieckimpulse werden in ihrer Amplitude proportional der Summe bzw. Differenz der Eingangsspannungen moduliert und dann in einem MILLER-Integrator integriert. Die Differenz der quadratischen Ausgangsspannungen liefert gemäß der Viertelquadratmethode das gewünschte Produkt $c\, u_1\, u_2$.

Eine Schaltung nach MEYERS und DAVIS ist in Abb. 122 dargestellt. Hier werden die modulierten Dreieckspannungen $|u_1 + u_2 + U_D|$ und $|u_1 - u_2 + U_D|$ zunächst voneinander subtrahiert, und die Mittelwertbildung wird am Ausgang vollzogen. Die Ausgangsspannung ergibt sich also aus der Gleichung

$$u_a = \frac{1}{T} \int_0^T [|u_1 + u_2 + U_D| - |u_1 - u_2 + U_D|]\, dt = c\, u_1\, u_2 .$$

Hierbei bedeuten U_D die Trägerspannung (Dreieckschwingung) und T die Dauer einer Periode.

Die Trägerfrequenz soll mindestens 10mal so groß wie die höchste Signalfrequenz sein. An die Verstärker werden zwecks formgetreuer Übertragung der Dreieckschwingungen besondere Forderungen gestellt. Es werden zerhackerstabilisierte Gleichspannungsverstärker verwendet. Bezüglich des zu übertragenden Frequenzbandes kommt hierbei zugute, daß eine Dreieckschwingung keine geradzahligen Harmonischen enthält und die Amplitude der siebenten Harmonischen schon vernachlässigbar klein ist.

Die Genauigkeit derartiger Multiplikatoren hängt im wesentlichen von der Linearität der Dreieckkurven ab. Als Multiplikationsfehler werden Werte von etwa 1% angegeben.

4. Spezielle Katodenstrahlröhrensysteme für die Multiplikation

a) *Multiplikations-Katodenstrahlröhre mit gekreuzten elektrostatischen und magnetischen Feldern*

Diese Methode beruht auf der elektrostatischen und magnetischen Ablenkung elektrisch geladener Teilchen. Bewegt sich ein Elektron in der z-Richtung

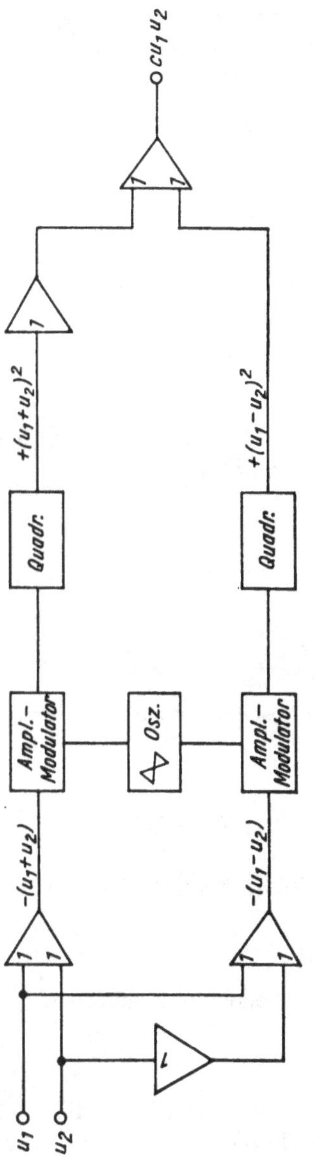

Abb. 121. Multiplikator nach der Viertelquadratmethode mit Dreieckimpuls-Modulation

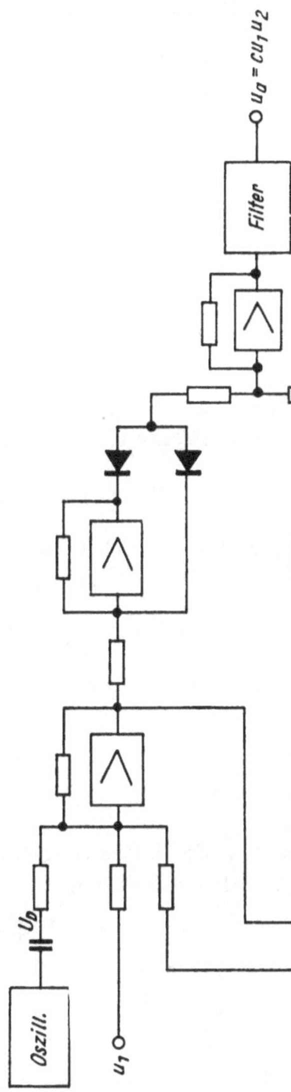

Abb. 122. Multiplikator mit Dreieckimpuls-Modulation

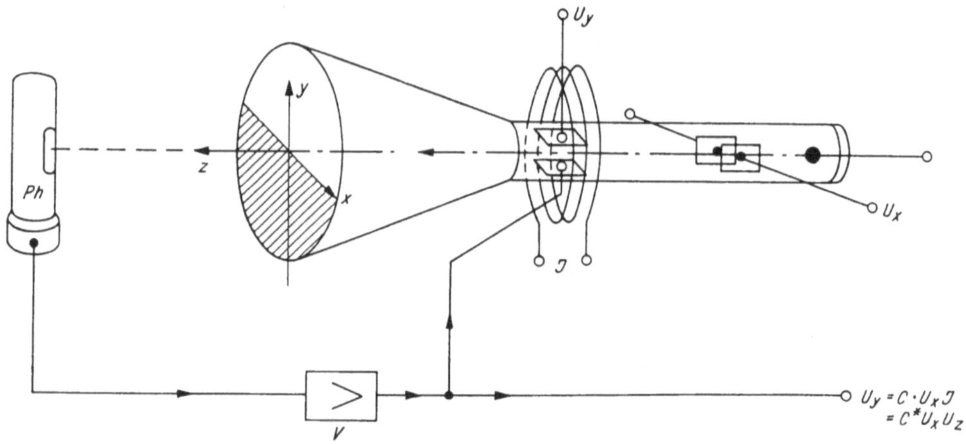

Abb. 123. Elektronenoptischer Kreuzfeldmultiplikator

(Abb. 123) mit der Geschwindigkeit v und wird im elektrostatischen Feld eines Kondensators in der x-Richtung abgelenkt, so wirkt eine Kraft

$$m \ddot{x} = e E_x = e \frac{U_x}{d}.$$

Für den Impuls ergibt sich durch Integration

$$m \dot{x} = \int_0^{s/v} e E_x \, dt = \frac{e \cdot s}{d \cdot v} U_x,$$

wobei d bzw. s den Plattenabstand bzw. die Länge des Kondensators bedeuten. Bei gegebener Anordnung gilt also

$$\dot{x} = k \cdot U_x,$$

solange U_x während der Zeit s/v als konstant angesehen werden kann, was hier stets erfüllt ist.

Wird gleichzeitig in der z-Richtung ein Magnetfeld H_z angelegt, so wirkt eine zusätzliche Kraft in der y-Richtung

$$m \ddot{y} = e \cdot \dot{x} \cdot H_z = c \cdot U_x \cdot J,$$

wenn für das mittels einer stromdurchflossenen Spule erzeugte Magnetfeld

$$H_z = \frac{J \cdot w}{l}$$

gilt. Diese Ablenkung des Elektronenstrahls in der y-Richtung kann durch ein elektrisches Feld $E_y = U_y/d$ rückgängig gemacht werden, so daß sich bei völliger Kompensation die Gleichung

$$c \, U_x \cdot J = \frac{e}{d} U_y \qquad \text{oder} \qquad U_y = C \, U_x \, J$$

ergibt. Die erforderliche Kompensationsspannung U_y ist mithin dem Produkt aus U_x und $J = U_z/R$ proportional, wodurch eine Anwendung als Multiplikator gegeben ist. C ist eine Gerätekonstante.

Aus Abb. 123 ist die prinzipielle Wirkungsweise eines nach diesem Gedankengang arbeitenden elektronischen Funktionsmultiplikators ersichtlich. Der y-Ablenkung des Leuchtpunktes, die sich normalerweise ergeben würde, wirkt ein photoelektrisches Rückkopplungssystem entgegen. Die über den Verstärker (V) an beiden y-Platten gekoppelte Photozelle (Ph) verhindert, daß der Leuchtpunkt um mehr als einen Bruchteil seines Durchmessers von der Kante der Maske, die genau in x-Richtung verläuft, abweicht. Dadurch wird der Leuchtpunkt dicht an der x-Achse gehalten, und U_y ist hierbei proportional dem Produkt aus U_x und dem Strom J, der das Feld H erzeugt. Umgekehrt ist der Strom J, wenn die Photozelle zur Regelung von H verwandt wird, proportional dem Quotienten U_y/U_x. Die Grenzen der Genauigkeit hängen von der Homogenität und der effektiven axialen Feldlänge ab, die nur wenig über die Länge der y-Platten hinausgehen darf, ferner von dem die Gesamtgenauigkeit am stärksten beeinflussenden Faktor, der Stabilisierung der Beschleunigungsspannung. Weiterhin muß die Leuchtfleckgröße auf einem zweckmäßigen Minimum gehalten werden und der Verstärker einen weitgehend konstanten Verstärkungsgrad haben.

Mit diesem Verfahren nach DEELEY und MCNEE läßt sich eine Genauigkeit von ca. 1% erreichen. Die obere Grenzfrequenz liegt für U_x bei etwa 20 kHz und für J bei etwa 3 kHz. Die Operation erfolgt über vier Quadranten.

b) *Hyperbelfeldröhre*

Die von SCHMIDT und GUNDLACH entwickelte Hyperbelfeld-Multiplikationsröhre arbeitet nur mit elektrostatischen Ablenkungen. Bei einem Eingangsspannungsbereich von 25 bzw. 50 Volt liefert sie als Produkt eine Ausgangsspannung bis zu 60 Volt mit einem auf den Maximalwert bezogenen größten Fehler von 0,5% bei präzisester Fertigung. Die Frequenzgrenze liegt oberhalb 200 kHz.

Diese Spezialröhre führt Vierquadrantmultiplikationen aus. Abb. 124 zeigt ihren prinzipiellen Aufbau. Der Elektronenstrahl wird durch elektrostatische Linsen scharf gebündelt und durchläuft zunächst ein Plattenpaar, an dem die

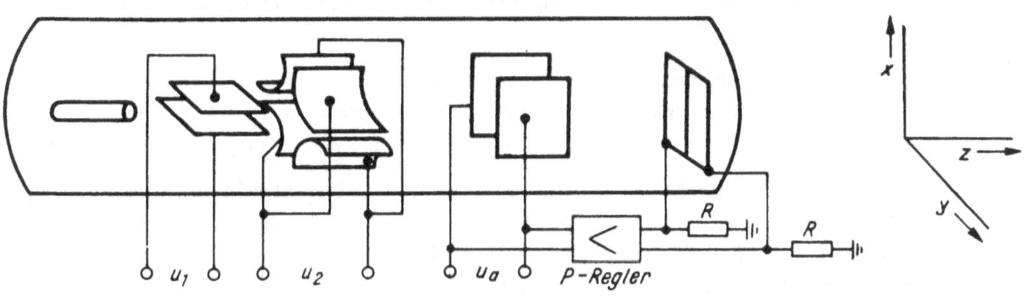

Abb. 124. Hyperbelfeld-Multiplikationsröhre

Spannung u_1 liegt. Mit einer vertikalen Auslenkung (x-Richtung) proportional u_1 tritt der Strahl in das zweite Ablenksystem ein, bestehend aus vier gekrümmten Platten, die im Querschnitt kongruente Hyperbeläste darstellen und über Kreuz miteinander verbunden sind. Ist die Feldstärke in der y-Richtung in den beiden oberen Quadranten ($x > 0$) negativ, so ist sie in den beiden unteren Quadranten positiv, wodurch eine Vierquadrantoperation möglich ist. Der Elektronenstrahl erfährt im Hyperbelfeld eine Ablenkung proportional dem Produkt $u_1 \cdot u_2$ in der y-Richtung. Er durchläuft dann die Regelstrecke eines proportional wirkenden Reglers, die mit dem Anodensystem abgeschlossen ist. Das Anodensystem besteht aus zwei nebeneinander liegenden Elektroden, deren Grenzlinie den Querschnitt des Elektronenstrahls im unausgelenkten Zustand halbiert, so daß dann die beiden Anodenströme bzw. die Spannungen, die diese an den Arbeitswiderständen R aufbauen, gleich groß und ihre Differenz, die die Regelgröße bildet, gleich Null ist. Der bei einer Auslenkung des Elektronenstrahls auftretende Spannungsunterschied an den Arbeitswiderständen wird von einem Regelverstärker verstärkt, der als Differenzverstärker ausgelegt ist. Die Ausgangsspannung liegt an einem dritten elektrostatischen Ablenksystem (Regelstrecke) und ist so gepolt, daß sie als Stellgröße die Rückführung des im Hyperbelfeld ausgelenkten Elektronenstrahls auf die Grenzlinie der beiden Anoden bewirkt, so daß die Regelgröße nahezu Null bleibt. Die Ausgangsspannung u_a des Regelverstärkers ist auch die Ausgangsspannung des Multiplikators, da sie proportional der Größe $u_1 \cdot u_2$ ist. Die Forderungen an das Strahlsystem lauten:

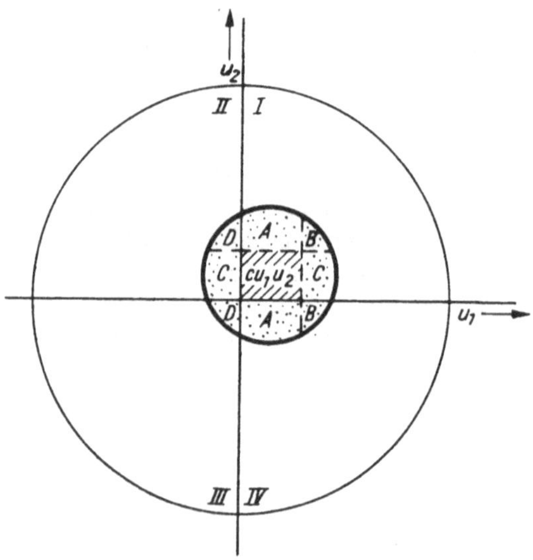

Abb. 125. Vierquadrant-Multiplikationsröhre mit Ablenkung eines Elektronenstrahls kreisförmigen Querschnitts

1. Hohe Stromdichte an den Anoden
2. Kleiner Strahldurchmesser im Hyperbelfeld
3. Niedrige Beschleunigungsspannung.

Die mechanische Genauigkeit des Röhrenaufbaus ist für ein einwandfreies Arbeiten des Multiplikators wichtig, aber nicht ausschlaggebend, da eventuelle mechanische Montagefehler der Ablenksysteme durch Korrekturgleichspannungen kompensiert werden können. Einige ausgewählte Funktionsmuster dieser Hyperbelfeldröhre werden in der Analogierechenanlage der TH Darmstadt eingesetzt.

c) Vierquadrant-Multiplikationsröhre mit Ablenkung eines Elektronenstrahls kreisförmigen Querschnitts

Dieser Multiplikator, von CZAJKOWSKI entwickelt, arbeitet nach einem völlig anderen Prinzip und benutzt eine speziell konstruierte Katodenstrahlröhre. Das Elektronenstrahlbündel hat einen kreisförmigen Querschnitt mit homogener Stromdichte. Es fällt auf vier Quadrantenplatten I···IV, wie in Abb. 125 dargestellt, und wird proportional den Spannungen u_1 und u_2 abgelenkt. Eine geometrische Überprüfung zeigt, daß die algebraische Summe (schraffiert gezeichnet) der vier bestrahlten Quadrantenflächen dann proportional dem Produkt $u_1 u_2$ ist. Genauigkeitsteste sind nicht bekannt.

5. Die Multiplikation zweier Variablen auf Grund des HALL-Effektes

Eine weitere Möglichkeit zur elektronischen Multiplikation zweier zeitlich veränderlicher elektrischer Spannungen bietet der 1879 von E. H. HALL entdeckte und später nach ihm benannte HALL-Effekt (Abb. 126).

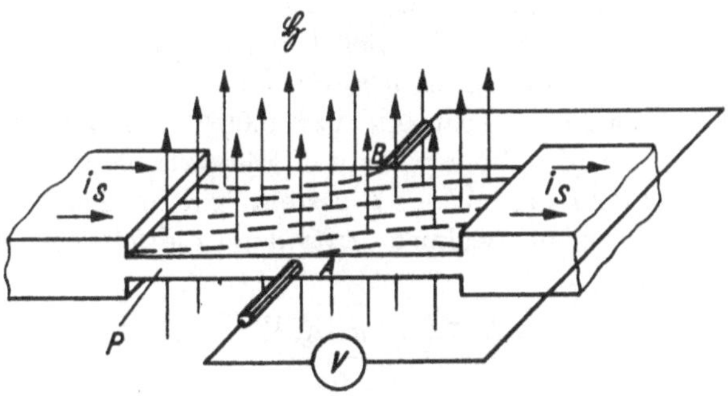

Abb. 126. HALL-Effekt für Funktionsmultiplikation

Wird ein Leiter von einem Strom durchflossen und wirkt senkrecht zur Leiterebene ein Magnetfeld, so wird im Leiter ein Potentialgefälle quer zur Stromrichtung erzeugt. Die zwischen den Punkten A und B der Leiterplatte P erzeugte HALL-Spannung beträgt

$$(u_H)_0 = \frac{R_H \, i_s \, B}{d} = \frac{R_H \, \mu}{d} \, i_s \, H$$

mit i_s = Steuerstrom,
d = Dicke der Leiterplatte,
μ = Permeabilität,
B = magnetische Induktion und
H = magnetische Feldstärke.

Die Größe R_H wird HALL-Konstante genannt und hat den Wert

$$R_H = \frac{1}{n \cdot e} = -\varrho \cdot b\,,$$

wobei n die Elektronenzahl pro Volumeneinheit, e die Elektronenladung, b die Beweglichkeit der Elektronen und ϱ den spezifischen Widerstand des Leiters bedeuten. Unter Beweglichkeit versteht man die Geschwindigkeit der Elektronen, die von der Feldstärkeeinheit bewirkt wird. Das negative Vorzeichen resultiert aus der Tatsache, daß Elektronengeschwindigkeit und elektrische Feldrichtung verschiedene Vorzeichen tragen.

Für die praktische Gestaltung der Hall-Multiplikatoren sind folgende Bedingungen an das Leitermaterial zu stellen:

1. Hohe Hall-Konstante, d. h. große Elektronenbeweglichkeit, damit die Hall-Spannung möglichst hoch ist
2. Temperaturunabhängigkeit der Hall-Konstante
3. Geringer spezifischer Widerstand zwecks Entnahme hinreichend großer Leistungen.

Unter diesen Gesichtspunkten sind Germanium, Silizium, Indiumantimonid und Indiumarsenid für die Multiplikation bei Analogieanlagen geeignete Halbleiter. An der Spitze von diesen steht n-leitendes JnAs mit $R_H = 100\,\mathrm{cm}^3/\mathrm{As}$. Seine Temperaturabhängigkeit beträgt etwa 0,06% pro Grad zwischen —40° und +100° C. Die strenge Proportionalität, die zwischen der Leerlauf-Hall-Spannung $(u_H)_0$ und dem Produkt $i_s \cdot B$ besteht, gilt für den mit R_L belasteten Hall-Generator nicht mehr, vielmehr tritt dann die folgende Beziehung auf:

$$u_H = \frac{1}{1 + \dfrac{R_i(B)}{R_L}} (u_H)_0 .$$

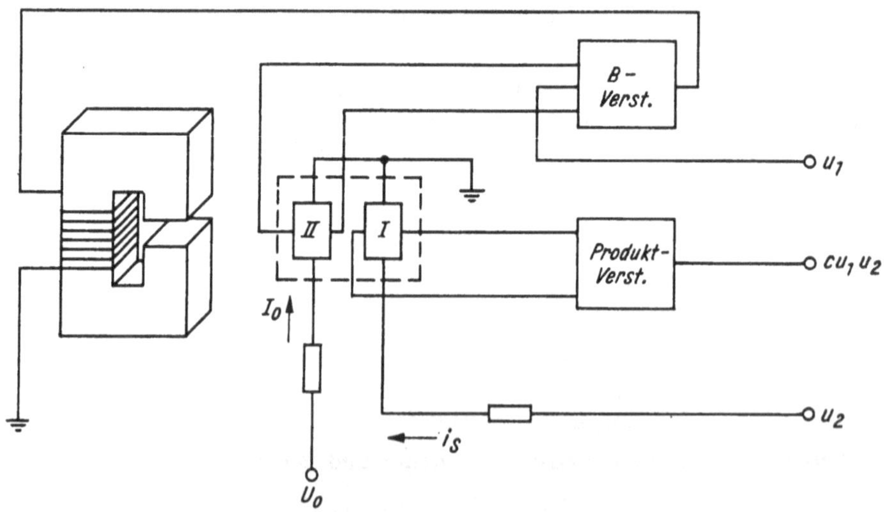

Abb. 127. Hall-Multiplikator mit zwei Hall-Blättchen (I und II) und Eisenkernspule

Hierbei bedeutet $R_i(B)$ den Widerstand in Richtung der HALL-Spannung bei der magnetischen Induktion B. Infolge des weiterhin auftretenden nichtlinearen Zusammenhangs zwischen dem Spulenerregerstrom und der erzeugten magnetischen Induktion bei ferromagnetischen Kernen muß man entweder Luftspulen verwenden oder beimEinsatz von Eisenkernspulen einen zweiten HALL-Generator dazu benutzen, um den Erregerstrom derart zu regeln, daß das Steuerfeld proportional der einen Rechenspannung wird (Abb. 127). Eine weitere bewährte Magnetfelderzeugung erfolgt durch Ferrite.

HALL-Multiplikatoren lassen sich grundsätzlich im unmodulierten und im modulierten Betrieb verwenden. Letzterer hat den Vorteil, daß die HALL-Spannung mit einem Wechselspannungsverstärker verstärkt werden kann und die nichtkompensierbare Störspannung als Gleichspannungsgröße keinen Fehler verursacht. Sein Nachteil liegt in dem zusätzlichen Aufwand für die Modulation und Demodulation. Der unmodulierte Betrieb erfordert gute Konstanz der Netzgleichspannungen und kleine Steuerströme, da die Störspannung als voller Fehler eingeht. Die durchschnittliche Genauigkeit der HALL-Multiplikatorentypen liegt etwa bei 1%, die Frequenzgrenze bei 10 kHz.

Zusammenfassung: Der Fehler der behandelten elektronischen Multiplikatoren liegt zwischen 0,2% und 1% der maximalen Ausgangsspannung, ihre Frequenzgrenzen variieren zwischen 20 Hz und 200 kHz. Sie bieten die Möglichkeit, unmittelbar oder durch Netzwerkerweiterungen Vierquadrantoperationen durchzuführen. Um die Multiplikationsgenauigkeit generell zu erhöhen, gibt es eine Reihe von Maßnahmen, die meist einen erheblichen Aufwand erfordern. Derartige Verfahren wurden u. a. von FIZNER sowie von GOLDBERG, MORILL und BAUM angegeben.

B. Elektronische Division

Nichtlineare Analogieelemente für die Division zweier zeitlich veränderlicher elektrischer Spannungen u_1 und u_2 müssen eine Ausgangsspannung erzeugen, die der Gleichung

$$u_a = \text{const}\,\frac{u_1}{u_2}$$

genügt. Solch ein Quotient u_a wird in seinem Absolutwert in dem Maße wachsen, wie der absolute Wert des Nenners abnimmt. Da aber grundsätzlich für alle Analogieelemente eine maximale Amplitude des Ausgangs vorgegeben ist, kann die Division nur unter der Voraussetzung

$$|u_2| \geq |u_{2\min}|$$

durchgeführt werden. Der Nenner darf also einen bestimmten minimalen Absolutbetrag, der wiederum von der Absolutgröße des Zählers abhängt, nicht unterschreiten. Nulldurchgänge des Nenners, also Vorzeichenwechsel, können nicht verarbeitet werden.

Analogieelemente für die elektronische Division basieren meist auf dem in Abb. 128 dargestellten Rückkopplungsnetzwerk. Man benötigt dazu einen Funktionsmultiplikator und einen nicht rückgekoppelten Additionsverstärker mit hoher Verstärkung ($v_0 < 0$). Die einzelnen Spannungen sind durch folgende Gleichung miteinander verknüpft:

$$u_a = v_0 (u_1 + u_2 u_a)$$

oder $$-v_0 u_1 = u_a (v_0 u_2 - 1)$$

bzw. $$u_a = -\frac{u_1}{u_2} \quad \text{für} \quad |v_0 u_2| \gg 1 .$$

Wenn der elektronische Multiplikator auch als Vierquadrantoperator wirken kann, so ist doch das Rückkopplungsnetzwerk nur für ein Vorzeichen der Eingangsspannung u_2 stabil. Für das andere tritt dann wegen der Phasenumkehr

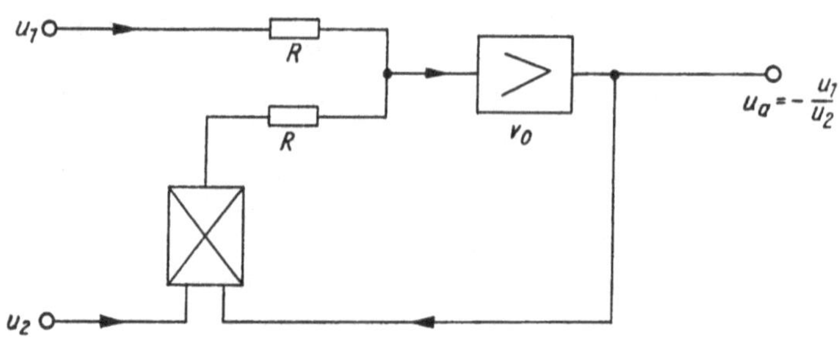

Abb. 128. Elektronische Division

in der Rückkopplungsschleife Instabilität ein. Im vorliegenden Fall ist es erforderlich, daß die Spannung $u_2 u_a$, die am Ausgang des Multiplikators auftritt, das gleiche Vorzeichen wie seine Eingangsspannung u_a hat; das heißt, u_2 muß stets positiv sein. Für den Fall $u_2 < 0$ muß in die Rückkopplungsschleife ein zusätzlicher Vorzeicheninverter zwischengeschaltet werden; dann tritt aber für $u_2 > 0$ Instabilität ein. Die Stabilitätsuntersuchung verlangt neben diesen elementaren Betrachtungen der Phasenumkehr auch die Berücksichtigung der Amplituden- und Phasen-Charakteristik des Multiplikators bei höheren Frequenzen, weil dadurch die Schleifenverstärkung beeinflußt wird. Diese wiederum ist gemäß Kap. VI B3 maßgebend für die Stabilität der gesamten Anordnung.

Für die Eingangsspannung u_2 gelten also gewisse Beschränkungen, während die Eingangsspannung u_1, abgesehen von der Übersteuerung des Ausgangs u_a, alle Werte und beide Vorzeichen annehmen darf. Bei ausgesprochenen Langzeit-Analogieanlagen kommen für die Division außerdem noch elektromechanische Methoden in Betracht, wobei Servo-Motore, Verstärker und Potentiometer eingesetzt werden (Abb. 129).

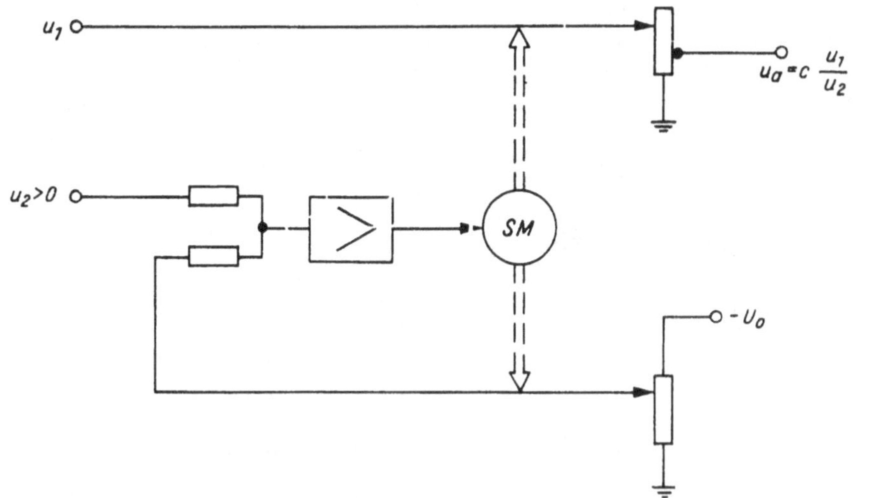

Abb. 129. Elektromechanisches Divisionsgerät

C. Elektronische Funktionserzeugung

1. Diodensysteme für die Kurvenapproximation

Die Methode der vorgespannten Röhren- und Halbleiterdioden, wie sie zum Zweck der Quadrierung elektrischer Spannungen im Kap. VII A2b ausführlich beschrieben wurde, ist ebenso für die Erzeugung beliebiger Funktionen $u_a = f(u_e)$ geeignet. Die Grundidee der Kurvenapproximation mittels Diodennetzwerken stammt von C. A. Sprague, sie wurde bereits 1919 mit einem US-Patent belegt. Eine Beschreibung derartiger Geräte für die Multiplikation und Division veröffentlichten 1949 E. M. Deeley und D. M. MacKay. Ein Dioden-Funktionsgenerator $u_a = f(t)$ kann einwertige, nicht unbedingt monotone Funktionen erzeugen. Wegen seines relativ geringen Aufwandes wird er beim Bau elektronischer Analogieanlagen vielfach den auf anderen Wirkungsweisen beruhenden Funktionsgebern vorgezogen. Mit zehn Doppeldioden ist beispielsweise die Approximation einer Sinusfunktion mit einer Genauigkeit von 0,5 bis 1% möglich; die hierbei auftretenden Phasen- und Amplitudenänderungen sind bis etwa 1 kHz unwesentlich.

2. Photoelektrische Systeme

a) Kurvenabtastung mittels photoelektrischer Nachlaufsteuerung

Das Prinzip dieses Verfahrens soll an Abb. 130 erläutert werden. Bei abgedeckter Photokatode des Sekundärelektronenvervielfachers (SEV) wird der Arbeitspunkt des Gleichspannungs-Ablenkverstärkers so eingestellt, daß sich der Leuchtfleck der Katodenstrahlröhre auf der Geraden AB (Abb. 131) befindet, die die obere Begrenzung der ausnutzbaren Bildschirmfläche darstellt. Trifft der von dem Leuchtfleck ausgehende Lichtstrom auf die Photokatode des Vervielfachers, so entsteht eine Ablenkspannung, die den Leuchtfleck bis an den unteren Rand des Bildschirms verschiebt. Wenn man nun die abzutastende

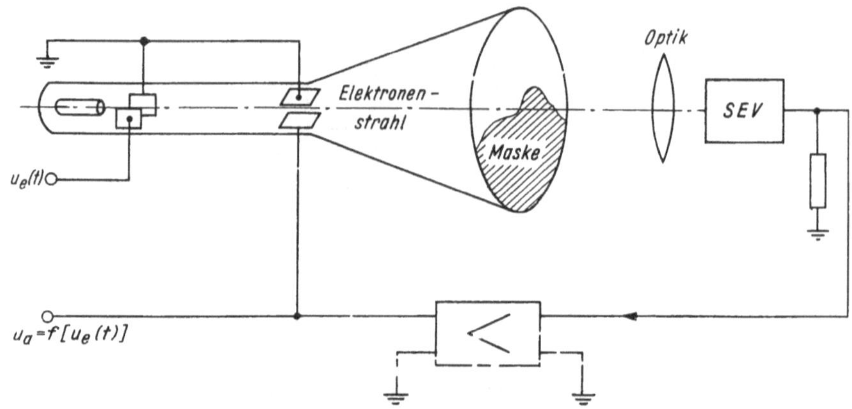

Abb. 130. Prinzipbild der Funktionserzeugung durch Randkurvenabtastung

Kurve in Form einer undurchsichtigen Maske oder eines Schwarz-Weiß-Diapositivs nach Abb. 131 vor den Leuchtschirm bringt, so stellt sich der Leuchtfleck so auf den Rand der Maske ein, daß der auf die Photokatode fallende Lichtstrom gerade noch ausreicht, um die für die betreffende Strahllage erforderliche Ablenkspannung zu erzeugen. Lenkt man den Elektronenstrahl in horizontaler Richtung ab, wandert der Leuchtfleck auf dem Rand der Kurve entlang. Unter der Voraussetzung eines linearen Zusammenhangs zwischen Ablenkspannung u_a und Strahllage erhält man mit u_a eine der Kurvenamplitude proportionale Spannung. Ist die horizontal ablenkende Kippspannung u_e zeitproportional, gilt also $u_e = c\,t$, so lautet die Gleichung der Ausgangsspannung

$$u_a = f(t)\,.$$

Wird als Horizontalablenkspannung die Funktion $u_e = u_e(t)$ eingeführt, dann tritt am Ausgang die Spannung

$$u_a = f\,[u_e(t)]$$

auf. Im ersten Fall spricht man von einem *Funktionsgenerator*, im zweiten von einem *Funktionstransformator*. Diese Begriffsbildungen werden allgemein für alle Funktionserzeugungssysteme benutzt.

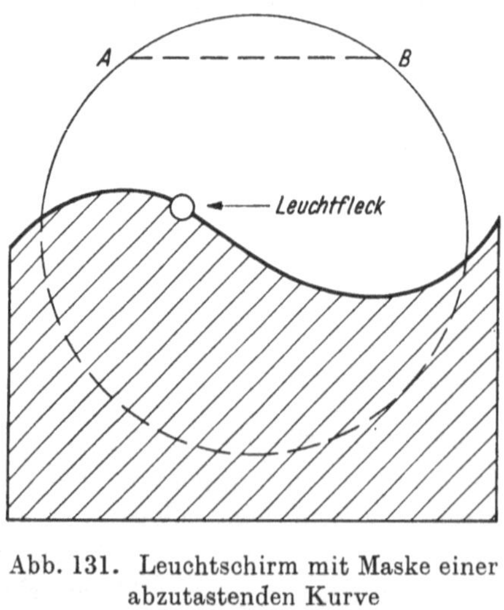

Abb. 131. Leuchtschirm mit Maske einer abzutastenden Kurve

Die wesentlichen Fehlerquellen dieser Geräte sind statische Systemfehler des proportional wirkenden Regelkreises, dynamische Fehler, durch die Oszillografenröhre bedingte Fehler und Fehler infolge Drifterscheinungen beim Gleichspannungsverstärker. Über derartige Funktionserzeugungssysteme wurde erstmalig 1946 von D. J. Mynall und D. M. MacKay berichtet. Es ist schwierig, bei dieser Art der Funktionserzeugung kleinere Fehler als 2% zu erreichen. Die äußerste Grenzfrequenz beträgt etwa 100 kHz.

Das *Kontrastverfahren* (Winkler) ähnelt der Sprossenschriftabtastung beim Tonfilm. Anstelle der Maske wird ein Diapositiv mittels eines Lichtstrahls konstanter Helligkeit abgetastet. Das hindurchtretende Licht ist entsprechend der unterschiedlichen Schwärzungsgrade des Dias intensitätsmoduliert. Es trifft auf die Photokatode eines Sekundärelektronenvervielfachers und erzeugt am Außenwiderstand eine der Schwärzung und damit der erzeugenden Funktion proportionale Spannung. Die Berücksichtigung der Schwärzungskurve des Fotomaterials und des im allgemeinen nicht linearen Zusammenhangs zwischen Helligkeit und Steuerspannung der Aufnahmelichtquelle komplizieren die Herstellung entsprechender Diapositive infolge der erforderlichen Kompensationszusätze. Die Genauigkeit derartiger Funktionstransformatoren ist nicht so hoch wie die bei der Maskenrandabtastung.

b) Impulstechnische photoelektrische Kurvenabtastung

Das von E. E. Newhall 1955 für die elektronische Funktionserzeugung angegebene Rasterverfahren veranschaulicht Abb. 132. Die Eingangsspannung des Funktionstransformators $u_e(t)$ liegt an den Zeitplatten der Oszillografenröhre, an den Meßplatten liegt die Ausgangsspannung eines Sägezahngenerators (SG) mit

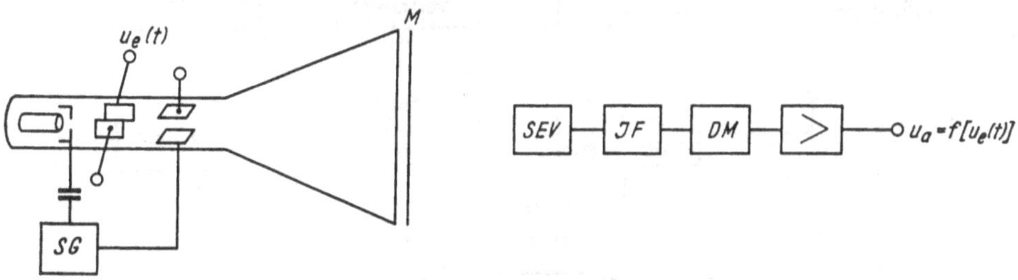

Abb. 132. Photoelektrische Impuls-Kurvenabtastung

konstanter Frequenz und Amplitude. Während des Rücklaufs der Sägezahnspannung wird die Oszillografenröhre durch einen Impuls am Wehneltzylinder dunkelgesteuert. Die Frequenz des Sägezahns ist groß gegen die der Eingangsspannung. Bringt man die abzutastende Kurve in Form einer Maske M nach Abb. 133 vor den Leuchtschirm, so entstehen am Arbeitswiderstand des Sekundärelektronenvervielfachers (SEV) Impulse, wenn der Leuchtfleck die Schlitze überquert. Der Impulsformer (JF) wandelt diese phasenmodulierten Impulse in eine pulsdauermodulierte Spannung um. An einem RC-Glied entstehen daraus amplitudenmodulierte Impulse, die schließlich im Demodulator (DM) in eine der abgetasteten Kurve proportionale Spannung $u_a = f[u_e(t)]$ umgewandelt werden. Fehler dieses Rastersystems sind hauptsächlich durch Fehler der Impulsdauer und der Demodulation bedingt. Wenn die Spannung hinter dem Demodulator eine formgetreue Abbildung der abgetasteten Kurve sein soll, ist eine konstante Phasenlaufzeit im Demodulator erforderlich, d. h. alle Abweichungen des Tiefpasses vom linearen Phasengang müssen durch eine Entzerrerschaltung kompensiert werden.

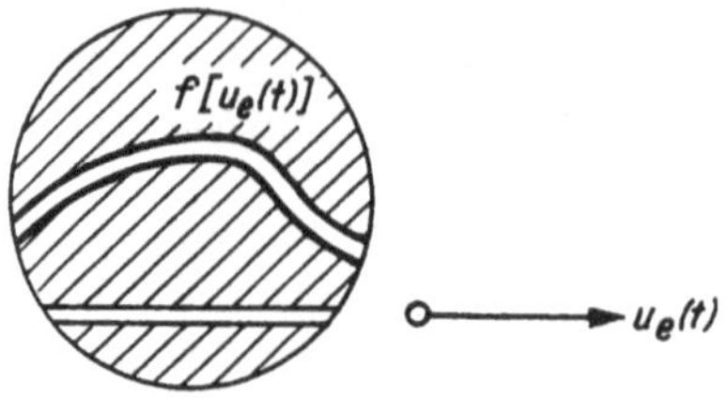

Abb. 133. Leuchtschirm mit Maske

Diese impulstechnische photoelektrische Abtastung ist hinsichtlich der zeitlichen Konstanz der einzelnen Baugruppen nicht kritisch, der Aufwand ist aber beträchtlich: Sägezahngenerator mit symmetrischem Ablenkverstärker und Impulsverstärker für die Rücklaufdunkelsteuerung, Bildröhre, Sekundärelektronenvervielfacher, Impulsformerstufen, Demodulationsteile, Entzerrernetzwerk und mehrstufiger Ausgangsverstärker. Einzelheiten dieser Methode sind aus dem Blockbild (Abb. 134) und dem hierzu gehörenden Prinzipschaltbild (Abb. 135) nach E. E. Newhall ersichtlich. Gegenüber der Randkurvenabtastung hat dieses impulstechnische Verfahren bei etwa gleicher Genauigkeit den Vorteil, nicht nur einwertige Funktionen erzeugen bzw. transformieren zu können, sondern auch beispielsweise Hysteresisschleifen.

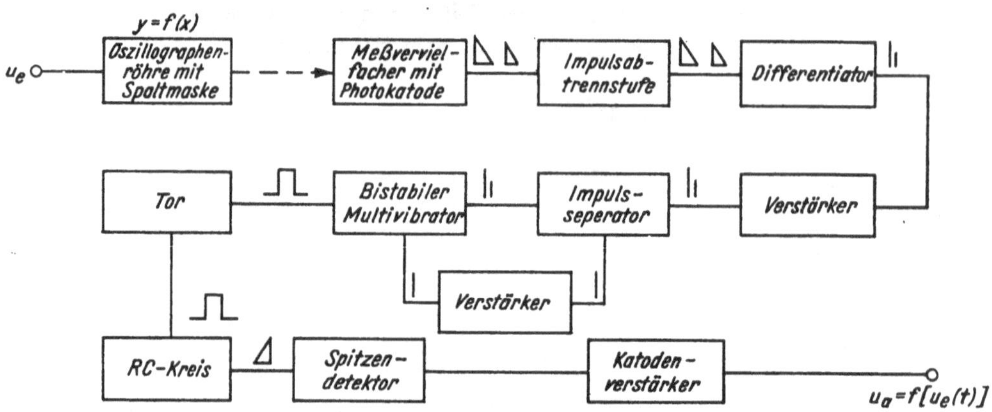

Abb. 134. Blockbild der impulstechnischen Kurvenabtastung

3. Erzeugung spezieller Funktionen (Begrenzungen, Darstellung toter Zonen, Bildung von Absolutbeträgen, Hysteresis)

In einem der vorangegangenen Abschnitte (VII A 2 b) wurden die Methoden und Geräte für die Quadrierung zeitlich veränderlicher Spannungen mit Hilfe vorgespannter Dioden-Netzwerke behandelt. Dioden-Funktionsgeneratoren (Kap.

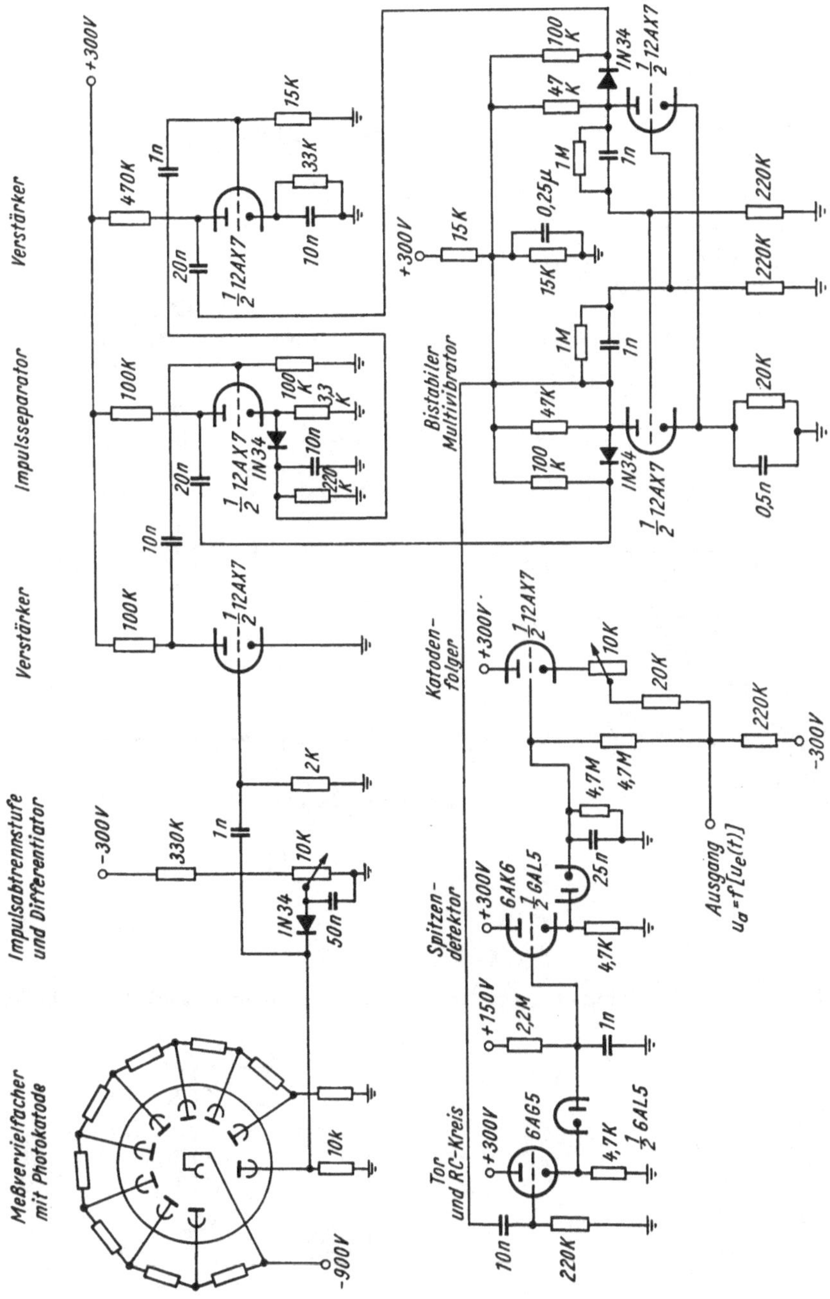

Abb. 135. Prinzipschaltbild eines Funktionstransformators nach dem photoelektrischen Impulsverfahren

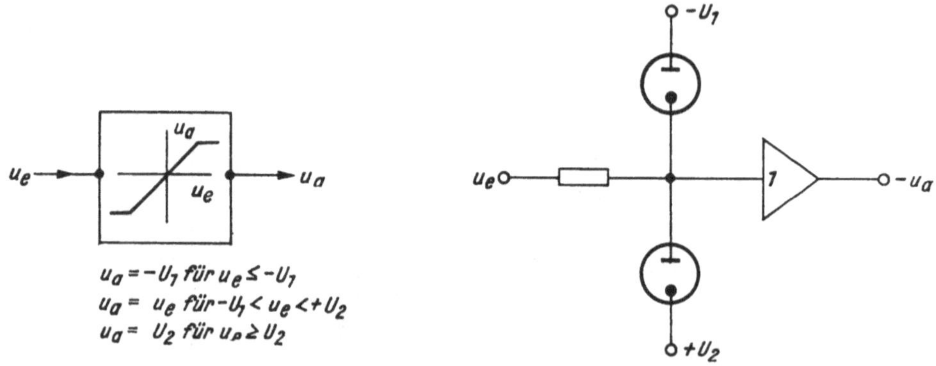

Abb. 136. Elektronischer Begrenzer mit vorgespannten Dioden

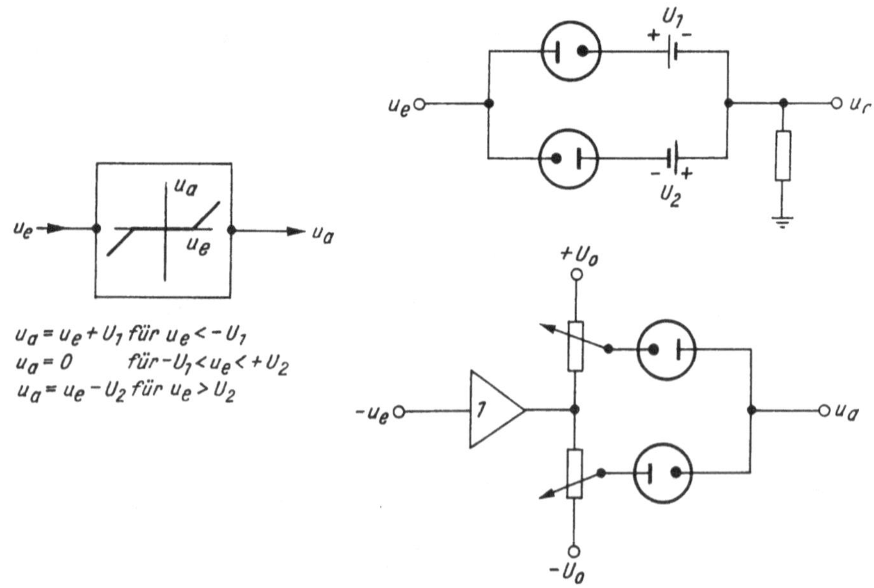

Abb. 137. Spezieller Funktionsgenerator für tote Zonen (ohne und mit Verstärkung)

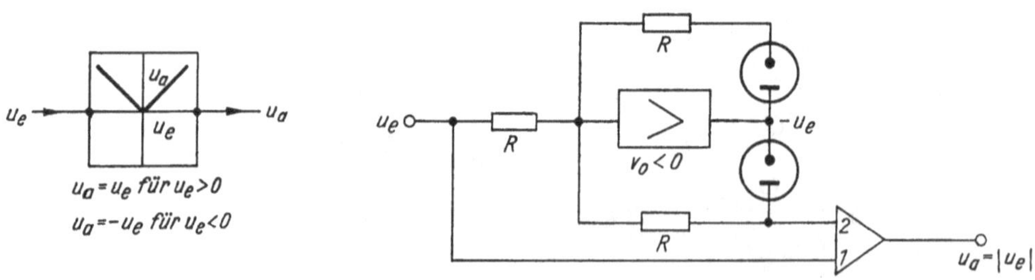

Abb. 138. Funktionsgenerator zur Bildung des Absolutbetrages

VII C 1) im allgemeinen beruhen auf der Parallelschaltung von Diodenstrecken mit geeigneten Vorspannungen. Man kann hierbei stückweise lineare Darstellungen vorgegebener Funktionen erhalten. Die Genauigkeit der Darstellung hängt wesentlich von der Anzahl der benutzten Diodenstrecken ab. Es gibt Geräte, die bis zu 24 Diodenstrecken enthalten. Man kann auch mehrere derartige Einrichtungen zur Funktionserzeugung parallel schalten.

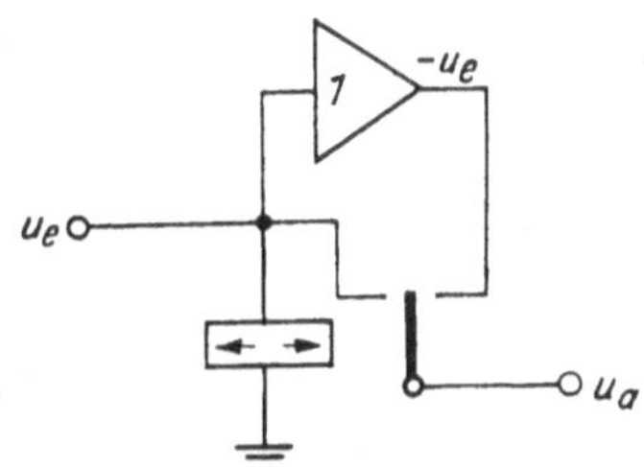

Abb. 139. Bildung des Absolutbetrages mit Differenzrelais

Als weitere Analogieeinheiten in elektronischen Rechen- und Simulationsanlagen verwendet man spezielle nichtlineare Funktionsgeneratoren, die einen *unstetigen* Kurvenverlauf erzeugen. Sie lassen sich am einfachsten aus zwei Diodenstrecken und Verstärkern realisieren. Man benötigt sie insbesondere für Untersuchungen von mechanischen Systemen mit Anschlägen oder Losen, von elektrischen und elektronischen Netzwerken mit Schaltern und Begrenzungen von Bereichen und besonders bei der Darstellung von Diskontinuitäten in Regelkreisen. Das Prinzip der Begrenzung zeigt Abb. 136, die Darstellung toter Zonen Abb. 137. Die Bildung des Absolutbetrages veranschaulicht Abb. 138. Anstelle der Halbleiter- oder Röhrendioden lassen sich für die Erzeugung von Begrenzungen, toten Zonen und Absolutbeträgen allgemein auch Differenzrelais verwenden, wie aus dem einen, in Abb. 139 dargestellten Beispiel hervorgeht. In der praktischen Ausführung besteht das in der Abbildung schematisch dargestellte Relais aus einer Differenzverstärker-

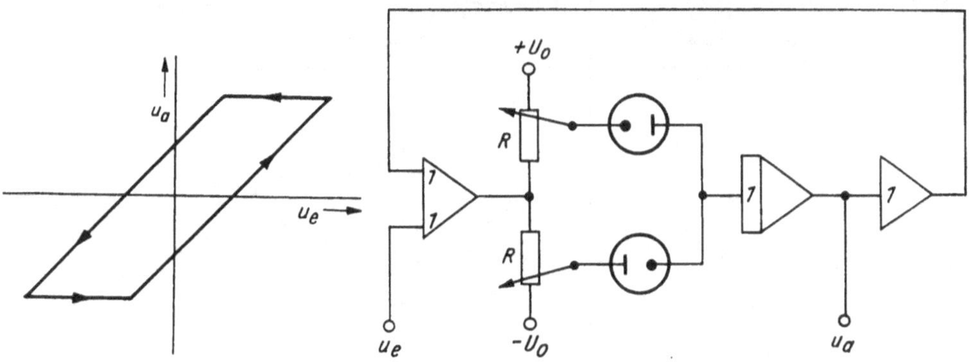

Abb. 140. Elektronische Nachbildung von Hysteresis-Erscheinungen

eingangsstufe, den nachverstärkenden Stufen und dem die Schaltoperationen ausführenden Relais. Als letztes Beispiel unstetiger Nichtlinearitäten zeigt Abb. 140 die elektronische Darstellung von Hysteresiserscheinungen mittels vorgespannter Dioden. Außer dem Diodenpaar sind hierfür ein Additionsverstärker, ein Integrator und ein Vorzeicheninverter (Umkehrverstärker) erforderlich.

4. Funktionsgeneratoren zur Fehlerkorrektur

Wird bei Genauigkeitstesten an einzelnen elektronischen Analogieelementen oder an Kombinationen derselben während einer Rechenperiode ein gleichbleibender Fehlerverlauf $f(u)$ festgestellt, so läßt sich dieser häufig mittels Fehler-

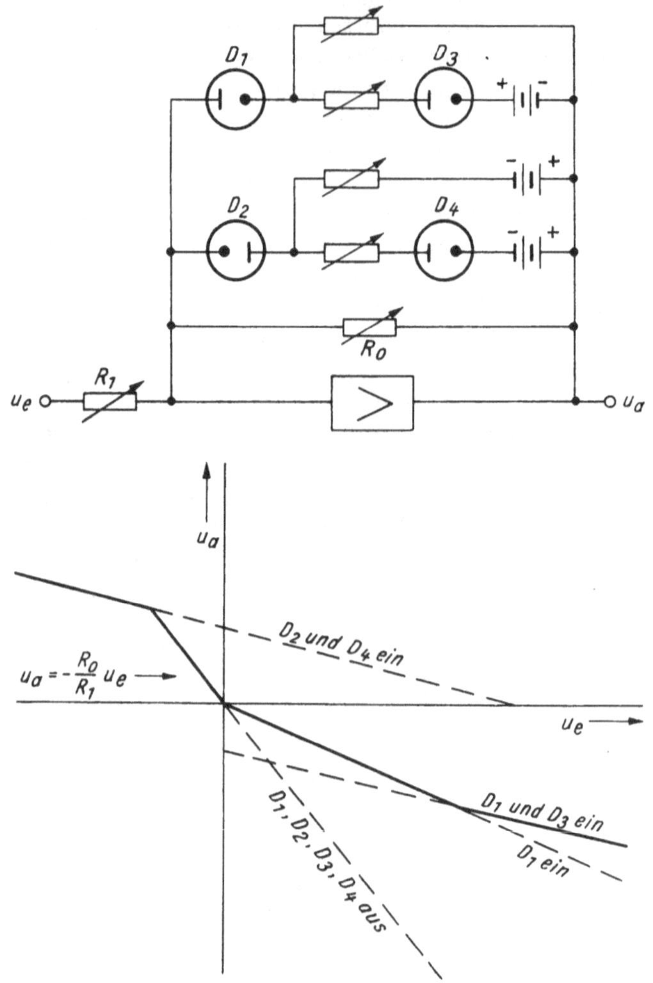

Abb. 141
Nichtlinearer Operationsverstärker zur Demonstration für Fehlerkorrekturen

korrekturgliedern auf ein von deren Genauigkeit abhängiges Minimum reduzieren. Hierbei bedient man sich ausschließlich approximierender Funktionserzeugungssysteme mit vorgespannten Dioden, wobei dem Fehlerverlauf durch entsprechende Einstellung von Justierwiderständen Rechnung getragen wird. Abb. 141 zeigt als Beispiel, wie man die ideale Übertragungscharakteristik $u_a/u_e = - R_0/R_1$ eines

Additionsverstärkers mittels Dioden nichtlinear machen kann bzw. umgekehrt eine ursprünglich vorhandene, entsprechende Nichtlinearität hinreichend zu linearisieren vermag.

5. Vektortransformationen bei verschiedenen Koordinatensystemen

Viele Anwendungen der elektronischen Analogiemethode erfordern die Darstellung gleicher Vektorsysteme in zwei und mehr verschiedenen Koordinatensystemen. Diese Notwendigkeit tritt insbesondere bei der Untersuchung der an Flugzeugen und gesteuerten bzw. ferngelenkten Raketen angreifenden Kräfte auf. Die Koordinatentransformation soll der leichteren Verständlichkeit halber in der Zweidimensionalität für die Rotation eines rechtwinkligen Koordinatensystems erläutert werden. Abb. 142 zeigt einen Vektor, der im Koordinatensystem I durch seine Komponenten x und y und im Koordinatensystem II durch v und w beschrieben wird. Die beiden Bezugssysteme seien gegeneinander um den Winkel α gedreht. Dann gelten die Transformationsgleichungen

$$v = x \cos \alpha + y \sin \alpha$$
$$w = -x \sin \alpha + y \cos \alpha .$$

Ihre analogie-elektronische Modellierung zeigt Abb. 143. Man verwendet geeignet gewickelte Sinus- und Cosinus-Potentiometer, deren Schleifer auf einer gemein-

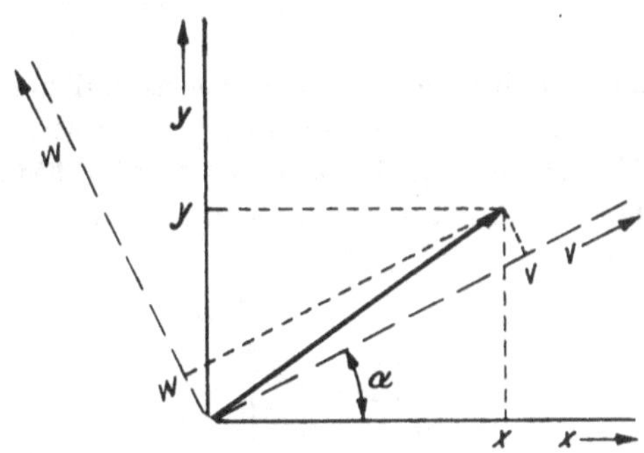

Abb. 142. Drehung eines rechtwinkligen Koordinatensystems

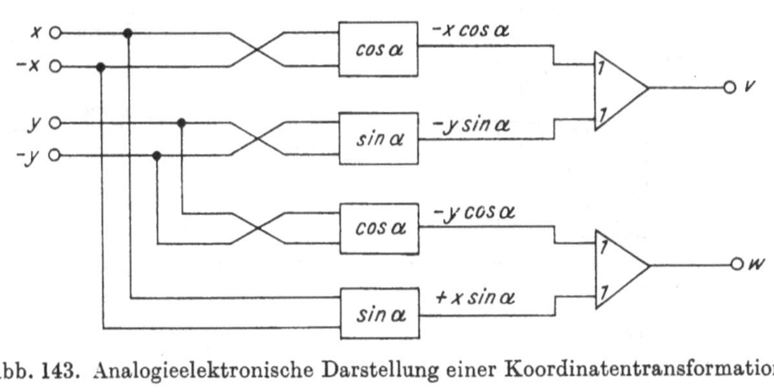

Abb. 143. Analogieelektronische Darstellung einer Koordinatentransformation

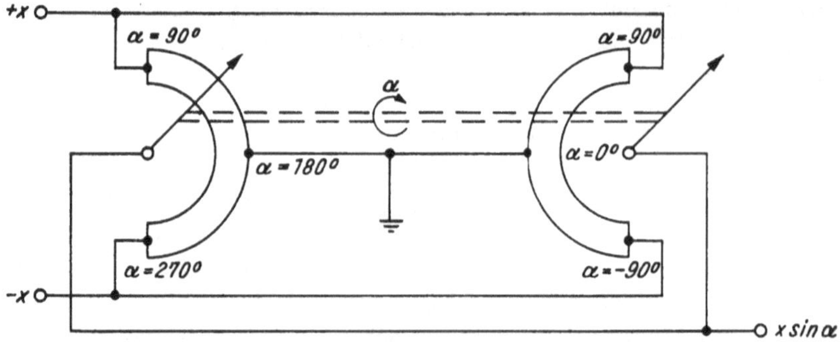

Abb. 144. Beispiel einer Potentiometerkombination für kontinuierliche Rotation

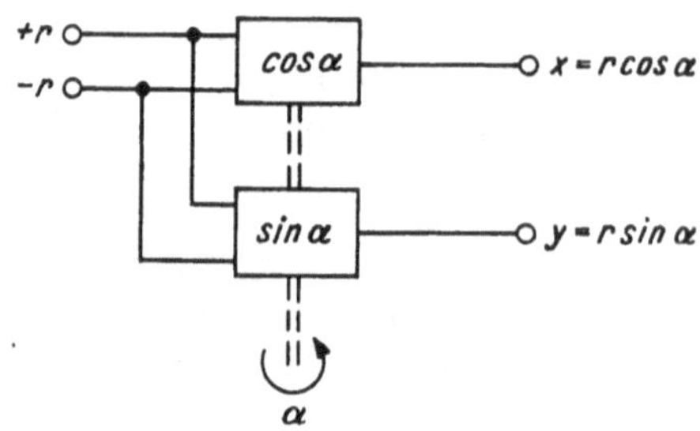

Abb. 145. Transformation von polaren in rechtwinklige Koordinaten

samen, drehbaren Achse montiert sind und so einheitlich um einen beliebigen Winkel α gedreht werden können. Eine Anordnung mit zwei Sinus-Potentiometern für kontinuierliche Rotation ist in Abb. 144 dargestellt. Die Transformation von polaren in kartesische Koordinaten und umgekehrt erfolgt ähnlich (Abb. 145).

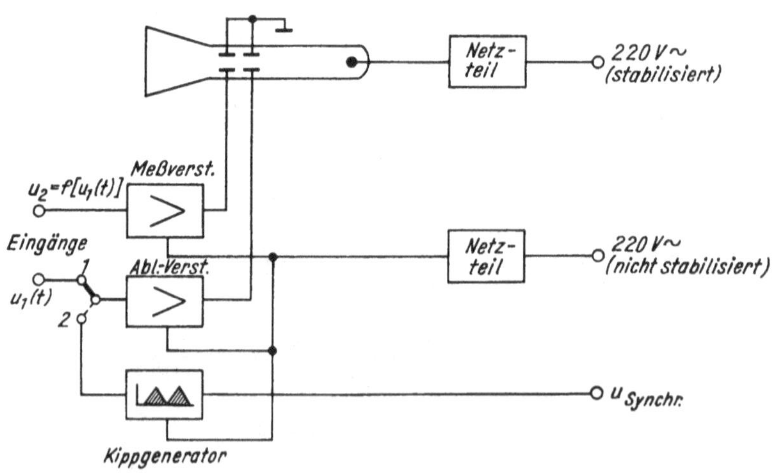

Abb. 146. Blockschaltbild des elektronischen Funktionsempfängers

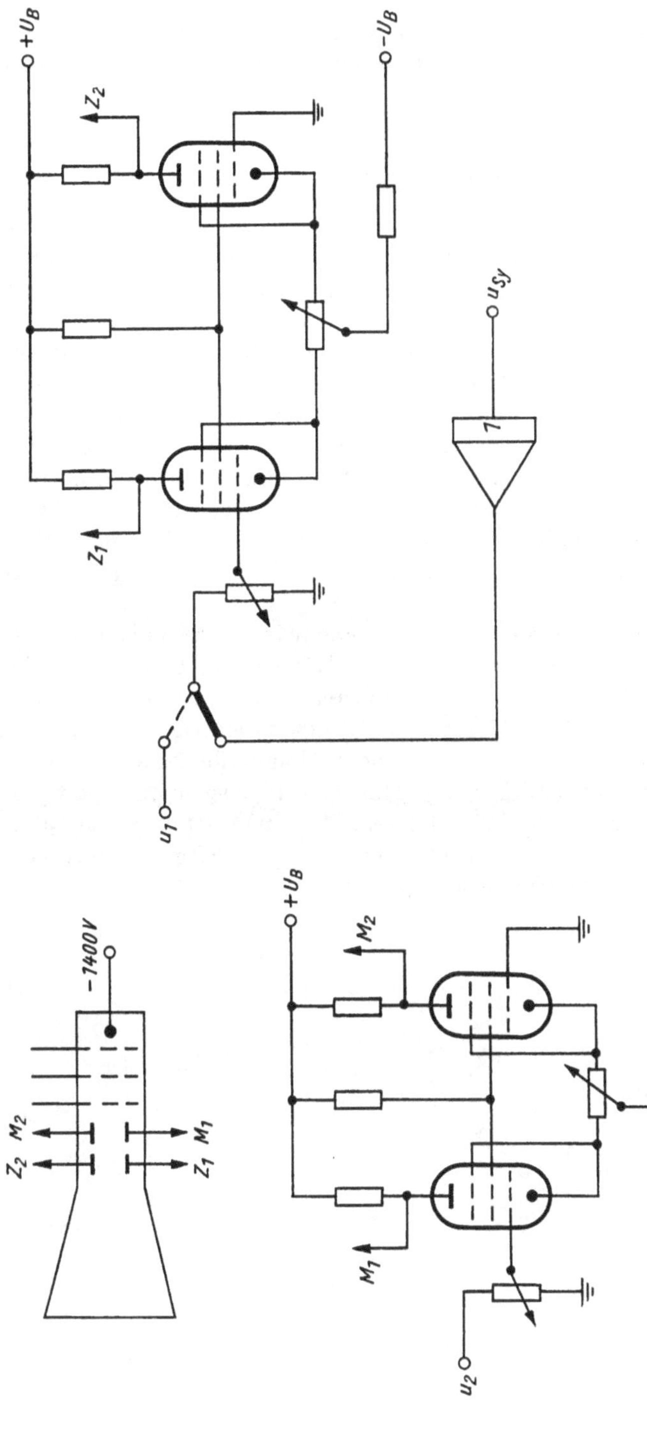

Abb. 147. Prinzipschaltbild eines elektronischen Funktionsempfängers

Auch im dreidimensionalen Raum ist die analogie-elektronische Koordinatentransformation ohne Schwierigkeiten durchführbar, lediglich der Aufwand hierfür ist entsprechend größer.

D. Funktionsempfänger

Funktionsempfänger haben die Aufgabe, die Ausgangsfunktionen oder Phasendiagramme zu registrieren oder auf Bildschirmen von Katodenstrahlröhren sichtbar zu machen. Sie gehören zu den nichtlinearen Analogieelementen. Bei langsam arbeitenden elektronischen Analogieanlagen werden die ermittelten Kurven auf Schreibbänder oder auf Koordinatenpapier aufgezeichnet. Derartige Tafelregistriergeräte und Bandschreiber für eine und mehrere Kurvendarstellungen sind teilweise auch mit photoelektrischen Abtastköpfen zur gleichzeitigen Verwendung als Funktionsgenerator für langsames Rechnen versehen. Viele der für andere Zwecke gebräuchlichen Registriergeräte können unmittelbar oder über Zwischenverstärker mit elektronischen Analogieanlagen gekoppelt werden, wobei die Rechengeschwindigkeit so gewählt werden muß, daß die Frequenzcharakteristik der elektrischen Kurvenschreiber keine Verfälschung der Rechenergebnisse bewirken kann.

Für repetierende Analogieanlagen werden in Funktionsempfängern Katodenstrahlröhren angewandt, wobei für die Lösung von Rand- und Eigenwertproblemen bei Differentialgleichungen höherer Ordnung Zweistrahlröhren besonders zweckmäßig sind. Das Blockschaltbild eines derartigen Funktionsempfängers zeigt Abb. 146. Er besteht aus folgenden Hauptteilen: BRAUNsche Röhre, Meßverstärker, Ablenkverstärker, Kippgenerator, Hochspannungsnetzteil und Niederspannungsnetzteil. Abb. 147 zeigt sein Prinzipschaltbild (ohne Netzteile). Wie aus der Abbildung ersichtlich, erzeugt man die Kippspannung einfach durch Integration der Synchronisationsspannung u_{Sy}.

VIII. HILFS- UND ZUSATZEINRICHTUNGEN FÜR ELEKTRONISCHE ANALOGIEANLAGEN

A. Netzteile und Synchronisation

1. Regelung und Überwachung der Spannungsversorgung

Die für eine typische Gleichspannungs-Analogieanlage benötigten Netzteile zur Bereitstellung der für die linearen und nichtlinearen Analogieelemente erforderlichen Spannungen und Ströme sind im wesentlichen die folgenden:

1. Heizleistungsversorgung (Wechsel- oder Gleichstrom)
   a) Stabilisierte Spannung für die Heizung der Verstärker-Eingangsröhren. Die Stabilisierung ist zur Konstanthaltung der Elektronenemission unerläßlich, um dadurch die Drift niedrig zu halten.
   b) Unstabilisierte Heizspannung für die übrigen Röhren.
2. Stabilisierte Spannungsversorgung
   a) Positive Anodenspannungen
   b) Negative Vorspannungen
   c) Positive und negative Rechen-Bezugsspannungen.
3. Niedervolt-Gleichstromversorgung für Relais, Motore, Magnetkupplungen und ähnliche Hilfsbauelemente.

Die benötigte Elektroenergie wird dem vorhandenen Stromversorgungsnetz entnommen, in der Regel 220 V ∼, 50 Hz. (Die amerikanischen Analogierechenanlagen sind für 110 V ∼, 60 Hz gebaut.) Eine Vorregelung der Betriebswechselspannung mit einer Regelgenauigkeit von etwa $\pm 2\%$ ist zweckmäßig. Hierfür eignen sich Maschinenregler mit Ringkern-Regeltransformatoren, wobei die Einstellung automatisch, beispielsweise elektronisch, erfolgt und an einem Spannungsmeßgerät überwacht wird. Auch Wechselspannungsstabilisatoren mit Regelstellglieddrosseln finden Verwendung. Um Schaltstöße auszuschließen, kann man den Mechanismus so konstruieren, daß der Regeltransformator beim Einschalten zunächst auf die Nullstellung zurückläuft und erst dann die Spannung selbsttätig an die Eingänge der eigentlichen Analogieanlage legt und auf den vorgeschriebenen Sollwert vorregelt. In großen elektronischen Analogieanlagen sind besondere Motorgeneratoren mit Reglern zur Erzeugung der benötigten höheren Gleichspannungen vorhanden. Kleinere Anlagen arbeiten vielfach mit Akkumulatorenbatterien, wobei dann eine elektronische Regelung entfallen kann. Eine

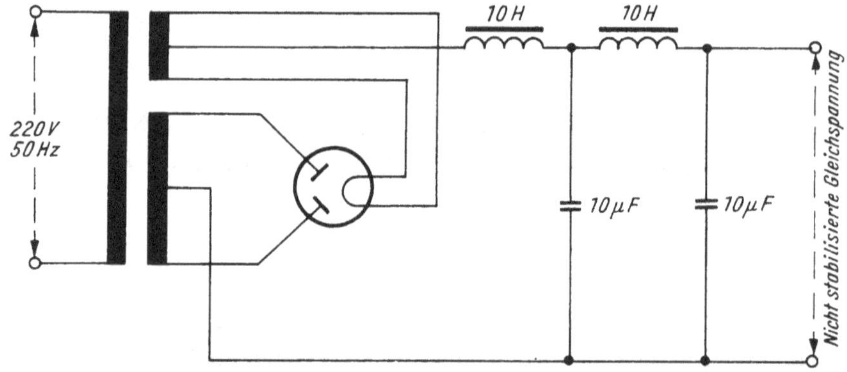

Abb. 148. Prinzipschaltbild eines Netzteils

zusätzliche Wechselspannungsstabilisierung für die Heizungen erfolgt nach dem Prinzip einer Drosselspulensättigung.

Für die Stabilisierung der Anodenspannungen, Vorspannungen u. ä. verwendet man ausschließlich elektronische Methoden. Hiermit lassen sich Schwankungen von $<0{,}5\,^0/_{00}$ der konstanten Sollspannung mit guter Langzeitkonstanz erreichen. Die typische Grundschaltung für Netzteile zeigt Abb. 148. Der elektronische Regler muß zwei Forderungen erfüllen:

a) Konstanthaltung einer bestimmten Gleichspannung innerhalb eines vorgeschriebenen Spannungsbereichs

b) Unabhängigkeit der Ausgangsspannung von Änderungen der Belastung und der Arbeitsfrequenzen bis zu bestimmten Grenzwerten.

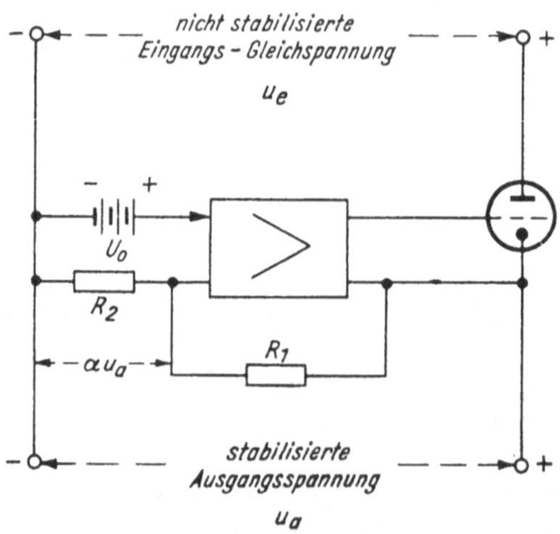

Abb. 149. Blockbild der elektronischen Spannungskonstanthaltung

Das Blockbild eines solchen Regelgerätes veranschaulicht Abb. 149. Der Bruchteil $\alpha\, u_a$ der Ausgangsspannung wird ständig mit einer konstanten Bezugsspannung U_0 verglichen. Die Differenzspannung

$$\Delta u = \alpha\, u_a - U_0 \quad \text{mit} \quad \alpha = \frac{R_2}{R_1 + R_2}$$

wird durch den Gleichspannungsverstärker verstärkt und bewirkt über eine Veränderung des Innenwiderstands der Regelröhre (Triode) die Konstanthaltung der Ausgangsspannung. Alle auftretenden Spannungsschwankungen werden somit nur zwischen Anode und Katode der Regelröhre wirksam, nicht aber am Ausgang.

2. Rechenzeitgeber mit Impulsverstärker

Man kann bei elektronischen Analogieanlagen zwei Anwendungsbereiche unterscheiden, den als Simulator und den als Analog-Rechenmaschine. Der Simulator soll das dynamische Verhalten eines technisch-physikalischen Gebildes in der echten Zeitskala nachbilden, damit man als Ersatz für das Originalgebilde die Analogieanlage in Verbindung mit technischen Einrichtungen, die mit dem Original zusammenwirken — etwa Regeleinrichtungen —, betreiben kann. Daraus ergibt sich, daß die Analogieelemente eines Simulators über praktisch unbegrenzte Zeit mit hinreichend kleinen Fehlern arbeiten müssen. Die Analogieanlage ist nur in der Lage, solche Systeme zu simulieren bzw. Gleichungen zu berechnen, bei denen für eine gewisse, begrenzte Zeit alle Störgrößen infolge der Drift-, Koeffizienten- und dynamischen Fehler nur eine kleine Änderung der Lösung bewirken. Es ist nachweisbar, daß Differentialgleichungen, die das Verhalten stabiler technisch-physikalischer Systeme beschreiben, auch stabil gegen alle kleinen Rechenfehler sind, so daß derartige Vorgänge auch über unbegrenzte Zeit simuliert werden können.

Die Rechenzeit der elektronischen Analogieanlagen ist vom Umfang der Aufgabenstellung unabhängig. Sie kann in sehr weiten Grenzen frei gewählt oder der vorliegenden Aufgabe angepaßt werden. Man arbeitet mit Rechenzeiten von Bruchteilen einer Sekunde bis zu mehreren Stunden für einmaliges Ausführen eines Rechenvorganges. Für Rechenzeiten bis zu 10 s (ausnahmsweise auch für längere Zeiten) wird allgemein *repetierendes Arbeiten* mit Anzeige auf Bildschirmen von Katodenstrahlröhren angewandt. Hierbei wird der Rechenvorgang jeweils nach einer eingestellten Rechenzeit beendet; während einer Arbeitspause wird der Anfangszustand des elektronischen Analogienetzwerkes (Anfangsbedingungen) wiederhergestellt und der Katodenstrahl in die Ausgangslage zurückgeführt. Dann wird die Rechnung erneut ausgeführt und so oft wiederholt, wie man es wünscht. Für die Darstellung langdauernder Vorgänge wird beim repetierenden Verfahren eine Zeitraffung vorgenommen, Vorgänge äußerst kurzer Dauer werden durch Zeitdehnung zugänglich. Am vielseitigsten verwendbar sind jene Analogieanlagen, die sowohl repetierend (etwa 0,01 ··· 10 s) als auch nichtrepetierend (bis zu einigen 100 s) zu arbeiten vermögen.

Das Herz der Analogrechner ist der Zeitgeber, auch als Taktgeber bezeichnet. Er liefert gleichzeitig positive und negative Rechteckimpulse als Taktspannungen und Anfangswerte. Ein in ihm befindlicher LC-Generator erzeugt eine konstante Wechselspannung mit fester Frequenz, die über einen Impulsformer an ein System von Dualuntersetzern und einen Rechteckformer mit Umkehr- und Endstufe gelangt. Bei Synchronisation von außen — Fremderregung für Simultanbetrieb — wird die fremde Synchronisationsspannung über einen Impedanzwandler an den Impulsformer gelegt und erreicht wie bei Eigensynchronisation die Dualuntersetzer und die übrigen Stufen. Die Taktspannungen werden durch Meßinstrumente (Voltmeter) angezeigt. Damit die so erzeugten Taktimpulse hinsichtlich ihrer Leistung den Anforderungen der Analogierecheneinheiten entsprechen, werden zusätzlich Impulsverstärker angewendet, bei größeren Anlagen mehrere. Ein Impulsverstärker gliedert sich in den Plus- und Minusteil. Beide sind leistungsstarke und niederohmige Impedanzwandler, die aus einem Verstärker mit Rückkopplungsnetzwerk bestehen. Die Ausgangsimpulse beider Verstärker lassen sich auf gleiche Höhe einstellen, die Nullpunktlage kann kontrolliert und nachgestellt werden. Im Hinblick auf die erforderlichen Genauigkeiten besitzen die Zeitgeberzentralen eigene elektronisch stabilisierte Netzgeräte, oder sie werden von der zentralen stabilisierten Spannungs- und Stromversorgung der elektronischen Analogieanlage mitgespeist (siehe Kap. VIII A 1).

B. Einstellung, Zusammenschaltung und Überwachung

1. Eingabe von Anfangsbedingungen

Die Notwendigkeit, Anfangsbedingungen für die Analogieanlagen-Veränderlichen einzuführen, wurde im ersten Teil dieses Buches gezeigt. Die Anfangsbedingungen sind bestimmte, vorgegebene Werte, mit denen die Variablen bzw. ihre Ableitungen den Rechenvorgang beginnen müssen. Die Zahl der Anfangsbedingungen, die für die Lösung eines Systems gewöhnlicher Differentialgleichungen gegeben sein muß, wird durch die Summe der Ordnungen aller Gleichungen des Systems bestimmt. Es ist mithin notwendig, in jeden Integrationsverstärker eine Anfangsbedingung einzugeben. Dies kann bei den meist verwendeten elektronischen Integratoren auf zweierlei Art geschehen:

1. Jede Integrationskapazität in den Schleifen der Gleichspannungsverstärker wird anfänglich so weit aufgeladen, daß die Integratorausgangsspannung von dem vorgegebenen Anfangswert an zu variieren beginnt.

2. Alle Integrationskapazitäten werden zu Beginn eines jeden Rechenvorgangs entladen, und eine Rechteckspannung wird entsprechend der geforderten Anfangsbedingung am Rechenbeginn zu der Integratorausgangsspannung addiert.

Die zweite Methode erfordert, daß die Ausgangsspannungen aller Integratoren vor der Rechnung auf ein einheitliches Niveau, gewöhnlich Null, gebracht werden. Obwohl diese etwas leichter zu verwirklichen ist, kann sie nur dann angewandt werden, wenn die Analogieelemente befähigt sind, mit genügender Genauigkeit auf stufenförmige Spannungsänderungen anzusprechen. Dieses ist bei elektronischen, repetierenden Analogieanlagen stets der Fall. Die erste Methode kommt für die elektronischen Langzeitrechner mit Servomechanismen in Betracht.

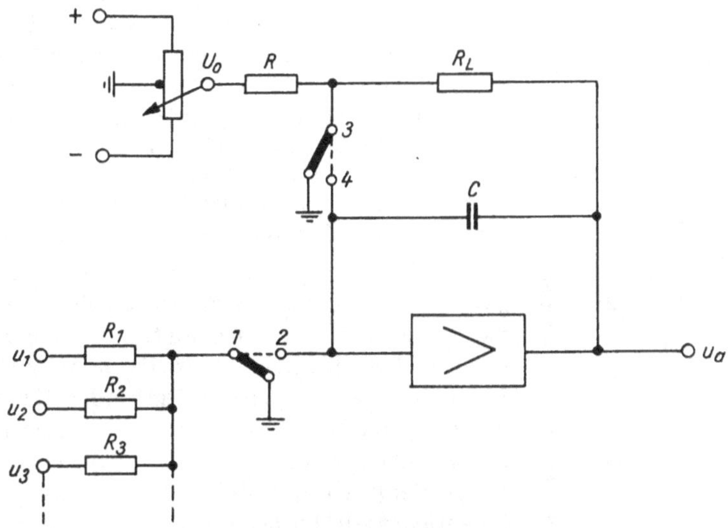

Abb. 150. Schaltung für die Eingabe von Anfangsbedingungen in den Integrationsverstärker

Eine der häufig angewendeten Schaltungen für die Eingabe der Anfangsbedingungen in den Integrationsverstärker stellt Abb. 150 dar. Wenn der Relaiskontakt 3—4 geschlossen und 1—2 offen ist, wird dem Integrator durch geeignete Wahl von U_0 der Anfangswert

$$u_{a_0} = U_0 \frac{v_0}{(1 - v_0)\frac{R}{R_L} + 1} \approx - U_0 \frac{R_L}{R}$$

aufgeprägt. Durch Schließen des Kontaktes 1—2 und Öffnen von 3—4 erfolgt die übliche Integration

$$u_a = - \sum_{i=1}^{n} \frac{1}{R_i C} \int u_i \, dt + u_{a_0}.$$

Alle anderen elektronischen Analogieelemente (Additionsverstärker, Umkehrverstärker usw.) benötigen keine besonderen Einrichtungen für die Eingabe von Anfangsbedingungen.

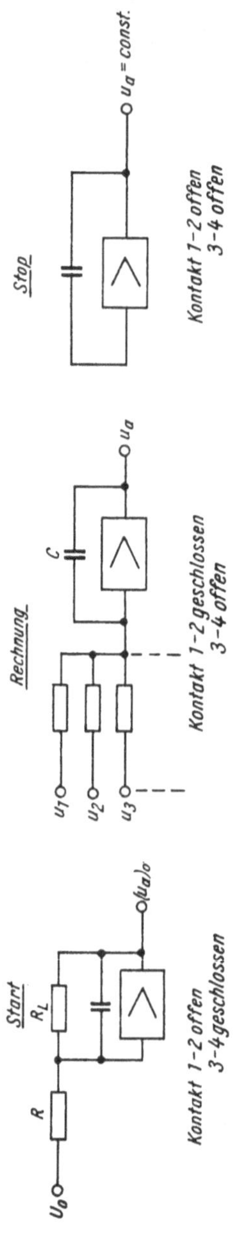

Abb. 151. Start-, Rechen- und Stopschaltung eines Integrationsverstärkers

Am Ende jeder Rechenperiode wird infolge der eben geschilderten Maßnahmen der Anfangszustand automatisch wiederhergestellt. Manchmal ist es jedoch wünschenswert, die Gesamtanlage in der Art zu stoppen, daß alle Analogieanlagen-Veränderlichen beim Kommando „stop" ihre Momentanwerte fixieren und der Rechenvorgang still steht. Dies läßt sich leicht durch Öffnen der Kontakte 1—2 und 3—4 erreichen. Abb. 151 zeigt den jeweils wirksamen Teil des in Abb. 150 dargestellten Integrators bei Start- (Anfangswert-), Rechen- und Stopschaltung. Man benötigt dafür je nach der Rechengeschwindigkeit zwei impulsgesteuerte elektronische oder magnetische Relaisschalter.

2. Kompensationsmeßeinrichtungen für die Einstellung der Koeffizientenpotentiometer

Der Herstellungspreis einer elektronischen Analogieanlage würde zu einem beachtlichen Teil durch die Kosten der vielen benötigten linearen Potentiometer und Skalen hoher Präzision bestimmt werden. Daher begnügt man sich weitgehend mit handelsüblichen, für die Rundfunktechnik gefertigten Potentiometern und bewirkt eine hohe Einstellgenauigkeit durch Vergleich mit der präzisen Einstellung von Potentiometern höchster Güteklasse. Eine entsprechende Schaltung ist in Abb. 152 dargestellt. Da hierbei das *belastete* Potentiometer in den Brückenabgleich eingeht, ist eine Lastkorrektur (Kap. VI A 2) bei der Analogierechnung überflüssig. Um eine hinreichend genaue Einstellmöglichkeit für billigere Potentiometer zu erhalten, schaltet man ein zweites Potentiometer mit kleinerem Widerstandswert in Reihe. Auf diese Weise hat man eine Feinregulierung zur Verfügung (Abb. 153).

Zur Erhöhung der Präzision beim Vergleich der beiden Widerstände können den Kompensationsmeßeinrichtungen anstelle der einfachen WHEATSTONEschen Brückenschaltung (Abb. 152) auch komplizierte Kompensationsmethoden der elektrischen Meßtechnik zugrunde gelegt werden.

3. Zentralschalttafeln, automatische Programmierung

Die Ein- und Ausgänge aller linearen und nichtlinearen Analogieelemente liegen an Buchsen, so daß man die aufgestellten Koppelpläne durch leitende

Verbindungen — teils Steckerschnüre, teils Kurzschlußstecker — realisieren kann. In vielen Analogieanlagen sind alle für die Realisierung des Koppelplans erforderlichen Buchsen zu Zentralschalttafeln auf auswechselbaren Programmierfeldern zusammengefaßt, so daß man während des Betriebes weitere Koppelplanschaltungen auf zusätzlichen Programmierfeldern vorbereiten kann. Dadurch

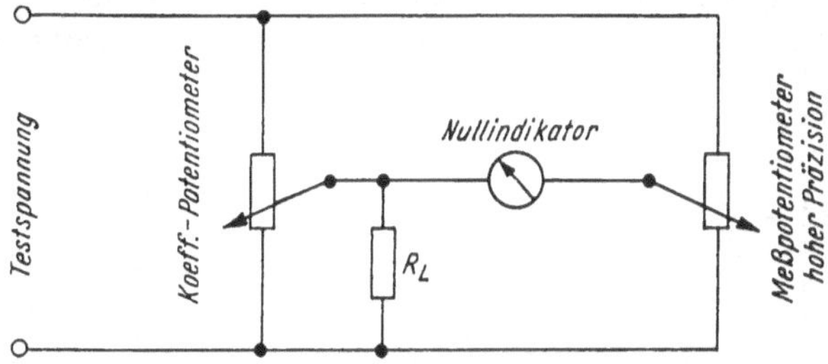

Abb. 152. Anordnung zum Vergleich zweier Potentiometereinstellungen

wird die Wirtschaftlichkeit einer Analogieanlage erhöht. Die Anordnung der Buchsen auf den Programmierfeldern wird möglichst einprägsam, den Koppelplänen bzw. Programmierskizzen ähnlich, gestaltet. Bei der Schaltung von Systemen gleichartiger Differentialgleichungen sollen sich beispielsweise stets ähnliche Steckverbindungen und Kurzschlußsteckeranordnungen mit übersichtlichen Periodizitäten dem Auge bieten. Alle Leitungen, die in Koppelplänen nicht erscheinen, z. B. die für die Stromversorgung, werden dagegen unsichtbar verlegt. Bei im Baukastensystem konstruierten Analogieanlagen führen sie meistens an schwimmend gelagerte Stekkerleisten, die an den Rückwänden der Anlagengestelle montiert sind.

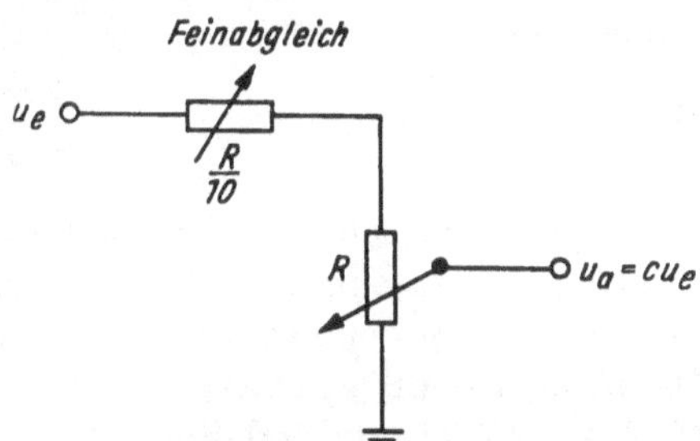

Abb. 153. Schaltung zur Feineinstellung der Koeffizientenpotentiometer

Eine *automatische Programmierung* ist bei elektronischen Analogieanlagen zur Lösung spezieller Aufgaben möglich; beispielsweise sind solche Untersuchungen hierfür vorrangig geeignet, bei denen die Parameter konstant zu halten sind, die Anfangsbedingungen sich aber stufenweise von Versuch zu Versuch ändern. Wenn in einem Forschungslaboratorium laufend eine große Zahl von Problemen dieser Kategorie zu lösen ist, lohnt sich der Einsatz eines hierfür konstruierten automatischen Programmierers. J. W. Follin hat in seinem Institut für angewandte Physik der Hopkin-Universität eine derartige Anlage für die Simulation dreidimensionaler Bewegungen entwickelt und mit Erfolg in Betrieb.

Die wesentlichen Bauelemente für automatische Programmierungen sind Dioden oder Differenzrelais und RC-Kreise. Das Prinzip möge an einem trivialen Beispiel, der Ermittlung der Bahn eines mit einer horizontalen Anfangsgeschwindigkeit v_0

geworfenen Balles, der infolge der Elastizität auf einer horizontalen Grundebene mehrfach Sprünge ausführt (Abb. 154), veranschaulicht werden. Hierfür ist zunächst ein Analogieschaltschema für die Bahnberechnung bis zum ersten Aufschlagpunkt notwendig. Während dieses Rechenvorganges werden die Anfangsbedingungen der ersten Analogieschaltung automatisch auf die der zweiten verändert. Zum Zeitpunkt der ersten Ballreflexion an der Grundebene wird der erste Rechenkreis ausgeschaltet und der zweite mit den neuen Anfangsbedingungen selbsttätig eingeschaltet. Daraus resultiert der zweite Bahnabschnitt.

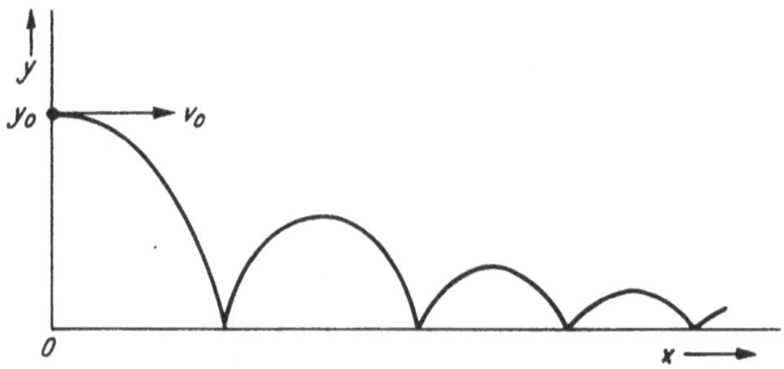

Abb. 154. Lösung des Problems eines springenden Balls

Während dieser analogieelektrischen Ermittlung werden bereits die Anfangsbedingungen auf die für die dritte Teilbahn gültigen Werte variiert, die zum Zeitpunkt der zweiten Ballreflexion im Verein mit einem dritten Schaltplan wirksam werden — und so fort. Die Bewegungsgleichungen des springenden Balles sind

$$\ddot{y} = -g$$
$$\ddot{x} = 0\,,$$

wobei $\dot{y}(0) = 0$, $\dot{x}(0) = v_0$ und $y(0) = y_0$ vorgegeben sind. Abb. 155 zeigt das Prinzip einer automatischen Programmierung zur Lösung dieses Problems mit zwei Rechenwerken. Die Anfangsbedingungen sind mit a und a^* bezeichnet. Die Relais R_1 und R_2 fixieren die Zeitpunkte der Ballreflexion, Relais 3 schaltet die Koppelpläne um und Relais 4 ermöglicht die kontinuierliche Aufzeichnung der gesamten Bewegung (Abb. 154). Hierbei können Differenzrelais von der gleichen Art, wie sie bei Abb. 139 beschrieben wurden, verwendet werden.

Die Darstellung der automatischen Programmierung dieses Beispiels sollte den Leser anregen, für seine individuellen Probleme die Automatisierungsmöglichkeiten zu untersuchen und eventuell entsprechende Programmierungsautomaten selbst zu entwickeln und zu konstruieren.

4. Kontrollsysteme

Der Zweck der Steuer- und Kontrollsysteme ist, Analogieoperationen einzuleiten, zu überwachen und zu stoppen, weiterhin die Anzeige gewisser Grobfehler

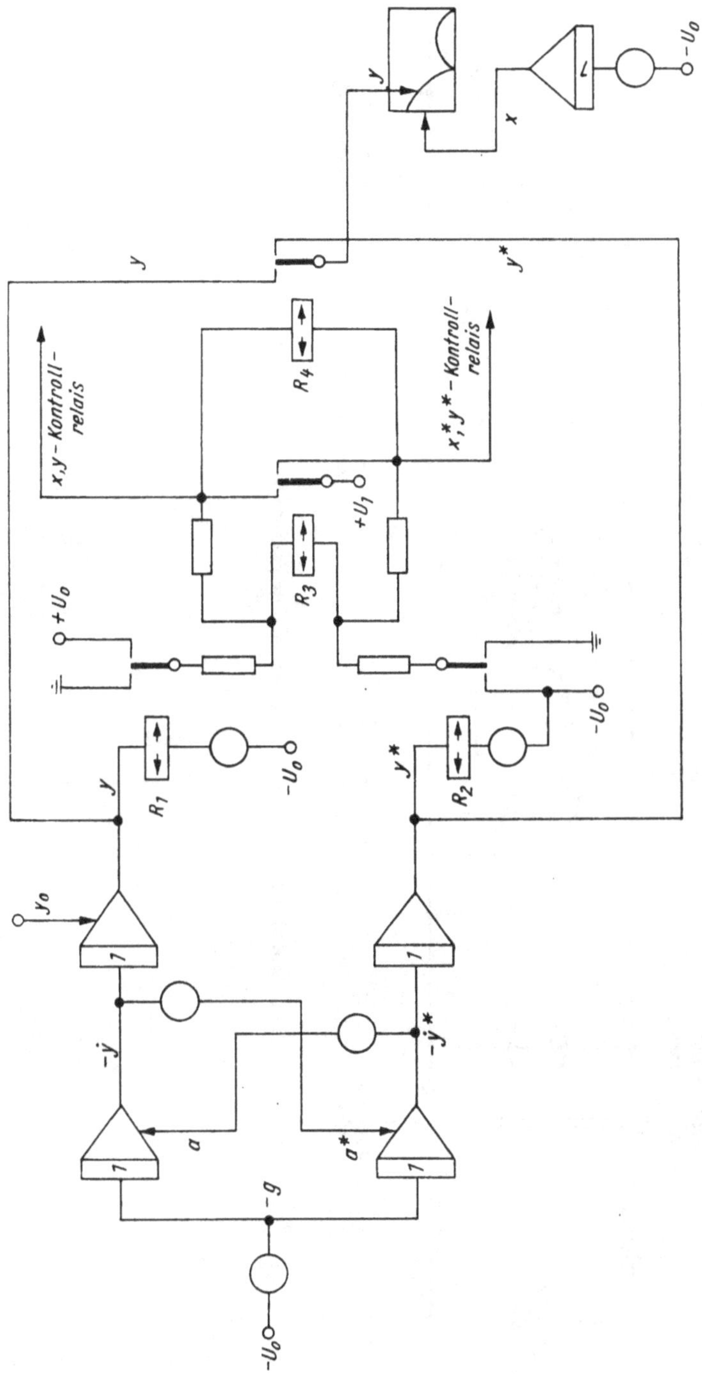

Abb. 155. Schaltbeispiel für automatische Programmierung

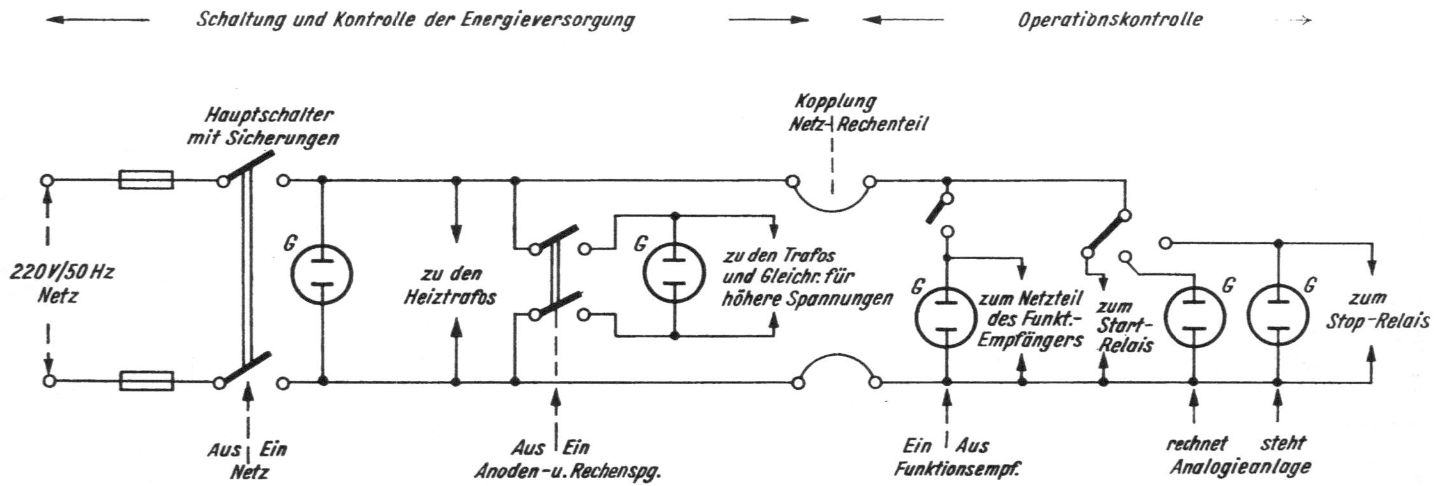

Abb. 156. Prinzipbild des Kontrollsystems einer Gleichspannungs-Analogieanlage (Langzeitrechner)

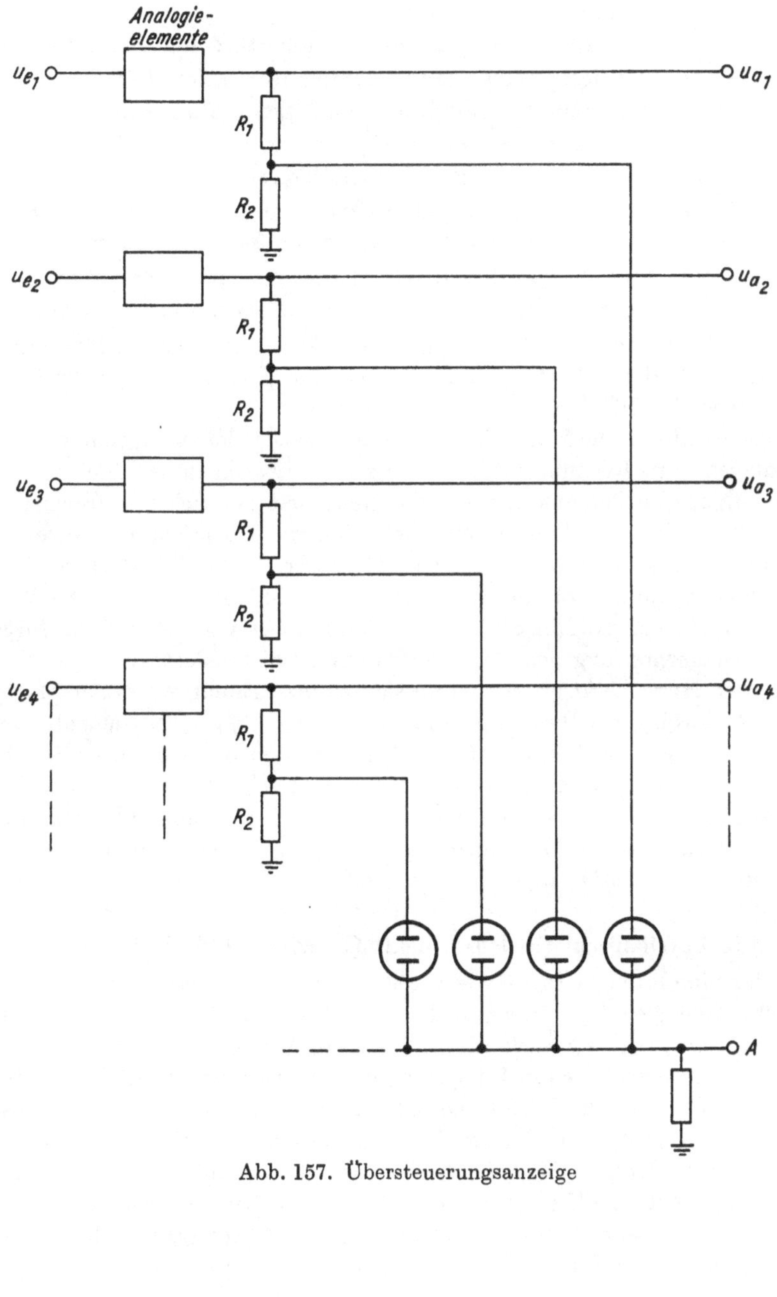

Abb. 157. Übersteuerungsanzeige

und der Schutz der Analogieanlage vor Überlastungen. Im einzelnen sind zu nennen:

a) Ein- und Ausschaltung sowie Überwachung der elektrischen Energieversorgung
b) Steuerung der Operationen durch Start- und Stopinformationen
c) Anzeigesysteme (Kontrollampen) für „Netztteil ein", „Rechenbereitschaft", „Funktionsempfänger ein", „Stop" und ähnliches
d) Übersteuerungsanzeige (Kontrollampe, Kontrollhupe) bei Überlastung irgendeines Analogieelementes
e) Fernsteueranlage zur Überwachung der Rechen- bzw. Simulationsgeräte von einer beliebigen Stelle des Raumes aus
f) Anzeige der mit den Werten der Analogieanlagen-Veränderlichen variablen Stellung des Zeitgebers bei Langzeitanlagen.

Ein einfaches Kontrollsystem mit optischer Anzeige ist in Abb. 156 dargestellt. Die fünf mit G bezeichneten Glimmlampen zur Kontrolle tragen zweckmäßig verschiedene Farben.

Natürlich müssen die Kontrollsysteme den verschiedenen Eigenarten der Analogieanlagentypen Rechnung tragen, gleichzeitig aber auch den Nichttechnikern, die die Anlage zu bedienen haben, die Gewißheit des richtigen Rechenablaufs vermitteln. Von besonderer Wichtigkeit sind die Übersteuerungsanzeigen, die Kenntnis geben sollen, ob an einer oder mehreren Stellen des Rechennetzwerkes eine höhere Spannung als die Analogieanlagen-Einheit auftritt. Die Warnung geschieht dadurch, daß der Strom einen Diodenbegrenzer (Abb. 136) durchläuft und bei Überschreitung des Grenzwertes ein Relais auslöst, das eine Kontrolllampe oder Hupe betätigt. Für zulässige Grenzspannungen größer als 70 Volt ist eine Neonröhre als Indikator vorteilhaft (Abb. 157). Diese leuchtet auf, sobald eine bestimmte, von u_a, R_1 und R_2 abhängige Spannung überschritten wird. Am Punkt A kann noch ein Relais angeschaltet werden, das betätigt wird, wenn irgendeine der Neonröhren aufblitzt. Dann muß die Programmierung geändert werden, damit die Spannung im zulässigen Arbeitsbereich bleibt und die Operationen richtig ausgeführt werden.

C. Physikalische Größen-Wandler (Übertrager) für die Simulation

Bei der Simulation wird — wie bereits in Kap. V E beschrieben — die elektronische Analogieanlage direkt in den zu untersuchenden Prozeß eingeschaltet, wobei sie fremdsynchronisiert im Zeitmaßstab 1:1 mitlaufen muß. Sie ersetzt (simuliert) ein dynamisches Teilsystem des am Originalprozeß beteiligten Gesamtsystems, etwa den Regler oder die Regelstrecke eines Regelkreises. Die physikalischen Größen, mit denen das Originalsystem operiert, können verschiedener Art sein: Längen, Winkel, Zeiten, Massen, Volumina, Geschwindigkeiten, Beschleunigungen, Kräfte, Impulse, Energien, Wärmemengen, Temperaturen, magnetische Flüsse, elektrische Feldstärken, Lichtstärken, Beleuchtungsdichten, gyromagnetische Verhältnisse, um nur einige wenige Begriffe zu nennen. Diese veränderlichen Ausgangsgrößen der Experimente müssen als Analogieanlagen-Veränderliche eingeführt werden. Sie müssen also in elektrische Spannungen mit einem maximalen Wert von der Größe der Anlageneinheit umgewandelt werden und nach analogieelektronischer Bearbeitung gemäß den vorgegebenen Gesetzen wieder zurückgewandelt werden.

In der Regelungstechnik werden derartige Wandler für physikalische Größen als *Meßwertumformer* bezeichnet. Hierfür einige Beispiele: Thermoelektrische Wandler basieren auf dem Thermoelement, dem Widerstandsthermometer oder einem bimetallgesteuerten Potentiometer, elektro-thermische Wandler sind Heizkörper (Widerstandsspiralen usw.). Drücke werden in elektrische

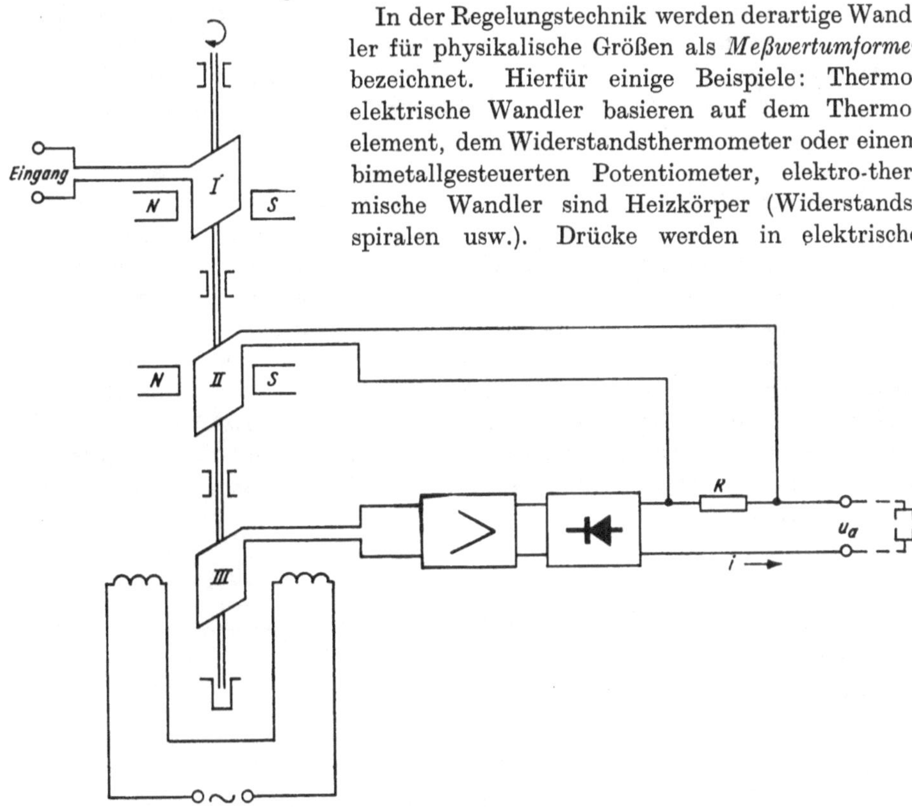

Abb. 158. Wirkungsweise eines Meßwertwandlers für analogieelektronische Anlagen

Spannungen mit Hilfe des Piezoeffekts umgewandelt. Grundsätzlich lassen sich praktisch alle Meßgeräte (z. B. Waagen, Geschwindigkeitsmesser, Beschleunigungsmesser, Durchlaufmengenmesser, Druckänderungsmeßgeräte, Frequenzmesser) in Meßwertumformer für elektrische Spannungsausgabe umkonstruieren. Hierfür ersetzt man im Prinzip den Zeiger des betreffenden Instrumentes durch den Schleifer eines Potentiometers. Meistens wird aber die hierbei abgenommene Gleich- oder Wechselspannung nicht den Anforderungen an die Eingangsspannung der angewendeten elektronischen Analogieanlage entsprechen. Dann bedient man sich eines Meßwertwandlers für elektrische Ein- und Ausgangswerte, der nach verschiedenen Prinzipien arbeiten kann.

Ein Beispiel hierfür zeigt Abb. 158. An den Eingang dieses Wandlers können fast alle elektrischen Größen gelegt werden, wenn das Meßsystem I entsprechend ausgelegt ist. In der Abbildung ist es als Drehspulsystem dargestellt, d. h. nur für Gleichströme bzw. Gleichspannungen geeignet. Entscheidend ist, daß durch das Meßsystem I ein Drehmoment erzeugt wird, das der zu untersuchenden Größe verhältnisgleich ist. Das System III stellt einen Drehtransformator dar, dessen Primärseite mit konstantem Wechselstrom gespeist wird. Die bewegliche Spule dieses Systems liefert eine dem Sinus des Drehwinkels proportionale Spannung, die über einen Verstärker und Gleichrichter im Ausgang des Meßwertwandlers wirksam wird. Parallel zum Widerstand R liegt das Drehspulsystem II zwecks Kompensation. Die gemeinsame Drehachse der drei Systeme ist richtkraftlos. Sie kommt also dann zur Ruhe, wenn das durch den Meßwert am System I erzeugte Drehmoment gerade kompensiert wird unter der praktisch zulässigen Voraussetzung, daß das am System III wirkende Drehmoment vernachlässigbar klein ist. Ändert sich die Netzspannung, der Leitungswiderstand oder der Verstärkungsgrad, so wird die Achse des Meßwertwandlers zwar in einer anderen Lage zur Ruhe kommen, der Strom im Ausgangskreis muß aber immer der gleiche bleiben, damit das Eingangsdrehmoment kompensiert wird. Der Ausgangsstrom i wird also eindeutig durch den an den Eingangsklemmen liegenden Meßwert bestimmt. Durch entsprechende Dimensionierung der Bauelemente läßt sich eine vollkommene Anpassung an den Spannungsbereich der elektronischen Analogieanlage erreichen.

IX. ENTWICKLUNGSMERKMALE KOMPLETTER ELEKTRONISCHER ANALOGIEANLAGEN MIT TYPENBEISPIELEN

A. Allgemeines

Die elektronischen Analogieanlagen haben grundsätzlich zwei Anwendungsbereiche, als Simulator und als Rechenmaschine.

Als *Simulator* soll die elektronische Analogieanlage das dynamische Verhalten eines physikalisch-technischen Gebildes in der echten Zeitskala nachbilden, damit man als Ersatz für das nicht vorhandene Originalgebilde die Anlage in Verbindung mit im Original vorhandenen anderen technischen Einrichtungen, z. B. Regelaggregaten, betreiben kann. Derartige Simulatoren können in ihren Eigenschaften und ihrer Ausstattung auf die spezifischen Bedürfnisse einer bestimmten Wissenschaft oder eines besonderen Zweiges der Technik ausgerichtet sein. So sind Modellregelkreise vorrangig mit Nachbildungen von Regelkreisgliedern ausgestattet. In der elektrischen Energietechnik sind spezielle Gleich- und Wechselstromnetzmodelle für die Untersuchung der Lastverteilung in Verbundnetzen weit verbreitet. Sie ermitteln die optimale Verteilung der geforderten Leistung auf die Kraftwerke im 24-Stundenablauf. Diese markanten Beispiele für Spezialsimulatoren mögen genügen, um sie zu charakterisieren, obwohl gerade in den letzten Jahren derartige Anlagen auch auf anderen Gebieten bereits wertvolle Hilfe leisten.

Der wichtigste Anwendungsbereich elektronischer Analogieanlagen ist jedoch die Lösung vorgegebener Differentialgleichungen. Bei oberflächlicher Betrachtung scheint es gleichgültig zu sein, ob eine Lösung in einigen Minuten oder Bruchteilen einer Sekunde vorliegt, denn die Vorbereitungszeit für die passende Normierung des Systems und die Schaltung der Analogieanlage ist ja groß gegenüber der eigentlichen Rechenzeit. Dies ist aber keineswegs so, da bei einem Gleichungssystem alle Koeffizienten und Anfangsbedingungen selten festliegen. Der Wissenschaftler und Ingenieur sucht ja stets die optimale Lösung seines Problems, wobei durch experimentelle oder konstruktive Maßnahmen Koeffizienten innerhalb gewisser Bereiche veränderlich sind. Die Lösung der Aufgabe besteht dann in der Feststellung der optimalen Koeffizientenwerte, wie es beispielsweise in der Regelungstechnik grundsätzlich der Fall ist. So werden Berechnungen technischer Objekte zu einem großen Teil Randwertprobleme sein, die man nur durch systematisches Probieren lösen kann. Viele Rechendurchläufe sind erforderlich, um Grenzwerte, Randwerte oder optimale Koeffizienten zu ermitteln, wobei die Rechengeschwindigkeit also eine bedeutende Rolle spielt.

Bei solchen Untersuchungen wird es besonders deutlich, daß der Analogrechner ein Experimentiergerät, ein *physikalisches Modell* ist. Daraus ist andererseits ersichtlich, daß zwischen den soeben charakterisierten beiden Anwendungsbereichen einer elektronischen Analogieanlage als Simulator und als Analogrechner kein scharfer Trennstrich existiert. Diese Tatsache wird dem aufmerksamen Leser bereits bei der Kennzeichnung der Netzmodelle aufgefallen sein.

Es gibt langsam arbeitende (Langzeitrechner) und schnell arbeitende (repetierende) Analogieanlagen. Letztere sind für die Untersuchung von Parametereinflüssen besonders gut geeignet, doch muß man bei ihnen wesentlich größere Rechenfehler und einige andere Nachteile gegenüber den Langzeitrechnern in Kauf nehmen. Versucht man aus den umfangreichen Veröffentlichungen über die Anwendungen der analogieelektronischen Methode eine Querschnittsfolgerung zu ziehen, so scheint sich eine Rechenzeit von 0,1 bis 100 s mit oszillografischer Beobachtung und photographischer Lösungsfixierung als optimal herauszuschälen. Dafür kann man elektronisch- und chopperstabilisierte Verstärker einsetzen, wobei die ersteren den Vorteil des geringeren Aufwandes und der besseren Übersteuerungsfestigkeit haben, letztere sich durch einen kleineren Nullpunktsfehler auszeichnen.

Die Frage, ob ein elektrischer Digitalrechner oder eine elektronische Analogieanlage für den Aufbau eines Rechenzentrums vorrangig zu beschaffen ist, hängt von dem hauptsächlich zu behandelnden Aufgabenkomplex ab. Im Kapitel VA 3 wurde sie bereits kurz gestreift. Es wird oft betont, daß von einem Ziffernrechenautomaten jede numerisch auswertbare Aufgabe behandelt werden kann. Zwar ist diese Feststellung richtig, sie sagt aber nichts über das zweckmäßigste Lösungsverfahren aus. Man sollte zweifelsohne alle Aufgaben, die sich in Form von gewöhnlichen Differentialgleichungen entweder als Anfangs- oder Randwertprobleme darbieten, mit Hilfe von Analogieanlagen lösen, da hierbei der Lösungsvorgang ohne große Vorbereitungsarbeiten von der Anlage selbst erzielt wird. Alle anderen Aufgaben, deren Lösung durch Anwendung arithmetischer Algorithmen erfolgt, lassen sich mit einem Digitalrechner vorteilhafter bearbeiten. Bei letzteren ist aber der sehr bedeutungsvolle Simulator-Einsatz unmöglich.

Im Ausland ist die Anzahl der für Aufgaben der Ingenieurpraxis verwendeten elektronischen Analogieanlagen erheblich größer als die Anzahl der Ziffernmaschinen, wenn man von Anwendungen für statistische Ermittlungen in der Betriebsplanung absieht. Es hat sich hierbei gezeigt, daß die Genauigkeit der analogieelektronischen Behandlung bei den meisten Aufgaben der Technik ausreicht. Außerdem ist der Anschaffungswert einer elektronischen Analogieanlage geringer als der eines Ziffernrechners. Der Vergleich von Analog- und Digitalrechner — bereits am Anfang des Buches behandelt — wurde an dieser Stelle bewußt nochmals aufgegriffen, um den Blick des Lesers auf die Perspektive des elektrischen Rechnens und Simulierens einschließlich des Regelns zu richten. Sie liegt in der kombinierten Analogie-Ziffernrechen-Anlage.

Abb. 159. MN-

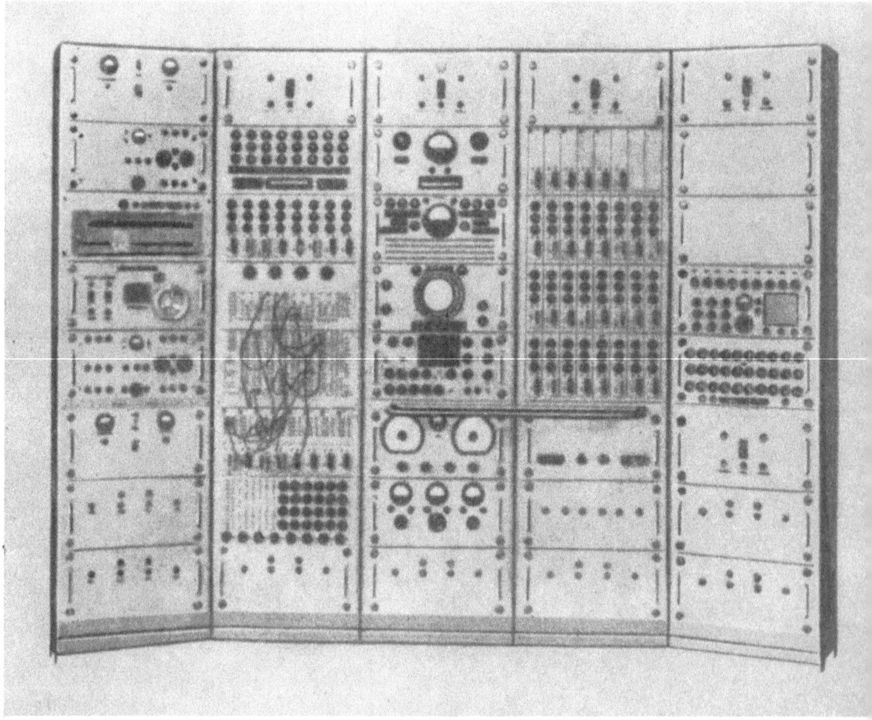

Abb. 160. UNIMAR, Universeller Modell- und Analogrechner (DDR)

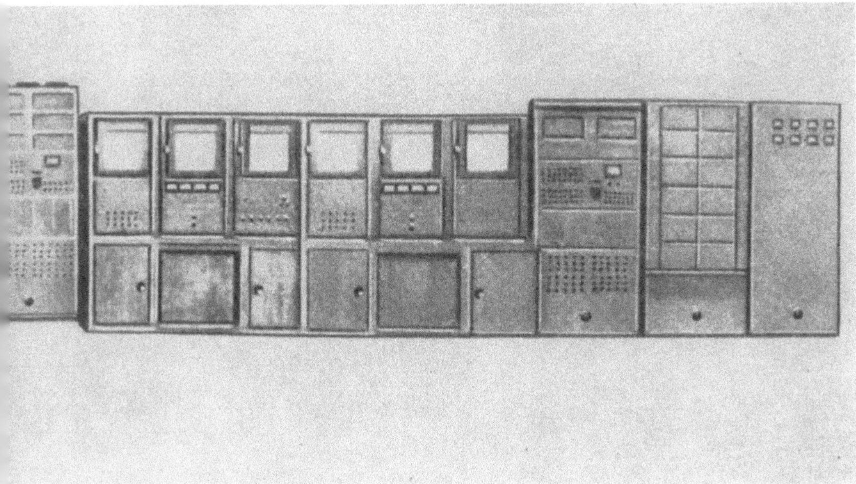

:odellanlage (UdSSR)

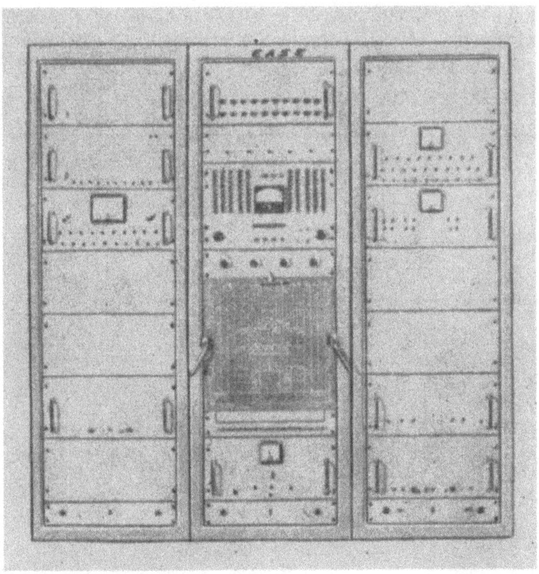

Abb. 161. EASE, Electronic Analogue Simulation Equipment (USA)

Die nunmehr folgende Beschreibung der Entwicklungs- und Konstruktionsmerkmale elektronischer Analogieanlagentypen gliedert sich in:

1. Elektronische Langzeit-Analogieanlagen
2. Repetierende elektronische Analogieanlagen
3. Ziffernrechnende Analogieanlagen.

Hierbei werden aus der Fülle der existierenden elektronischen Typen von jeder Kategorie nur einige neuere herausgestellt, um den Charakter des Buches zu wahren und es nicht in Form eines „Messekataloges“ ausklingen zu lassen. Interessant dürfte hierbei die Feststellung sein, daß in beiden Teilen Deutschlands der repetierenden Arbeitsweise der Vorrang eingeräumt wird, während im Gegensatz hierzu beispielsweise in Amerika der Langzeitrechner vorherrscht (außer Philbrick).

B. Elektronische Langzeit-Analogieanlagen

Die sowjetische elektronische Analogieanlage MN-8 (Abb. 159) erregte auf der 1956 in Moskau durchgeführten Industrie-Allunionsausstellung höchste Bewunderung. Sie ist ein ausgesprochener Langzeitrechner mit Rechenzeiten von 30 Minuten und darüber. Infolge der hohen Präzision der Konstruktion ist sie hinsichtlich der Genauigkeit den elektromechanischen Integrationsanlagen ebenbürtig. Die sowjetischen Wissenschaftler haben damit den Beweis erbracht, daß mit Bauelementen der Elektrotechnik gegenüber der Verwendung mechanischer Konstruktionselemente durchaus Minimalfehler der gleichen Größenordnung erreichbar sind. Die komplette Anlage enthält im wesentlichen 32 Integrationsverstärker, 48 Multiplikatoren für konstante Koeffizienten und 36 für Wechselstromgrößen, 12 Funktionsmultiplikatoren und insgesamt 59 nichtlineare Analogieelemente für die Eingabe beliebiger (10) und spezieller (49) Funktionen. Zur Unterbringung aller Teile dieses Langzeitrechners dienen 13 Schrankeinheiten. Die Leistungsaufnahme wird mit max. 25 kVA angegeben. Die linearen Analogieelemente sind rückgekoppelte, mit Vibratoren stabilisierte Gleichspannungsverstärker mit einem Verstärkungsfaktor von 10^7. Bei der Inverterschaltung wird eine Verstärkung von 500 erreicht. 2410 Elektronenröhren und 8620 Halbleiterelemente charakterisieren den Bauumfang. Die für die Aufstellung der MN-8 erforderliche Fläche wird mit 60 m^2 angegeben.

Der im Wissenschaftlich-Technischen Büro für Gerätebau Berlin entwickelte universelle Modell- und Analogrechner UNIMAR (Abb. 160) ist die Weiterentwicklung eines auf der Leipziger Frühjahrsmesse 1957 gezeigten Modellregelkreises. Die Dauer des Rechenvorgangs kann zwischen 0,1 und 100 s variiert werden, die Repetitionsfrequenz läßt sich zwischen 1 und 10 Hz einstellen. Die Analogieelemente befinden sich in 5 Schränken mit jeweils 8 Einschüben, die in einigen Fällen nochmals in 8 Teileinschübe unterteilt sind. Die obere und untere Reihe dient der Stromversorgung. Die linearen Operationen werden von 24 Operationsverstärkern ausgeführt, die als zerhackerstabilisierte Gleichspannungsverstärker mit einem Verstärkungsfaktor von 10^3 und einer Grenzfrequenz von 1 kHz arbeiten. Die Zusammenschaltung der Rechenwiderstände und -kondensatoren entsprechend der gewünschten Operation wird durch einen aufsteckbaren Funktionsstecker ausgeführt. Als Nullpunktkonstanz werden, auf den Eingang bezogen, 100 μV je Tag angegeben. Außer diesen 24 Rechenverstärkern verfügt die in der Abbildung dargestellte Modellanlage über weitere 8 Additionsverstärker und als besonderes Charakteristikum über eine Anzahl Rechenglieder, die speziell der Nachbildung von Regelkreisen dienen (z. B. rückwirkende Verzögerungsglieder). Vier vorhandene elektronische Multiplikatoren benutzen Baueinheiten mit quadratischer Kennlinie, ein Funktionsgeber dient der Eingabe beliebiger Funktionen, die durch Diodennetzwerke erzeugt werden. Bei der Verwendung der UNIMAR als Differentialanalysator kann die für einen Modellregelkreis angegebene Bestückung entsprechend abgewandelt werden und zwar auf 32 Integrations- und Additionsverstärker, 44 Koeffizientenpotentiometer und 48 steckbare Koeffizientenfestwerte.

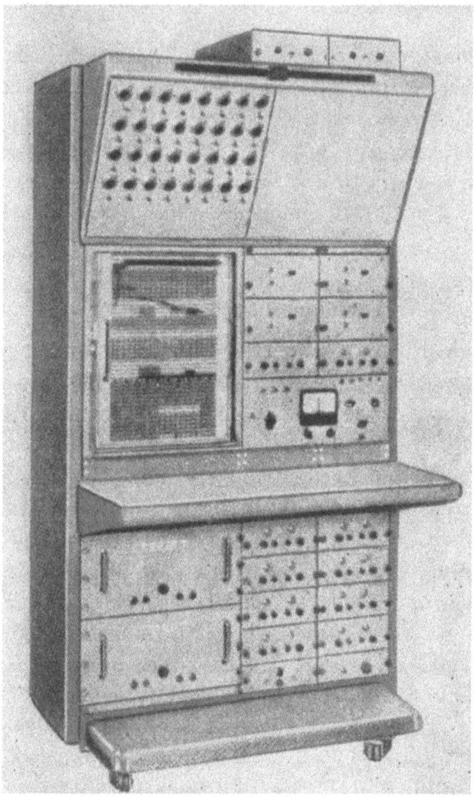

Abb. 162. PACE, Presision Analog Computing Equipment (USA)

Die amerikanische EASE-Anlage (Electronic Analogue Simulation Equipment), in Abb. 161 wiedergegeben, enthält folgende Analogieelemente: 10 Operationsverstärker, 4 Funktionsmultiplikatoren, die nach der Zeitteilungsmethode arbeiten, 1 Funktionsgenerator mit 11 Doppeldioden, ferner Koeffizientenpotentiometer und Servomultiplikatoren. Besonders hervorzuheben ist die digitale Drucktasteneinstellung für die Potentiometer mit automatischem Belastungsausgleich sowie ein auswechselbares Programmierfeld, Aufsteckwiderstände und -kondensatoren. Die Operationsverstärker sind zerhackerstabilisierte Gleichspannungsverstärker mit einem Verstärkungsfaktor von 10^8. Die Anlage kann sowohl für Langzeitrechnungen bis 20 min als auch für repetierenden Betrieb mit Rechenzeiten von 3 bis 10 s eingesetzt werden. Die Auslieferung der Ergebnisse geschieht auf einem anzuschließenden Schreibgerät oder mittels eines Katodenstrahloszillografen. Ein neuerer, erweiterter Typ dieser Analog-Rechenmaschine führt die Bezeichnung EASE 1100.

Die PACE-Anlagen (Precision Analog Computing Equipments) sind ebenfalls amerikanische Langzeitrechner. Das Modell 16-31 R zeigt Abb. 162. Seine 20 Rechenverstärker sind zerhackerstabilisiert. Sie haben einen Verstärkungsfaktor von $3 \cdot 10^8$ und sind wahlweise für Integration und Addition verwendbar. Die Potentiometer für die Multiplikation werden von Servomotoren verstellt. Daneben gibt

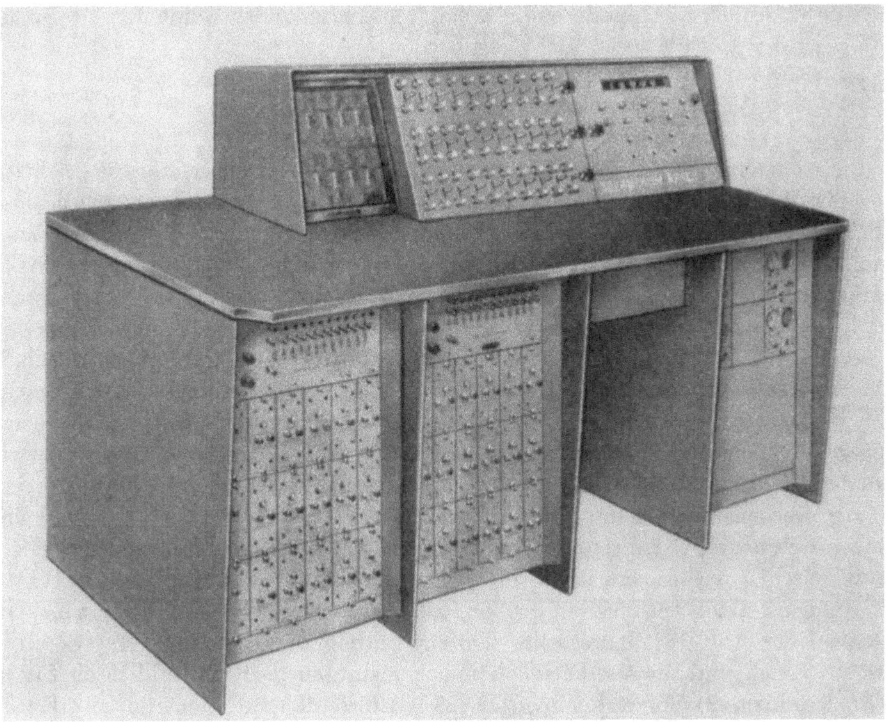

Abb. 163. SPACE 30, Analogue Computer (England)

es noch 3 Servomultiplikatoren, die zusätzlich eine Direktmultiplikation mit trigonometrischen Funktionen ermöglichen. Zur Aufzeichnung der Ergebnisse werden Koordinatenschreiber (Variplatten) angeschlossen. Ein Voltmeter mit Ziffernfeldanzeige (vier Dezimalstellen) dient zur Überwachung der Anlage. Der gezeigte Typ 16-31 R ist beträchtlich erweiterungsfähig.

Als letztes Beispiel elektronischer Langzeitrechner sei die SPACE 30-Anlage, von der englischen Firma Solartron entwickelt, herausgegriffen. Sie hat eine völlig andere architektonische Gestaltung, die Form eines großen Schreibtisches mit Aufsatz. Im unteren Teil befinden sich die Operatoren und die Stromversorgung. Der pultförmige Aufsatz birgt alle für die Bedienung wichtigen Teile (Abb. 163). Ein mit 5 Dezimalstellen versehenes Digitalvoltmeter (Genauigkeit 0,01%) ermöglicht eine schnelle und exakte Programmierung. Für die 30 driftkorrigierten Operationsverstärker (20 für Integrationen mit je 5 Eingangs- und 4 Rückkopplungsimpedanzen und 10 für Additionen mit je 5 Eingangs- und 2 Rückkopplungswiderständen) wird eine Genauigkeit von 0,1% angegeben. Der Gleichspannungsverstärkungsfaktor beträgt $3 \cdot 10^7$, bei 100 Hz ist die Verstärkung noch größer als 10^4. 60 Koeffizientenpotentiometer dienen der Eingabe konstanter Faktoren. An nichtlinearen Analogieelementen sind vorhanden: 2 Diodenfunktionsgeneratoren und 4 Servomultiplikatoren, ferner einige spezielle Funktionsgeber. Mittels eines Zeitgebers wird auch die repetierende Arbeitsweise ermöglicht. Eine Erweiterungsfähigkeit der SPACE 30 ist nicht gegeben.

C. Repetierende elektronische Analogieanlagen

Die elektronische Analogie-Rechenanlage EARI der Hochschule für Elektrotechnik Ilmenau arbeitet vollelektronisch und repetierend. Sie wurde Oktober 1959 auf dem Internationalen Kolloquium in Ilmenau in- und ausländischen Fachkreisen vorgeführt. Eine auf ihr basierende industrielle Fertigung der Analogieeinheiten mit den von den Bedarfsträgern gewünschten Kombinationen zu kompletten Anlagen im erweiterungsfähigen Baukastensystem läuft im VE-Betrieb „Archimedes". Die Rechenzeiten betragen 0,05 s, 0,10 s und 0,20 s; ferner ist Fremdsynchronisation für Simulator-Einsatz bis 10 s möglich. Nach Ablauf der Rechenzeit wird die Rechnung automatisch wiederholt. Eine Zusatzeinrichtung dient der fotografischen Aufzeichnung der auf dem Leuchtschirm des Sichtgerätes erscheinenden Lösungskurven. Die Analogieanlage enthält sowohl lineare als auch nichtlineare Recheneinheiten mit hoher Genauigkeit, die ebenso wie die Hilfs- und Zusatzeinrichtungen in Einschubbauweise ausgeführt sind. Dadurch und durch die Aufgliederung der Anlage in einzelne Schrankeinheiten ist die oben angeführte Zusammenstellung verschieden großer Rechenanlagen und Simulatoren möglich. Der auf der Abb. 164 dargestellte Umfang enthält 16 Operationsverstärker für Integrationen und Multiplikationen mit Konstanten > 1, 14 Additoren für je 3 Summanden, 24 Vorzeicheninverter, 28 Koeffizientenpotentiometer mit Katodenverstärkern, 5 elektronische Funktionsmultiplikatoren, 3 elektronische Funktionsgeber, 3 spezielle Funktionsgeber zur Erzeugung von Begrenzungen, toten Zonen und Absolutbeträgen, 3 oszillografische Funktionsempfänger mit Fotoeinrichtung, einen Rechenzeitgeber mit 3 Impulsverstärkern, 2 Kompensationsmeßeinrichtungen und 4 zentrale Netzeinheiten, ferner Einschübe für Schaltzubehör. Insgesamt arbeiten etwa 400 Elektronenröhren, größtenteils Doppeltrioden. Die linearen Analogieeinheiten sind rückgekoppelte, dreistufige Gleichspannungsverstärker (Abb. 165) mit einem Verstärkungsfaktor von $1{,}2 \cdot 10^4$, die nicht zerhackerstabilisiert sind. Der Nullpunktsabgleich geschieht selbsttätig in den Rechenpausen; die Kurzzeitdrift beträgt 3 mV/min, der mittlere statische Fehler ist kleiner als 0,5%. Die elektronische Multiplikation erfolgt mit Varistoren (Fehler $\leq 0{,}3\%$), die Funktionseingabe approximierend mittels Diodennetzwerken. Ein zentrales Schaltfeld ist nicht vorhanden, die Kopplungsbuchsen befinden sich auf den einzelnen Analogieeinheiten. Die Programmierung geht ebenso zuverlässig wie übersichtlich mit Steckerschnüren vor sich, wobei Schaltungsänderungen bei

Abb. 164. EARI, Elektronische Analogie-Rechenanlage Ilmenau (DDR)

Abb. 165. Lineare Analogieeinheit der EARI für Integrationen und Multiplikationen mit konstanten Faktoren > 1

eingeschalteter Anlage möglich sind. Die Analogie-Anlageneinheit beträgt ± 30 V. Die mit Katodenstrahlröhren arbeitenden Funktionsempfänger schreiben während der Rechenpausen einen Zeitmaßstab mit einem Markenabstand von 1 ms. Für die Fremdsynchronisation sind Dunkelmarken im gleichen Zeitabstand vorhanden.

Abb. 166. RA 463/2 Elektronischer Analogrechner (DBR)

Abschließend sei noch bemerkt, daß künftig durch den Einschub zerhackerstabilisierter Operationsverstärker die Erweiterung auf Langzeitrechnungen erfolgen soll.

Abb. 166 zeigt ein weiteres Beispiel repetierender elektronischer Analogieanlagen, den Telefunken-Analogrechner RA 463/2, der seit 1958 in Serie hergestellt wird. Der linke Schrank enthält 2 Sichtgeräte mit 130 mm Bildflächendurchmesser. Die Anlage arbeitet mit 24 Integrations- und 8 Umkehrverstärkern. Es handelt sich um dreistufige Gleichspannungsverstärker mit einem Verstärkungsfaktor von $2 \cdot 10^4$. Sie sind nicht zerhackerstabilisiert. In den Rechenpausen vollzieht sich automatisch der Nullpunktsabgleich. Die Rechenzeiten lassen sich zwischen 0,1 und 110 s kontinuierlich verändern. Die 8 elektronischen Multiplikatoren arbeiten nach der Viertelquadratmethode mit quadrierenden Diodennetzwerken. Auch die 2 Funktionsgeber enthalten vorgespannte Dioden, wobei die Streckenabschnitte über zerhackerstabilisierte Verstärker addiert werden. Neben diesen stehen noch spezielle Funktionsgeber, insbesondere für Probleme der Regelungstechnik, zur Verfügung. 48 Koeffizientenpotentiometer dienen zur Multiplikation mit konstanten Faktoren < 1. Ferner gehören zur RA 463/2 noch der Zeitgeber zur Vorgabe der Rechenzeit, eine Kompensationsmeßeinrichtung und die Netzteile. Durch die Aufgliederung in einzelne Schrankeinheiten ist eine Zusammenstellung verschieden großer Geräte möglich. Ein zentrales Programmierfeld ist nicht vorhanden.

D. Ziffernrechnende Analogieanlagen (Verbundrechenmaschinen)

Ziffernrechnende Integrationsanlagen (Digital Integrating Differential Analyzers) mit elektromechanischer Arbeitsweise vereinigen die Vorzüge digitaler Genauigkeit mit der bequemen Vorbereitung und schnellen Durchführung der Integrationen im Analogieverfahren. Bereits die erste Rechenanlage dieser Art — MADDIDA —, die 1950 in Hawthorne (Kalifornien) den Betrieb aufnahm, stellte die große Zweckmäßigkeit derartiger Kombinationen unter Beweis. Weitere ähnliche Entwicklungen folgten (E. Weiss, M. Palersky u. a.). Das Schaltsymbol eines Digitalintegrators mit der Übertragungsfunktion

$$z = \frac{1}{c} \int_a^b y\, dx = \lim_{\substack{n \to \infty \\ \Delta x \to 0}} \Delta x \sum_{i=1}^{n} y_i$$

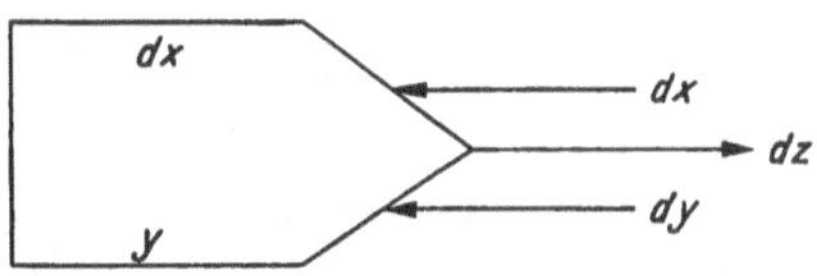

Abb. 167
Symbol für einen Digitalintegrator

zeigt Abb. 167. Die Arbeitsweise wird durch Abb. 168 veranschaulicht, wobei I und II Additionsregister darstellen. Ist die Rechnung bis zum Punkt x_i fortge-

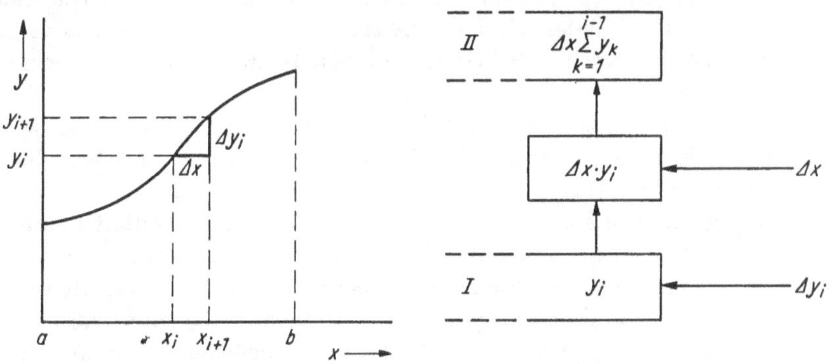

Abb. 168. Arbeitsweise eines Digitalintegrators

schritten, so enthält das Register I den zugehörigen Wert y_i und das Register II die entsprechende Teilsumme $\Delta x \Sigma y_i$ (Integral). Eine Multiplikation erfolgt bei dieser Methode nach dem Prinzip der partiellen Integration (Abb. 169):

$$\int u\, dv = u\, v - \int v\, du\,.$$

Eine neuzeitliche Rechenanlage dieser Art für wissenschaftliche Zwecke ist die von S. H. LEWIS 1956 entwickelte elektronische Rechenanlage Bendix G-15, die größtenteils gedruckte Schaltungen verwendet. Sie arbeitet mit 28stelligen Dualzahlen (d. h. etwa 8 Dezimalstellen) und einem Magnettrommelspeicher für insgesamt 2160 Wörter. Ein- und Auslieferung geschieht über elektrische Schreibmaschinen und Lochstreifen. Ein photoelektrischer Abtaster liest 2000 Zeichen je Sekunde. An diese rein ziffernmäßig arbeitende elektronische Rechenanlage ist eine Zusatzeinheit angeschlossen, die die gesamte Anlage in einen integrierenden Schrittrechner verwandelt. Dadurch sind die Vorzüge der Analogieanlagen, insbesondere die einfache Programmierung von Differentialgleichungen, mit den Vorzügen eines kleinen elektronischen Zahlenrechners gut vereinigt. Die Operationsgeschwindigkeit beträgt 34 Iterationen je Sekunde.

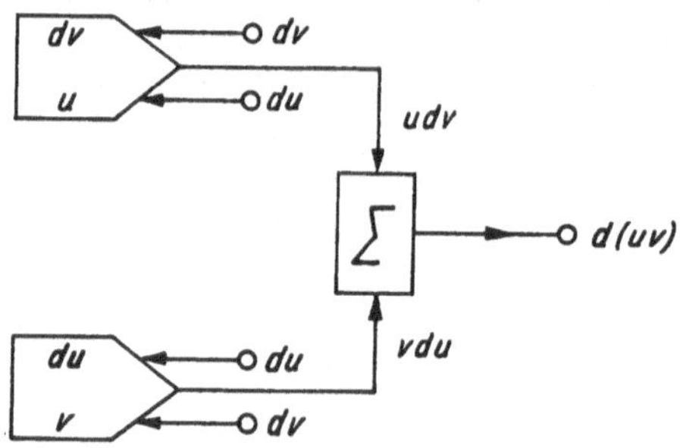

Abb. 169. Multiplikation mittels Digitalintegratoren

Die bisher aufgezeigte Entwicklungsrichtung mit dem Ziel der Kombination von Digital- und Analogiemethode hat ihren Ausgang in der Ziffernrechenmaschine. Der hieran interessierte Leser möge zum besseren Verständnis dieses Weges den ersten Band vorliegender Schriftenreihe von W. KÄMMERER „Ziffernrechenautomaten" studieren.

Der Weg von der anderen Seite mit der elektronischen Analogieanlage als Ausgangspunkt ist bisher erst wenig beschritten worden, obwohl auch hier der Physiker und Entwicklungsingenieur ein aussichtsreiches Ziel vor Augen hat. Es ist dies die analogiemäßige Modelldarstellung (Simulation) unter Zuhilfenahme digitaler Baugruppen zwecks Erhöhung der Genauigkeit. Derartige elektronische Digital-Analogieanlagen befruchten die *Automatisierungstechnik* bedeutend. Hierbei fallen die Meß -und Führungsgrößen von Industrieanlagen grundsätzlich als sich laufend ändernde physikalische Größen verschiedener Natur an, die man dann zunächst in elektrische Spannungen mittels Meßwandlern (Kap. VIII C) um-

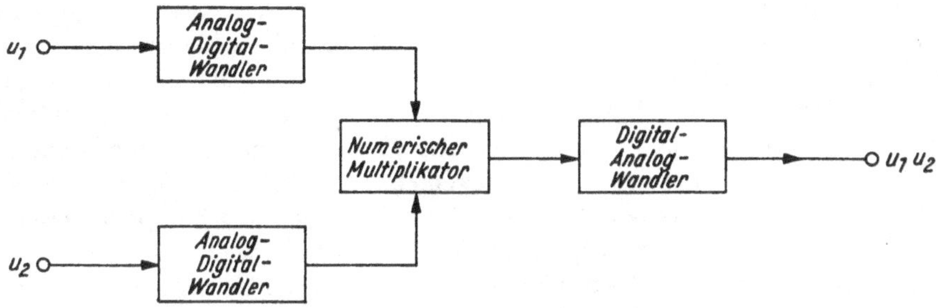

Abb. 170. Prinzip der digitalen Multiplikation zweier Analogiegrößen

formen muß. Um diese Spannungen zahlenmäßig zu erfassen, damit sie digitalen Recheneinheiten zugänglich sind, bedient man sich der Analog-Digital-Wandler. Ein solcher ist beispielsweise das digitale Voltmeter. Nach Ausführung der numerischen Operationen wird das Ergebnis zwecks analoger Darstellung einem Digital-Analogwandler zugeführt. Ein entsprechendes Blockschaltbild für eine digitale Multiplikation ist in Abb. 170 dargestellt.

Das Prinzip eines AD-Wandlers veranschaulicht Abb. 171. Die Zahlen eines numerischen Ausgangs werden gleichzeitig als Spannungen abgebildet, die addiert werden. Besteht zwischen der so erhaltenen Ausgangsspannung u_a und der Eingangsspannung u_e eine Differenz, wird sie dem Schaltwerk zugeleitet, das nun die

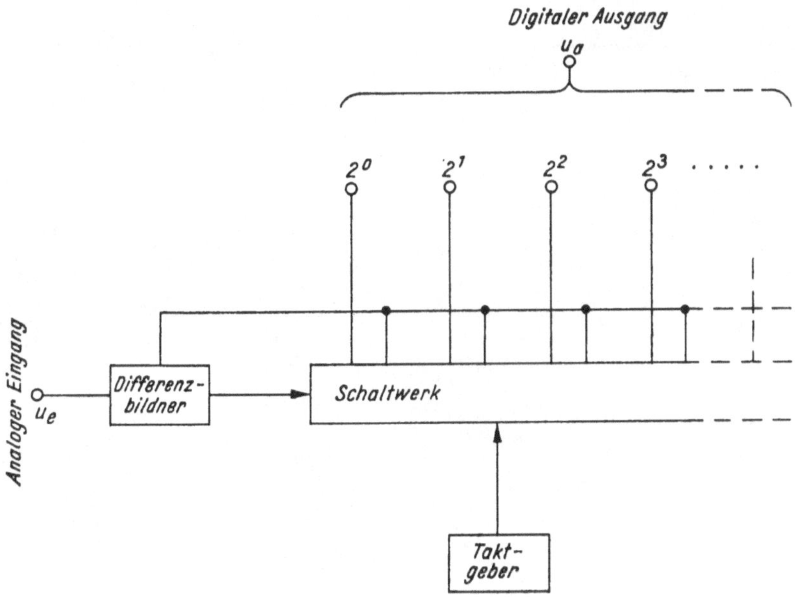

Abb. 171. Wirkungsweise eines AD-Wandlers

Zahlen am Ausgang im Rhythmus eines Taktgebers solange vorwärts oder rückwärts schaltet, bis die Differenz ausgeglichen ist. Da hierfür konstruierte Taktgeber mit Frequenzen von über 100 kHz arbeiten, erfolgt dieses ziffernmäßige Weiterschalten so schnell, daß der Vorgang als quasistetig angesehen werden kann. Der Rückwandler arbeitet in derselben Anordnung in umgekehrter Richtung.

Diese Wandler werden vielfach mit dem nicht sehr treffenden Namen „Größenwerter" bezeichnet; „AD-Wandler" und „DA-Wandler" sind hingegen eindeutig vorstellbare, physikalisch richtige Begriffe. Da die technische Entwicklung derartiger ziffernrechnender elektronischer Analogieanlagen (sowohl für mathematische Berechnungen als auch als Simulatoren für Automatisierungsvorgänge) noch in den Anfängen steckt, sei hier nur auf zwei erfolgreiche Anwendungen in der Industrie hingewiesen: Die elektronisch rechengesteuerte Taktstraße und die magnettonband- und rechengesteuerte Werkzeugmaschine. Aus dem Gebiet der Verwaltung gehört die Zeichenerkennung mittels magnetischer Analogieschrift zwecks Eingabe in datenverarbeitende Rechenautomaten zur Digital-Analog-Digital-Umwandlung (DAD-Wandler).

X. HISTORISCHER ÜBERBLICK UND AUSBLICK

Die geschichtliche Entwicklung verlief, der grundsätzlichen Verschiedenheit der beiden Rechenmethoden entsprechend, auf getrennten Wegen, die sich erst im Laufe der letzten Jahre zu vereinigen begannen.

Zunächst einige Worte zum historischen Werdegang, der zu den Analogieanlagen führte. Die geniale Idee der Rückkopplung, die Lord KELVIN 1876 der Welt bekanntgab, fand viele Jahrzehnte hindurch nicht die gebührende Anerkennung. Erst im Jahre 1914 wandte sie UDO KNORR in einer mechanischen Integrieranlage für den Zweck der Fahrplanaufstellung der Deutschen Reichsbahn in München zum Lösen von Bewegungsdifferentialgleichungen an. Seiner Dissertation an der Technischen Hochschule München lagen Untersuchungen der Verwendbarkeit dieser Anlage für die Lösung von gewöhnlichen Differentialgleichungen im allgemeinen zugrunde. Mehrere Geräte dieser Art mit dem Schneidenrad als integrierendem Element wurden gebaut, jedoch blieb vorerst eine Weiterentwicklung aus. Erst V. BUSH, Cambridge/Mass., maß vor etwa 30 Jahren dieser Entwicklung eine große Bedeutung bei und erkannte, welch hoher Wert der Anwendung leistungsfähiger mathematischer Geräte für die Naturwissenschaften und Technik zukommt. 1931 wurde seine erste mechanische Analogierechenmaschine fertiggestellt und mehrfach mit mehr oder weniger großen Abänderungen nachgebaut. Das neue, von ihm gemeinsam mit CALDWELL während des zweiten Weltkrieges ausgeführte Gerät enthielt u. a. 18 Integratoren, Tausende von Röhren und Relais und etwa 150 Elektromotoren.

Während der gleichen Jahre entstand bei Askania, Berlin, eine ebenfalls elektromechanische Versuchsanlage mit guten Erprobungsergebnissen, die aber durch Kriegseinwirkungen verlorenging. Die damit gesammelten Erfahrungen kamen durch einige Mitarbeiter der Firma Schoppe & Faeser in München zugute und zeitigten als Ergebnis mehrere große Integrieranlagen für England und Deutschland. 1945 veröffentlichte J. M. JACKSON die Daten einer von ihm konstruierten rein elektronischen Analogiemaschine, wobei er sich erstmalig an Stelle der bisher ausschließlich verwendeten mechanischen Getriebeteile elektrischer Konstruktionselemente bediente. 1947 gab D. J. MYNALL wesentliche Hinweise für die Weiterentwicklung des elektronischen Analogierechnens, insbesondere hinsichtlich der Verwendung der Katodenstrahlröhre zur Funktionseingabe. Eine von MACNEE im Jahre 1949 konstruierte elektronische Analogieanlage ist seit 1954 in Betrieb. Weiterhin veröffentlichten MACCANN, WILTS und LOCANTHI eine Arbeit über den von ihnen für das California Institute of Technology geschaffenen elektronischen Differentialanalysator. 1955 berichtete MacKay über englische Geräteentwicklungen mit sehr hohen Repetitionsfrequenzen sowie drei- und vierdimensionale Projektionsdarstellungen.

Die Sowjetunion hat trotz der Auswirkungen des zweiten Weltkrieges bereits 1950 die ersten elektronischen Analogieanlagen industriell gefertigt (Typ IPT-4), von vorlaufenden Funktionsmustern abgesehen. Weitere Serien mit verschiedenen Typen bis zu Anlagen größter Rechenkapazität folgten. In Polen wurde als erstem volksdemokratischen Land eine große elektronische Analogieanlage bei der Akademie der Wissenschaften von Lukaszewicz entwickelt. In Deutschland liefen die ersten derartigen Entwicklungen — abgesehen von den elektromechanischen Integrieranlagen — bei der Technischen Hochschule Darmstadt, der Hochschule für Elektrotechnik in Ilmenau, dem Wissenschaftlich-Technischen Büro für Gerätebau Berlin, den Firmen Telefunken, Ulm und Schoppe & Faeser, Minden. Es würde zu weit führen, alle Länder aufzuführen, die elektronische Analogieanlagen entwickelten und heute auf den Weltmarkt bringen.

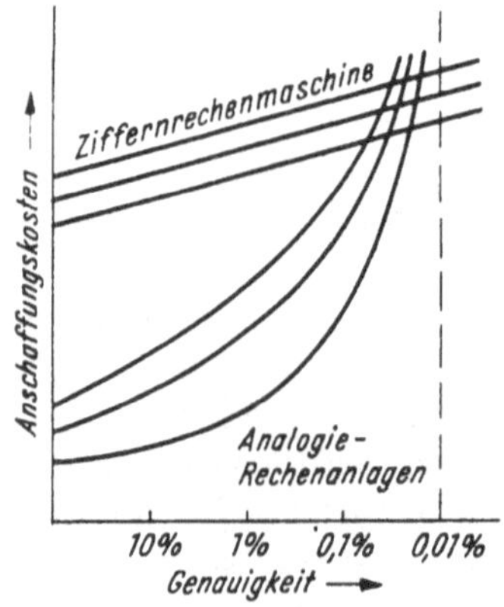

Abb. 172
Vergleich zwischen Anschaffungskosten und Genauigkeit bei Ziffern- und Analogie-Rechenanlagen

G. A. Korn und Th. M. Korn stellen einen interessanten Vergleich zwischen Ziffernrechenmaschinen und Analogierechenanlagen hinsichtlich deren Anschaffungskosten im Vergleich zur Genauigkeit an, der graphisch in Abb. 172 wiedergegeben ist (Parameter: Verschiedene Ausführungsformen). Hiernach ist dem Analogieverfahren gegenüber der Ziffernmethode unbedingt der Vorzug zu geben, sofern die Genauigkeitsforderungen für das Endergebnis nicht mehr als 0,1% betragen. Bei der Mehrzahl der zu lösenden Probleme liegen diese zwischen 0,5 und 5%. Diese Tatsachen waren von ausschlaggebender Bedeutung für die Verlagerung des Schwerpunktes in der geschichtlichen Entwicklung mathematischer Maschinen zugunsten des Analogieverfahrens gegenüber der Ziffernrechenmethode, die nunmehr zur Vervollständigung des historischen Bildes über elektrisches Rechnen und elektronische Modelldarstellung in ihrem Werdegang betrachtet werden soll.

Bereits vor etwa 130 Jahren, also 50 Jahre, bevor Lord Kelvin auf die geniale Idee der Rückkopplung als Grundlage der Analogieverfahren kam, plante der Engländer Charles Babage den Bau eines mechanisch arbeitenden, digitalen Rechenautomaten. Die Steuerung des Rechenvorganges sollte mit Lochkarten erfolgen, wie man sie seinerzeit bei den Jacquard-Webstühlen zur Fertigung kunstvollen Damastgewebes zugrunde legte. Er benannte seine Maschine „Analytical Engine“. Ihre wesentlichen Bestandteile (Zahlenspeicher, Rechenwerk, Kontrollwerk, Ein- und Ausgabewerk) sind auch heute noch in allen digitalen Rechenautomaten vorzufinden. Teile dieser Maschine wurden von BABAGES Sohn gebaut.

Als Vorläufer der heutigen Rechenautomaten kann man die im Jahre 1889 von dem Amerikaner HERMANN HOLLERITH gebaute Lochkartenmaschine ansehen, die allerdings nur zum Sortieren, Zählen und Aussuchen von Daten zu verwenden ist, die in Form von Lochkarten vorliegen. Eigentliche programmgesteuerte, elektrische Relaismaschinen wurden in Deutschland erstmalig 1935 von ZUSE gebaut, in Amerika 1938 von AIKEN. Der erste elektronische Rechenautomat, zunächst nur für die Berechnung von Geschoßbahnen bestimmt, war der „Electronic Numerical Integrator and Computer“ (ENIAC), von ECKERT und MAUCHLY an der Universität Pennsylvania konstruiert und seit 1946 in Betrieb. Seither gibt es eine große Zahl derartiger, meist recht großer, elektronischer Maschinen in den meisten Ländern, wobei die Sowjetunion und Amerika an der Spitze liegen dürften.

Die augenblickliche Entwicklungsperiode führt die beiden dargelegten Wege zusammen. Am Vereinigungspunkt steht die kombinierte Digital-Analogieanlage. Das Endziel ist letzthin die Automatisierung, die ohne die *digitale und analoge Rechenelektronik* — in ihren Grundlagen in den ersten beiden Bänden der vorliegenden Schriftenreihe behandelt — undenkbar ist.

Zusammenfassend und abschließend sei versucht, die Auswirkungen der Forschungsergebnisse dieses jüngsten Zweiges der angewandten Physik zu beleuchten. Welche neuen Gesichtspunkte, Verfahren und Ausblicke eröffnen diese modernen Entwicklungen dem Wissenschaftler und Ingenieur?

Mathematische, naturwissenschaftliche, technische und wirtschaftswissenschaftliche Auswertungen werden nicht nur enorm beschleunigt und sicherer gestaltet, sondern auch in viel größerem Umfange als bisher ermöglicht. Es werden Wege zu bisher unzugänglichen Anwendungsgebieten erschlossen. Man kann systematisch ausprobieren, welche Konsequenzen sich aus wissenschaftlichen Planungen ergeben. So werden kostspielige Versuchsreihen durch eine rasche und billige automatische Durchrechnung der verschiedenen Möglichkeiten ersetzt, und es wird das günstigste Vorgehen unter vielen denkbaren schnell herausgefunden. Für Rand- und Eigenwertaufgaben bei Differentialgleichungen wird die Lösung so lange abgeändert, bis die vorgeschriebenen Bedingungen erfüllt sind. Die hohe Rechengeschwindigkeit als sinnfälliges Merkmal elektrischer Analogierechenanlagen gestattet, diese unmittelbar in den Ablauf eines technischen Prozesses einzuschalten, um Meßergebnisse zu empfangen, mit ihnen komplizierte mathematische Manipulationen auszuführen und durch das im Bruchteil einer Sekunde erhaltene Ergebnis den technischen Prozeß wieder rückkoppelnd zu beeinflussen.

Allgemein kann man in all diesen neuen Möglichkeiten eine tiefgehende Revolution des Herangehens an die Probleme erblicken. So wird des öfteren die Gegenwart als das Atom- und „Elektronenhirn“— Zeitalter bezeichnet. Der Welt wurden sowohl durch die Kernspaltung als auch durch die neuzeitlichen Rechenanlagen mächtige Hilfsmittel zur Verfügung gestellt. Der Mensch allein hat zu entscheiden, ob diese Errungenschaften zum Segen oder zum Verderb angewendet werden, ob die elektronischen Analogiegeräte zur Regelung und Automatisierung von Prozessen der friedlichen Produktion oder etwa zur Steuerung ferngelenkter Atomgeschosse eingesetzt werden.

Es gilt, diese Gefahren zu erkennen und sie zum Wohle der friedliebenden Menschheit abzuwehren. Damit ist gleichzeitig die Bezeichnung „Elektronenhirn" verworfen. Die modernen Rechenanlagen wirken revolutionierend, sie können viel leisten, aber eine schöpferische Tätigkeit können sie nicht vollbringen. Der Mensch kann denken, kann neue Begriffe schaffen, die über die Grenzen unserer derzeitigen Erkenntnis hinausreichen, nicht aber der höchstentwickelte Automat.

LITERATURVERZEICHNIS

ACKERMANN, S., Precise Solution of Linear Simultaneous Equations Using a Low-cost Analog. Rev. Sci. Instr. **22**, S. 746 (1951).

ANGELO, E. J., An Electron-beam Tube for Analog Multiplications. MIT Technical Report, Nr. 249, Oktober 27 (1952).

ARBER, A., Analogy in the History of Science. In Studies and Essays in the History of Science and Learning. Schumann, New York (1944).

ARTZT, M., Survey of D-c Amplifiers. Electronics, August 1945.

ASELTINE, J. A., The Use of Electronic Analog Computers in the Solution of Certain Radar Noise Problems, lecture presented at the West Coast Electronics Convention and Show. San Francisco, Calif., (August 1955).

BAATZ, H. und FERTL, F., Das Wechselstromnetzmodell der deutschen Versorgungsunternehmen. ETZ-A **76**, H. 1, S. 25—29 (1955).

BADER, W., Ein neues hochempfindliches Wechselstrommeßgerät für Nieder- und Mittelfrequenz zur Messung von Betrag und Phase. Arch. f. Elt. **28**, S. 139 (1934).

BADER, W., Auflösung von Polynomgleichungen auf elektrischem Wege. Ztschr. angew. Math. u. Mech. **30**, S. 289 (1950).

BALDINGER, E., Analogie-Rechengerät zur Phasenanalyse von Streuexperimenten mit schnellen Neutronen. Helv. phys. acta **25**, S. 446—447 (1952).

BAXTER, I. G., A Square-root-law Circuit. Elec. Eng. **24**, S. 97 (1954).

BAYLY, J. G., Analog Computer. Rev. Sci. Instr. **21**, S. 228 (1950).

BELL, P. R. und STRAUSS, H. A., Electronic Pile Simulator. Rev. Sci. Instr. **21**, S. 760 (1950).

BELSTERING, C. A., How to Make a Function Generator. Electronic Design, Dezember (1955).

BENNETT, R. R., Analog Computing Applied to Noise Studies. Proc. IRE **41**, S. 1509 (1953).

BENNETT, R. R., High-speed Relays in Electronic Analog Computers. Elec. Eng. **70**, S. 1083 (1951).

BENNETT, R. R. und FULTON, A. S., The Generation and Measurement of Low-frequency Random Noise. J. Appl. Phys. **22**, S. 1187 (1951).

BERGMANN, L. und SCHAEFER, CH., Lehrbuch der Experimentalphysik, III Bände. Verlag W. de Gruyter, Berlin 1954.

BERKELEY, E. C., Giant Brains, Wiley, New York 1949.

BERKELEY, E. C. und WAINWRIGHT, L., Computers. Their operation and applications. Reinhold Publishing Corporation, New York, Chapman & Hall, Lmited, London 1956.

BERRY, C. E., A Computer for Solving Linear Simultaneous Equations. J. appl. Phys. **17**, H. 4 (1946).

BIBBERO, R. J., Process Regulation with Analog Control. Automatic Control (Februar 1955).

BIBERBACH, L., Differentialgleichungen. Springer-Verlag, Berlin 1930.

BINDER, K., Ein Gerät zur Auflösung von Polynomgleichungen mit Hilfe eines elektrolytischen Trogs nach W. BADER. Dissertation TH Stuttgart (1954).

BLACKBURN, J. F., Components Handbook. MIT Radiation Laboratory Series, Bd. 17, McGraw-Hill, New York 1949.

BODE, H. W., Network Analysis Feedback Amplifier Design. Van Nostrand Comp., New York 1955.

BOLIE, V. W., Synthesis of Function Generators by Continued-fraction Theory. Tele-Tech., März (1956).

BOOTHROYD, A. R. und COLIN, E. CH., Analogue calculating machine for functions of a complex variable. Nature **163**, S. 687 (1949).

BORSELLINO, A., Un metodo elettrico per la determinazione approsimata delle radici readi o complesse di una equazione algebrica. Nuove cimento **5**, S. 23—28 (1948).

BOURICIUS, G. M. und SHOEMAKER, F. C., Current Integrator. Rev. Sci. Instr. **22**, S. 183 (1951).

BRADLEY, F. R. und MCCOY, R. D., Driftless D-c Amplifier. Electronics, April (1952).

BRADLEY, F. R. und MC COY, R. D., Isolation Circuits for Analog Computers. Electronics, Mai (1952).

BRADLEY, F. R. und MCCOY, R. D., High-stability Computer Reference Power Supply. Tele-Techn., Juni (1952).

BRADLEY, F. R. und MCCOY, R. D., Computing with Servo-driven Potentiometers. Tele-Tech., September (1952).

BRAINERD, J. G. und EMMONS, H. W., Effect of Variable Viscosity on Boundary Layers, with a Discussion of Drag Measurements. J. Appl. Mechanics **9**, Nr. 1, S. A1—6, März (1942).

BRAINERD, J. G. und WEYGANDT, C. N., Unsymmetrical Self-Excited Oscillations in Certain Simple Non-Linear Systems. Proc. IRE **24**, S. **414** (1936).

BRIGDMAN, P. W., Dimensional Analysis. Yale Univ. Press, 1922.

BRIGHT, R. L. und KRUPER, A. P., Transistor Choppers for Stable D-c Amplifiers. Electronics, April (1955).

BROOKS, F. E. und SMITH, H. W., Computer for Correlation Functions. Rev. Sci. Instr. **23**, S. 121 (1952).

BROOMALL, J. und REIBMAN, L., Sampling Analog Computer. Proc. IRE **40**, S. 568 (1952).

BROWN, J. H. und BURNUP, T. E., A Simple Analog Computer for Fourier Analysis and Synthesis. Electronic Eng. **23**, S. 67 (1951).

BUBB, F. W., A Circuit for Generating Polynomials and Finding Their Zeros. Proc. IRE **39**, S. 1556 (1951).

BUCKINGHAM, E., On Physically Similar Systems. Phys. Rev. **4**, S. 345 (1914).

BÜRGER und KASPER, Elektronische Rechenmaschinen in Großbritannien. Radio und Fernsehen **8**, H. 6, S. 198 (1959).

BURNSIDE, F. L., Modifications Applied to the Reeves Model III Computer at the North American Aerophysics Laboratory, Report AL-1221, Project MX 770. North American Aviation Co., Downey Calif., November 15 (1950).

BURT, E. G. C. und LANGE, O. H., Function Generators Based on Linear Interpolation with Applications to Analogue Computing. Proc. IRE. **102**, S. 856—857 (1955).

BUSH, V. und CALDWELL, S. D., A new type of Differential Analyzer. J. Franklin Institute, Bd. 240, S. 255—326 (1945).

BUSH, V. und CALDWELL, S. H., Thomas-Fermi Equation Solution by the Differential Analyzer. Phys. Rev. **38**, S. 1898—1902, November 15 (1931).

CAHN, L., Automatic Compensation of Potentiometer Loading Errors. Helinews (Helipot Corporation, South Pasadena, Calif.), Juni (1953).

CARROL, J. M., Analog Computers for the Engineer. Electronics, (excellent survey of existing equipment), Juni (1956).

CHANCE, B., BUSSER, J. und WILLIAMS, F. C., A Fast Multiplying Circuit. Phys. Rev. **79**, S. 244 (1950).

CHANCE, B., BUSSER, J. und WILLIAMS, F. C., A Quarter-square Multiplier Using a Segmented Parabolic Characteristic. Rev. Sci. Instr. **22**, S. 683 (1951).

CHANCE, WILLIAMS, HUGHES, SAYRE, MACNICHOL, Waveforms. McGraw-Hill, 1949, MIT Rad. Lab. Series **19**, Chap. 19. 5.

CHANG, HAN, LATHROP, R. C. und RIDEOUT, V. C., Study of Oscillator Circuits by Analog Methods. NEC Proc. 6 (1950).

CHARLTON, T. M., Model Analysis of Structures. Wiley, New York 1954.

CHASMAR, R. P. und COHEN, E., An Electrical Multiplier Utilizing the Hall Effect in Indium Arsenide. Electronic Engineering S. 661—664, November (1958).

COPPLE, C., HARTREE, D. R., PORTER, A .und TYSON, H., The Evaluation of Transient Temperature Distributions in a Dielectric in an Alternating Field. J. IEE **85**, S. 56, Juli (1939).

CORCOS, G. M., HOWE, R. M., RAUCH, L. L. und SELLARS, J. R., Application of the Electronic Differential Analyzer to Eigenvalue Problems. Project Cyclone Symposium II Reeves Instrument Corporation, New York City, Mai (1952).

COREY, V. B., Simplified Analog Computer. Electronics, Januar (1956).

COUFFINGNAL, L., Denkmaschinen. Gustav Kilpper-Verlag, Stuttgart 1955.

CRAIG, L. J., The Magnetic Amplifier as an Analog Computer Component. Proc. IRE **41**, S. 1477 (1953).

CRUMB, C. B., Engineering Uses of Analog Computing Machines. Mechanical Eng. **74**, S. 635 (1952).

CUNNINGHAM, W. J., Time-delay Networks for an Analog Computer. Trans. PGEC, IRE **3**, S. 16, Dezember (1954).

CURRIE, A. A., The General-purpose Analog Computer. Bell Labs. Record **29**, S. 101, März (1951).

CZAJKOWSKI, Z., Electronic Methods of Analogue Multiplication. Electronic Engng. **28**, S. 283 und 352 (1956).

DAVIDSON, G. M., Thermal Elements Simplify Computing Circuits. Elec. Mfg. (1954).

DAVIDSON, G. M., DJINIS, W. und SAVET, P., Subminiature Thermal Control Element. Electronic Equipment, Juni (1955).

DAVIS, S. A., 31 Ways to Multiply. Control Engineering, S. 36—46, November (1954).

DEELEY, E. M., The Design of an Electrodynamic Multiplier. Proc. IEE **101**, S. 187—191 (1954).

DEELEY, E. M. und MACKAY, D. M., Multiplication and Division by Electronic Analogue Methods, Nature **163**, S. 650, April 23 (1949).

DEN HARTOG, J. P., Mechanical Vibrations. 4th ed., McGraw-Hill, New York 1956.

DENNIS, P. A. und DRILL, D. G., Application of Analog Computers to Aeroelastic Problems. Elec. Eng., August (1950).

DHEN, W., Schaltungsprinzipien und Eigenschaften eines repetierenden Analogrechners. ETZ-A **78**, H. 14, S. 490 (1957).

DIAMANTIDES, N. D., Analog Computer Generation of Probability Distributions for Operations Research, Trans. AIEE, S. 56—148 (1956).

DOLE, F. E. und NETTLETON, L. A., Reducing Potentiometer Loading Error. Rev. Sci. Instr. **18**, S. 332 (1947).

DREYER, H. J., Einrichtung zum lichtelektrischen Abtasten gezeichneter Kurven. Ztschr. f. angew. Phys. **3**, H. 12, S. 453—456 (1951).

DUNCAN, D. B., Response of Linear Systems to Random Inputs. J. Appl. Phys., Mai (1953).

DUNCAN, D. C., Characteristics of Precision Servo Computer Potentiometers. Trans. AIEE Conference on Feedback Systems, Atlantic City, N. J. 1951.

ECKART, FR., Elektronenoptische Bildwandler und Röntgenbildverstärker. Verlag J. A. Barth, Leipzig 1956.

EDWARDS, C. M., Survey of Analog Multiplication Schemes. J. Ass. Computing Machinery 1. Nr. 1, S. 27—35 (1954).

EDWARDS, C. M., The Electronic Servomechanism Simulator. Elec. Eng. **69**. S. 411 (1950).

EDWARDS, C. M. und JOHNSON, E. C., An Electronic Simulator for Non-Linear Servomechanisms. Trans. AIEE **69**, S. 50—47 (1950).

ELMORE, W. C. und SANDS, M., Electronics. McGraw-Hill, Cp. (1949).

ETTINGER, G. M., Transistor Amplifiers for Analog Computers. Electronics 28, S. 119—121 (1955).

ERNST, D., Aufbau und Wirkungsweise elektronischer Analogiegeräte. Regelungstechnik H. 4 und 5 (1958).

FERRARA, G. und NADEAU, R. L., A Complex Wave Synthesizer. Elec. Eng. 70, S. 585 (1951).

FINK, D. G., Engineering Electronics. McGraw-Hill, New York 1938.

FINN, D. L., The Approximation of Arc Tangent φ with a Linear Electrical Network, Proc. NEC 8, S. 435 (1952).

FISCHER, F., Über elektrische Rechengeräte hoher Genauigkeit. Schweiz, Arch. ang. Wiss. Techn. 8, H. 1, (1942).

FISHER, M. E., A wide Band Analoque Multiplier Using Crystal Diodes. Electronic Engng. 29, S. 580—585 (1957).

FISHER, M. E., The Optimum Design of Quarter-Squares Multipliers with Segmented Characteristics. J. Sci. Instrum. 34, S. 312 (1957).

FIZNER, L. N., Prezisionnoe mnočiteljnoe sweno. Awtomatika i Telemechanika, Nr. 1, S. 62—69 (1959).

FIZNER, L. N., Blok Proiswedenija na Tiritach. Priborostrojenie, Nr. 4, S. 9—11 (1956)

FOLLIN, J. W., EMCH, G. F. und WALTERS, F. M., Modifications and Additions to the REAC. Project Cyclone Symposium II, Reeves Instrument Corporation, New York City 1952,

FRANKE, K., Eine Maschine zur Auflösung algebraischer Gleichungen auf elektrischem Wege. Diss. TH Stuttgart 1950.

FRANZE, C., JOST, W. und LESEMANN, K.-J., Die Berechnung von Flammengeschwindigkeiten. Ztschr. f. Physik. Chemie, Neue Folge, 3, H. 1/2 (1955).

FRAYNE, J. G. und WOLFE, H., Elements of Sound Recording. Wiley, New York 1949.

FREEMANN, H. und PARSONS, E., A Time-sharing Analog Multiplier. Trans. PGEC, IRE 3, S. 11, März (1954).

FROST, S., Compact Analog Computer. Electronics 21, S. 116—122 (1948).

FROST, A. A. und TAMES, M., A Potentiometric Secular Equation Computer. J. Chem. Phys. 15, S. 383—390 (1947).

FUCHS, H. B., Some Aspects of the Design of a D. C.-Amplifier for Use with a Slow Analogue Computer. Electronic Eng. 75, S. 22—25 (1956).

FUCHS, H., Design of a D-c Amplifier for Use with a Slow Analog Computer. Electronic Eng., Januar (1956).

FÜRTH, R. und PRINGLE, R. W., A new Photo-electric Method for Fourier Synthesis and Analysis. Phil. Mag. (7) 35, S. 643—656 (1944).

FULLENWIDER, E. D., Operating Characteristics of Reeves Analog Computing Equipment, Report 1227, National Bureau of Standards, März 19 (1952).

FULLER, J. L. und DIVINCENZO, A. P., Analog Computer as a Tool in Motor Applications. Reliance Electric and Engineering Co., Cleveland, Ohio, Oktober 28, 1952.

FULLER, H. W. und MEYER, M. A., Two New Analog Multipliers. Rev. Sci. Instr. 25, S. 1666 (1954).

GAGER, F. M. und J. B. RUSSEL, Jr., A Quantitative Study of the Dynatron. Proc. IRE 23, S. 1536 (1935).

GALILEI, Two Sciences, Translated by Crew and Salvio. Northwestern University, Evanston 1939.

GARWIN, R. L., A Differential Analyzer for the Schrödinger Equation. Rev. Sci. Instr. 21, S. 411 (1950).

GEPHART, LANDIS, Linear algebraic systems and the Reeves Electronic Analogue Computer. Math. Tabls. Other Aids Comp. 6, S. 190—203 (1952).

GIBSON, A. H., The Principle of Dynamic Similarity. London (1914).

GILBERT, J., Here's a Shortcut in Compensating Potentiometer Loading Errors. Control Eng., Februar (1955).

GILBERT, J., Compensating Function Potentiometers for Loading Errors. Control Eng., März (1955).

GILBERT, R. W., The Inductronic Product Resolver. Report 356, Weston Electrical Instrument Corp., Newark, N. J. September (1951).

GINZTON, E. L., D-c Amplifier Design Techniques. Electronics, März (1944).

GISER, S., An All-electronic High-speed Multiplier. Report R-67, Instrumentation Laboratory, Massachusetts Institute of Technology, Cambridge, Mass., November (1953).

GLUTBRECHT, H., Elektrisches Rechengerät für Gleichungen höheren Grades. Ztschr. f. angew. Physik **2**, S. 1 (1950).

GOELZ, G. W. und CALVERT, J. F., Analog Computer for Multi-component Fractionation Calculations. Trans. AIEE **69**, S. 15—50 (1950).

GOLDBERG, E. A., A High-Accuracy Time-Division Multiplier. RCA Review **23**, S. 265—274 (1952).

GOLDBERG, E. A., Step Multiplier in Guided Missile Computer. Electronics **24**, S. 120 (1951).

GOLDBERG, E. A., Stabilization of D-c Amplifiers, RCA Rev. **11**, S. 296 (1950).

GOODE, H. H., Simultation-Its Place in System Design. Proc. IRE **39**, S. 1501 (1951).

GRAY, H. L., A Guide to Applying Resistance Potentiometers. Control Eng., Juli (1956).

GRELLMANN, CH., Entwicklung einer Strahlablenkröhre mit quadratischer Charakteristik. Diplomarbeit am Inst. f. Phys. d. Univ. Jena u. d. Hochschule f. Elektrotechnik Ilmenau, Juni (1959).

GREENWOOD, I. A., HOLDAM, J. V. und MACRAE, D., Electronic Instruments. McGraw-Hill Book Company, Inc. New York 1948.

GROAT, B. F., Theory of Similarity and Models. Trans. ASCE **96**, S. 273—386 (1932).

GUTENMACHER, L. I., Elektritscheskie modeli. Akademii Nauk SSSR Moskau-Leningrad (1949).

HÄHNLE, Die Darstellung elektromechanischer Gebilde durch rein elektrische Schaltbilder. Wiss. Veröffentlichung Siemenskonzern, Bd. 22/1 (1932).

HAGELBARGER, D. W., HOWE, C. E. und HOWE, R. M., Investigation of the Utility of an Electronic Analog Computer in Engineering Problems, U M M-28. Aeronautical Research Center, Engineering Research Institute, University of Michigan, Ann Arbor, Mich., April 1 (1949).

HAMER, H., A Stabilized Driftless Analog Integrator. Trans. PGEC, IRE, Dezember (1954).

HARDER, E. L., Solution of the general voltage regulator problem by electrical analogy. AIEE Trans. **66**, S. 815—825 (1947).

HARDER, E. L. und CARLETON, J. T., New Techniques on the Anacom-Electric Analog Computer. AIEE Trans. **69**, S. 547—556 (1950).

HARDER, E. L. und MCCANN, G. D., A Large Scale General Purpose Electronic Analog Computer. Trans. AIEE (T 8112) **67** (1948).

HARTEL, W., Die Anwendungen des Hall-Generators. Siemenszeitschrift **28**, S. 376—384 (1954).

HARTREE, D. R., Approximate Wave Functions and Atomic Field for Mercury. Phys. Rev. **46**, S. 738, Oktober 15 (1934).

HARTREE, D. R., On an Equation Occurring in Falkner and Skon's Approximate Treatment of the Equations of the Boundary Layer. Proc. Cambridge Phil. Soc. **33**, S. 223 (1937).

HARTREE, D. R. und PORTER, A., The Applications of the Differential Analyzer to Transients on a Distortionless Transmission Line. J. Inst. Elec. Engrs. **83**, S. 648 (1938).

HARTREE, D. R. und WOMERSLEY, J. R., A Method for the Numerical or Mechanical Solution of Certain Types of Partial Differential Equations. Proc. Roy. Soc. **161**, S. 353 bis 366 (1937).

HAUPT, L. M., Solution of Simultaneous Equations through Use of the A. C. Network Calculator. Rev. Sci. Instr. **21**, S. 683—686 (1950).

HECHT, H., Schaltschema und Differentialgleichungen elektrischer und mechanischer Schwingungsgebilde. Verlag J. A. Barth, Leipzig 1950.

HECHT, H., Die elektroakustischen Wandler. Verlag J. A. Barth, Leipzig 1954.

HEGGS, P., Principles and Application of Electronic Analog Computers. Electronic Eng., April-Mai (1956).

HEINHOLD, J., Konforme Abbildung mittels elektronischer Analogrechner. MTW, Ztschr. f. moderne Rechentechnik u. Automation **6** (1959).

HELLERMAN, H., On the Input Impedance Network Error in Operational Amplifiers Trans. PGEC, IRE, September (1955).

HEMPEL, C. G., Fundamentals of Concept Formation in Empirical Science. Inter. Encyl. of Unified Science., Bd. 2, Nr. 7, (Univ. of Chicago).

HENNING, H., Systematische Ermittlung von Frequenzgleichungen. Fachtagung Regelungstechnik, Heidelberg 1956.

HERBERT, E. A., A New Computation Center for Industry. Automatic Control, August (1954).

HERMANN, P. J., STARKS, K. H. und RUDOLPH, J. A., Basic Applications of Analog Computers. Instruments and Automation, März (1956).

HERWARD, S. W. und MCCANN, G. D., Dimenionsless Analysis of Servomechanisms by electrical Analogy. AIEE Trans. **65**, S. 636—639 (1946).

HILSUM, C., Multiplication by Semidonductors. Electronic Engng. **30**, S. 664—666 (1958).

HORNAUER, W., Industrielle Automatisierungstechnik. VEB Verlag Technik, Berlin 1955.

HOSEMANN, J. H. und PENDLETON, A. D., Computing Amplifier Subs for Servo Amplifier Control Eng., März (1955).

HOVIUS, R. L., MORRILL, C. D. und TOMLINSON, N. P., Industrial Uses of Analog Computers. Instruments and Automation, April (1955).

HOWE, C. E., Solution of Linear Differential Equations with Time Varying Coefficients by the Electronic Differentiation Analyzer. Project Cyclone Symposium II, Reeves Instrument Corporation, New York City, Mai (1952).

HOWE, R. M. und HANEMANN, V. S., The Solution of Partial Differential Equations by Difference Methods Using the Electronic Differential Analyzer. Proc. IRE **41**, S. 1497 bis 1508 (1953).

HOWE, R. M. und HANEMANN, V. S., The Solution of Partial Differential Equations by Difference Methods Using the Electronic Differential Analyzer. Proc. of Western Computer Conference (Joint IRE-AIEE-ACM Conference) Los Angeles Febr. 4—6, S. 208 (1953).

HOWE, C. E., HOWE, R. M. und RAUCH, L. L., Application of the Electronic Differential Analyzer to the Oscillation of Beams, Including Shear and Rotary, Inertia, Memo UMM-67. University of Michigan Engineering Research Institute, Ann Arbor, Michigan, Januar (1951).

HUBER, M., Die elektronische Analogie-Rechenmaschine. Elektronik, Nr. **11**, S. 295—300 (1956).

HUGHES, R. H. und WILSON, E. B., An electrical Network for the Solution of Secular Equations. Rev. Sci. Instr. **18**, S. 103—108 (1947).

HULT, J., Automatische Rechenmaschinen in Schweden. (Schwed.) Techn. T. **85**, S. 273—281 (1955).

INGERSON, W. E., Drift Compensation in D—c Amplifiers, lecture presented at the IRE, National Convention, New York City 1951.

JACKSON, J. M., An electronic Differential Analyzer. J. Roy. Naval Sci. Serv. **2**, S. 53—64 (1945).

JAMES, H. M., NICHOLS, N. B. und PHILLIPS, R. S., Theory of Servomechanisms. MIT Radiation Laboratory Series, Bd. 25, McGraw-Hill, New York 1947.

JERRAD, R. P. und JACOBI, G. T., Generation of a Function of Two Variables, lecture presented at the ACM Annual Computer Conference. Cambridge, Mass., September (1953).

JEUDON, A., Tracing an Electronic Contouring System from Idea to Application. Control Eng., April (1956).

JOHNSON, C. L., Analog Computer Techniques. McGraw-Hill Book Cp., New York 1956.

JONES, C., Low-cost Analog Computer. Instruments and Automation, November (1955).

JONES, R. W., Models, Analogues und Homologues. Fachtagungsbericht Regelungstechnik, Heidelberg 1956.

KAREN, A. und LOVEMAN, B. D., Large-problem Solutions at Project CYCLONE. Instruments and Automation, Januar (1956).

KETTEL, E., Übersicht über die Technik der elektronischen Analogrechner. Telefunken, zeitung **30**, H. 116, Juni (1957).

KLEINWÄCHTER, H., Anwendung der Braunschen Röhre für die Auflösung von Differentialgleichungen auf elektrischem Wege. Arch. Elektrotechn. **23**, H. 2, S. 118—12C (1939).

KLEY, A., Die Fehlerwirkung des Operationsverstärkers im Analogrechner. Telefunkenzeitung **30**, S. 136—141, Juni (1957).

KOBRINSKY, N. E., Matematitscheskije Maschiny neprerybnowo Deijstbija. Moskau, S. 118—129 (1954).

KOCH, O., LESEMANN, K.-J. und WALTHER, A., Der radiale Temperaturverlauf im wandstabilisierten Quecksilber-Hochdruckbogen. Ztschr. f. Physik **127**, S. 153—162 (1949).

KOEHLER, J. S., An Electronic Differential Analyzer. J. Appl. Phys. **19**, S. 148—155 (1948).

KOGAN, B. JA., Elektronische Analogierechenmaschinen und ihre Anwendung bei der Untersuchung von Regelsystemen. Fismatgis, Moskau 1959.

KORN, G. A., Elements of D—c Analog Computers. Electronics, April (1948).

KORN, G. A., Design of D—c Electronic Integrators. Electronics, Mai (1948).

KORN, G. A., The General Difference Analyzer. Curtiss-Wright Report P 537—V—46, (1948).

KORN, G. A., Application of New Analog Computer to the Integration of Euler's Equations for a Spinning Body. Boeing Airplane Company Document D—9969, Juni 3 (1949).

KORN, G. A., Stabilization of Simultaneous Equation Solvers. Proc. IRE **37**, S. 1000 (1949).

KORN, G. A., Design and Construction of Universal Function Generating Potentiometers. Rev. Sci. Instr. **21**, Nr. 1, S. 77—81 (1950).

KORN, G. A., The General Difference Analyzer. Mathematical Tables and Other Aids to Computation, Januar (1952).

KORN, G. A. und KORN, T. M., Bridge-Balanced D—c Amplifier. Radio and Television News, Engineering Edition, Januar (1950).

KORN, G. A. und KORN, T. M., Modern Servomechanism Testers. Elec. Eng., September (1950).

KORN, G. A. und KORN, T. M., Relay Time-Division Multiplier. Rev. Scientific Instr. **25** S. 977—982, (1954).

KORN, G. A. und KORN, TH. M., Electronic Analog Computers McGraw-Hill, New York 1956. 372 Seiten Kap. 6.

KOVACH, L. D. und COMLEY, W., An Analog Multiplier Using Thyrite, Trans. PGEC, IRE, Juni, (1954).

KOVACH und COMLEY, Nonlinear Transfer Function with Thyrite, IRE Trans. on Electronic Computers Bd. EC—7, Juni, S. 91—97, (1958).

KRETZMANN, R., Handbuch der Automatisierungstechnik, Verlag für Radio-Foto-Kinotechnik, Berlin 1959.

KROHMANN, E., Blockschaltbilder und Strukturbilder von Schaltungssystemen. Fachtagung Regelungstechnik, Heidelberg 1956.

KÜPFMÜLLER, K., Einführung in die theoretische Elektrotechnik, Springer-Verlag, Berlin/Göttingen/Heidelberg 1955.

KÜPFMÜLLER, K., Mathematik und elektrische Nachrichtentechnik. Z. VDI **94**, S. 419—425, (1952).

KUERSCHNER, H., The Present „State-of-the-Art" of the Electronic Analog Computer Technique in USA. Regelungstechnik, moderne Theorien und ihre Verwendbarkeit. (Bericht über die Tagung in Heidelberg vom 25.—29. 9. 56) Verlag R. Oldenburg, München 1957.

KURTH, F., Eigenschaften der Hall-Generatoren, Siemenszeitschrift **28**, S. 370—376 (1954).

LAKOTOS, E., Problem Solving with the Analog Computer. Bell Labs, Record **29**, S. 109 (1951).

LAMAITREE, G. und VALLARTA, M. S., On the Allowed Cone of Cosmic Radiation, Phys. Rev. 50, S. 493, Sept. 15 (1936).

LANDER, G., Erweiterung und Präzisierung der Analogien zwischen elektrischer und mechanischer Schaltung. Frequenz 1950 (Dissertation).

LANG, A., Ersatzschaltung von Meß- und Regelgliedern mit Hilfe von Analogiebetrachtungen. ATM (1950).

LANGHAAR, H. L., Dimensional Analysis and Theory of Models. Wiley, New York 1951.

LANING, J. H. und BATTIN, R. H., On an Application of the Use of Analog Computers to Methods of Statistical Analysis, Project CYCLONE Symposium II, Reeves Instrument Corporation, New York City, Mai (1952).

LANING, J. H. und BATTIN, R. H., Random processes in automatic control. McGraw-Hill Book Company, Inc. New York 1956.

LARROWE, V. L., Direct Simulation Bypasses Mathematics, Control Eng., November (1954).

LATHROP, R. C. und GRAHAM, D., The Transient Performance of Servomechanisms with Derivative and Integral Control, AIEE Techn. Paper Nr. 54—126 (1954).

LAUER, H., LESNICK, R. und MATSON, L. E., Servomechanism Fundamentals, McGraw-Hill, New York 1947.

LEVENSTEIN, H., Generating Non linear Functions with Linear Potentiometers, Tele-Tech, Oktober (1953).

LILAMAND, M., Multipliquers a Découpage Temporel (Multiplikatoren mit zeitlicher Trennung) L'Onde Electrique, Februar, S. 142 (1955).

LILAMAND, M. L., A Time-division Multiplier, Trans. PGEC, IRE, März (1956).

LION, K. S. und DAVIS, R. H., Square-Law Circuits. Electronics **28**, S. 192—202 (1955).

LÖFGREN, L., Analog Multiplier Based in the Hall Effekt. J. Applied Physics **29**, S. 158—166 (1958).

LOFGREN, L. E., Analog Computer for the Roots of Algebraic Equations, Proc. IRE **41**, S. 907 (1953).

LOFGREN, L. E., Partial Drift Compensation in Electronic D—c Analog Computers for Differential Equations, Appl. Sci. Research, Sec. B **4**, S. 109 (1954).

LOVELL, C. A., Continuous Electrical Computation, Bell Lab. Record **25**, S. 114—118 (1947).

LOVEMAN, B. D., REAC Reliability, Tele-Tech. März (1954).

LUKASZEWICZ, L., A AM-AM-Multiplier, Bulletin der polnischen Akademie der Wissenschaften, Bd. III, Nr. 3 (1955).

MACKAY, D. M., A High-speed Electronic Function Generator, Nature **159**, S. 406—407 (1947).

MACKAY, High-speed Electronic Analogue Computing Techniques, Proc. Inst. Electr. Engr. Part B **102**, S. 609—623 (1955).

MACNEE, A. B., A High-speed Product Integrator, MIT RLE Report **136**, 17 (1949).

MACNEE, A. B., An Electronic Differential Analyzer, Proc. IRE **37**, S. 1315—1324 (1949).

MACNEE, A. B., Some Limitations on the Accuracy of Electronic Differential Analyzers, Proc. I. R. E. **40**, S. 303 (1952).

MADELUNG, E., Die mathematischen Hilfsmittel des Physikers, Springer-Verlag, Berlin/Göttingen/Heidelberg 1950.

MALLOCK, R. R. M., An Electrical Calculating Machine, Proc. Roy. Soc. (London), (A) **140**, S. 457—483 (1933).

MANNING, M. F., und MILLMAN, J., Self-consistent Field for Tungsten, Phys. Rev. 49, S. 848 (1936).

MARCZYNSKI, R., Stabilized Output Electronic Generator for Power System Analyzers. Bull. de l'Académie Polonaise des Sciences Bd. III, Nr. 1, S. 17—21 (1955).

MARGENAU, H. und MURPHY, G. M., The Mathematics of Physics and Chemistry, Van Nostrand, Princeton, N. J. 1946.

MARKEY, H. G. und RIDEOUT, V. C., Analog Computer Solution of a Nonlinear Differential Equation, Trans. AIEE, S. 51—171, April (1951).

MARSHALL, B. O. JR., The Electronic Isograph for Roots of Polynomials, J. Appl. Phys. 21, S. 307—312 (1950).

MARSHALL, B. O., An Analog Multiplier, Nature 167, S. 29 (1951).

MARTINEZ, H. M., Operational Equations for Programming Electronic Analog Computers, Berkeley Division, Beckman Instruments, Inc., Richmond, Calif., 1955.

MASLOW, A. A., Mnoziteljno-Deliteljnoe Ustrojstwo na Tiritach, Awtomatika i Telemechanika 18, S. 336—348 (1957).

MATTHEWS, M., Progress on Basic Analysis of Errors in Analog Computer, DACL Research Memo RN 7023—1, Massachusetts Institute of Technology, Cambridge, Mass.

MAYERS, R. A. und DAVIS, H. B., Triangular-Wave Analog Multiplier, Electronics 29, S. 182—185 (1956).

MCCANN, G., The California Institute of Technology Electric Analog Computer, Mathematical Tables and Other Aids to Computation, Bd. III, Nr. 28, Oktober (1949).

MCCANN, G. D. und CRINER, H. E., Mechanical problems by electrical analogy. Westinghouse Eng. 6, S. 48—56 (1946).

MCCANN, G., HERWALD, S. W. und KIRSCHBAUM, H. S., Electrical Analogy Methods Applied to Servomechanism Problems, Trans. AIEE 65, S. 91—96 (1946).

MCCANN, G. und MACNEAL, R. H., Beam Vibration Analysis with the Electric-Analog Computer, J. Appl. Mechanics 16, Paper 49SA3 (1949).

MCCANN, G. und WILTS, C. H., Application of Electric Analog Computers, J. Appl. Mechanics (1949).

MCCANN, G. D. und WILTS, C. H., Application of Electric-Analog Computers to Heat-Transfer- and Fluid-Flow-Problems. A. I. E. E. Transactions 68, S. 652—660 (1949).

MCCANN, G. D., WILTS, C. H. und BENNET, R. R., The California Institute of Technology Electric Analog Computer. Math. Tables a. o. Aids to Computation III, S. 501—513 (1949).

MCCANN, G. D., WILTS, C. H. und LOCANTHI, B. N., Electronic Techniques applied to Analogue Methods of Computation. Proc. I. R. E. 37, S. 954—961 (1949).

MCCANN, G. D., WILTS, C. H. und LOCANTHI, B. N., Application of the California Institute of Technology Electric Analog Computer to Non-Linear Mechanics and Servomechanisms, Trans. AIEE (T9165) 68 (1949).

MCCOOL, W. A., An Improved Analog Computing Circuit, NRL Report P—3423 (unclassified), Februar 23 (1949).

MCCOOL, W. A., Analysis of Zero Stabilization of Wide-band D—c Amplifiers, Report of NRL Progress, Februar (1951).

MCCOOL, W. A., An AM—FM Electronic Analog Multiplier, Proc. IRE Oct. 41, S. 1470 bis 1477 (1953).

MCCOY, R. D. und LOVEMAN, B. D., Problem Checker Checks Computer, Too, Control Eng., Juli (1955).

MCDONALD, D., Analog Computers for Servo Problems, Rev. Sci. Instr. 21, S. 154 (1950).

MCDONNELL, J. A., Fundamentals of Analog Computers, Instr. and Automation 27, S. 1797—1803 (1954).

MCDONNELL, J. A., TRIDAC, A three dimensional Analogue Computer, Electronic Eng. S. 550—551 (1954).

MCEWAN, W. S. und SKOLNIK, S., Analog Computer for Flame Gas Composition, Rev. Sci. Instr. 22, S. 125 (1951).

MEDKEFF, R. J. und PARENT, R. J., A Diode Bridge Limiter for Use with Electronic Analog Computers, Proc. AIEE **70**, Sec. T, S. 1—170 (1951).

MEHRON, M. und OTTO, W., Instantaneous Multiplier for Computers, Electronics **27**, S. 144—148 (1954).

MEISSINGER, H. F., Representation of Several Variables on REAC Equipment, Project CYCLONE Symposium I, Reeves Instrument Corporation, New York City 1951.

MEISSINGER, H. F., An Electronic Circuit for the Generation of Functions of Several Variables, IRE National Convention Record (1955).

MENELEY, C. A. und MORRILL, L. D., Linear Electronic Analog Computer Design, NEC Proc. (1949).

MENELEY, C. A. und MORRILL, C. D., Application of Electronic Differential Analyzers to Engineering Problems. Proc. I. R. E. **41**, S. 1487—1496 (1953).

MERTENS, H., Prinzip und Anwendung der Analog-Rechenmaschine, Elektronik Nr. 5 (1958).

MEYER, M. A. und FULLER, H. W., Two New Electronic Analog Multipliers, Review of Sci. Instr. **25**, S. 1166—1172 (1954).

MEYERS, D. M., HARTREE, D. R. und PORTER, A., The Effect of Space-Charge on the Secondary Current in a Triode, Proc. Roy. Soc. (London), A. **158**, S. 23 (1937).

MILLER, J. A., SOLTES, A. S. und SCOTT, R. E., Wide-Band Analog Function Multiplier. Electronics **28**, S. 160—163 (1955).

MILLER, K. S. und MURRAY, F. J., A Mathematical Basis for an Error Analysis of Differential Analyzers, J. Math. and Physics **32**, S. 136 (1953).

MILLER, S. E., Sensitive D—c Amplifier with A—c Operation, Electronics, November (1941).

MINORSKY, N., Introduction to Non-Linear Mechanics, Edwards Bros., Inc., Ann Arbor, Mich. (1947).

MÖLLER, F., Über einige Grundfragen bei Analogien. ETZ, H. 3 (1948).

MONROE, W. R., Application of Electronic Simulation Techniques to the Development of Airplane Flight Control Systems, Aeronautical Eng. Rev. **14**, S. 91 (1955).

MOREHOUSE, N. F., STROTZ, R. H. und HORWITZ, S. J., An Electro-Analog Method for Investigating Problems in Economic Dynamics: Inventory Oscillations. Econometrica **18**, S. 313—329 (1950).

MORRILL, C. D., A Sub-audio Time-delay Circuit, Trans. PGEC, IRE, Juni (1954).

MORRILL, C. D. und BAUM, R. V., Diode Limiters Simulate Mechanical Phenomena, Electronics, November (1952).

MORRILL, C. D. und BAUM, R. V., A Stabilized Electronic Multiplier, Trans. PGEC, IRE, Dezember (1952).

MORRILL, C. D. und BAUM, R. V., Stabilized Time-Division Multiplier, Electronics **25**, S. 139—141 (1952).

MURPHY, G., Similitude in Engineering. Ronald Press, New York 1950.

MURRAY, F. J., Theory of Mathematical Machines, King's Crown Press, New York 1947.

MYNALL, D. J., Electrical Analogue Computing, Part 1—4, Electronics Eng. 19, S. 178 bis 180, 214—217, 259—262, 283—285 (1947).

MYNALL, D. J., Electronic Function Generator, Nature **159**, S. 243 (1947).

NETTLETON, L. A. und DOLE, F. E., Potentiometers, Rev. Sci. Instr. **17**, S. 356 (1946).

NEWHALL, E. E., Waveform Generator Uses Pulse Techniques. Electronics **28**, S. 149—152 (1955).

NEWTON, ISAAC, Mathematical Principles. Univ. of Calif. Press **2**, Sec. 7 (1947).

NIKIFORUK, P. N., A Technique for Non-Linear Function Generator, Electronic Engineering **74**, S. 118—119 (1955).

NORSWORTHY, K. H., A Simple Electronic Multiplier, Electronic Engng. **26**, S. 72—75 (1954).

OLSON, H. F., Dynamical Analogies. Van Nostrand, New York 1943.

OXENIUS, J., Die Verwendung von Hall-Generatoren in Analogmultiplikatoren, NTZ, H. 5, S. 263—268 (1958).

PASCHKIS, V., Comparison of Long-time and Short-time Analog Computers, Proc. AIEE, T 913. Reprint from Trans. AIEE 68 (1949).

PATTERSON, O. L., MONTOGUE, K. E. und WEISS, B., Jr., High Speed Electronic Reservoir Analyzer, Oil and Gas J., April (1951).

PAULING, L. und WILSON, E. B., Introduction to Quantum Mechanics, McGraw-Hill, New York 1935.

PAYNTER, H. M. und PHILBRICK, G. A., Electronic Analogy as a Laboratory Tool, Industrial Labs., Mai (1952).

PAYNTER, H. M., Electrical Analogies and Electronic Computers: Surge and Water Hammer Problems, ASCE Proc. 78, Separate 146, August (1952).

PAYNTER, H. M., Methods and Results for MIT Studies of Unsteady Flow, J. Boston Soc. Civil Eng. 39, S. 224 (1952).

PESSEN, D. W., Die Analogierechenmethode und ihr Stand in den USA. Regelungstechnik 4, H. 1, S. 1—5 (1956).

PHILBRICK, G. A., Designing Industrial Controllers by Analog, Electronics, Juni (1948).

PHILBRICK, G. A., The High-speed Analog Computer as Applied in Industry, Paper 195 submitted by ASME Committee on Theory for presentation at the spring meeting, New London, Conn., Mai (1949).

PHILBRICK, G. A., Continuous Electronic Representation of Nonlinear Functions of n Variables, George A. Philbrick Researches, Inc., Boston, Mass., Memo dated November 1 (1951).

PHILBRICK, G. A., Analog Component for the Embodiment of Nonlinear Functions of Two Variables. George A. Philbrick Researches, Inc., Boston, Mass., Memo dated April 10 (1952).

PHILBRICK, G. A., Analog Component for Functions of n Variables. George A. Philbrick Researches, Inc., Boston Mass., Memo dated April 25 (1952).

PHILBRICK, G. A., STARK, W. T. und SCHAFFER, W. C., Electronic Analog Studies for Turboprop Control Systems. SAE Quart. Trans. 2, Nr. 2, April (1948).

PICKENS, DE WITT, H., Electronic Analog Computer Fundamentals. Electronics, August (1952).

POLYA, G., Mathematics and Plausible Reasoning. Princeton Univ. Press, Bd. 1, 2 (1954).

PRICE, R., An FM-AM Multiplier of High Accuracy and Wide Range. RLE Report 213, Massachusetts Institute of Technology, Cambridge, Mass., Oktober 4 (1951).

PYNE, I. B., Linear Programming on an Electronic Analog Computer. Communication and Electronics (AIEE), Mai (1956).

QUARMSBY, R. B., Electronic Analog Computing. Wireless World 50, S. 113 (1954).

RAFFERTY, J. A., Mathematical Models in Biological Theory. American Scientist 38, S. 549—567 (1950).

RAGAZZINI, J. R., RANDALL, R. H. und RUSSELL, F. A., Analysis of Problems in Dynamics by Electric Circuits. Proc. IRE, S. 444—452 (1947).

RAGAZZINI, J. R. und REYNOLDS, G., The Electronic Complex Plane Scanner. Rev. Sci. Instr. 24, S. 487 (1953).

RAYLEIGH, Principle of Similitude. Nature 95, S. 66 (1915).

RAYMOND, F. H., Le Calcul Analogique, booklet published by the Société d'Elektronique et d'Automatisme, Courbevoie, France (1952).

REICH, H., Principles of Electron Tubes. McGraw-Hill, New York 1941.

REICHARDT, W., Grundlagen der Elektroakustik. Akad. Verlagsgesellschaft, Leipzig 1954.

RESNICK, J. B., Scale Factors for Analog Computers. Product Eng. 25, S. 197—201, März (1954).

REVIS, J. T., High Power From Miniature Tubes. Electronic Design, April (1956).

RIDEOUT, V. C., NAGARAJA, N. S., CHIPLUNKAR, V. N. und MANAVALAN, L. S., Design of a Timing Device and Non-linear Units for an Electronic Differential Analyzer. J. Indian Inst. of Sci. **38**, Nr. 1 (1956).

RINT, C., Handbuch für Hochfrequenz- und Elektrotechniker. (3 Bände.) Vlg. f. Radio-, Foto- und Kinotechnik, Berlin 1949.

ROBERTSON, J. H., A simple Machine capable of Fourier Synthesis Calculation. J. Sci. Instr. **27**, S. 276—278 (1950).

RODER, H., Effect of Tuned Circuits upon a Frequency Modulated Signal. Proc. IRE **25**, S. 1617 (1937).

ROEDEL, J. Application of an Analog Computer to Design Problems for Transportation Equipment. Lecture presented at the International Instrument Conference, September 22 (1954).

ROGERS, T. A., Electronic Analog Computers and Partial Differential Equation Solutions. Memorandum of the Dept. of Engineering, University of California, Los Angeles, November 17 (1952).

ROGERS, T. A. und HURTY, W. C., Relay Servomechanisms, The Shuntmotor Servo with Inertia Load. Trans. ASME, November (1950).

ROSENBERG, P., Sinusoidal Potentiometers Types RL 10 CB, RL 10 CD, RL 10 E, RL 14. MIT RL Report 423, August 16 (1943).

ROSSER, J. B., NEWTON, R. R. und GROSS, G. L., Mathematical Theory of Rocket Flight. McGraw-Hill, New York 1947.

RUBINOFF, M., Analog vs. Digital Computers-A Comparison. Proc. IRE **14**, S. 1254 (1953).

RUDOLPH, J. A., GEDA Circuits to Obtain a Variable Time Delay, GEDA Application Report Nr. 2. Goodyear Aircraft Corporation, Akron, Ohio, Juni 15 (1955).

RUMPF, K. H., Bauelemente der Elektronik. VEB Verlag Technik, Berlin 1959.

RUSSEL, A. und ALLY, J. N., An Electromagnetic Method of Studying the Theory of Solving Algebraical Equations of Any Degree, Phil. Mag. (6) **18**, S. 802—811 (1909).

RUSSELL, J., MEDKEFF und PARENT, R. J., A Diode Bridge Limiter for Use with Electronic Analogue Computers. AIEE Trans. **70**, S. 913—916 (1951).

RYERSON, J. L., Solution of Differential Equations by Electrical Analog Computers. Am. J. Phys. **19**, S. 90 (1951).

RYMER, T. B. und BUTLER, C. C., An Electrical Circuit for Harmonic Analysis and Other Calculations. Phil. Mag. (7), S. 606—616 (1944).

SACK, H. S., BEYER, R. T., MILLER, G. H. und TRISCHKA, J. W., Special Magnetic Amplifiers and Their Use in Computing Circuits. Proc. IRE **35**, S. 1375—1382 (1947).

SAVANT C. J. und HOWARD, R. C., Multiplier for Analog Computer. Electronics **27**, S. 144 bis 147 (1954).

SAVET, P. H., Analog Computing by Heat Transfer. Tele-Tech, Februar (1954).

SCHMIDT, H. A., The Precision Potentiometer as a Voltage Divider. Product Eng., Annual Handbook of Product Design (1954).

SCHMIDT, W., Die Hyperbelfeldröhre, eine Elektronenstrahlröhre zum Multiplizieren in Analogierechengeräten. Ztschr. f. angew. Phys. **8**, H. 2, S. 69—75 (1956).

SCHNEIDER, W., Ein Multiplikator nach dem Zwei-Parabelverfahren. Telefunkenzeitung **30**, S. 441—445 (1957).

SCHWARTZ, J. und SOLOMONOFF, R., Photoelectric Chopper for Guided Missiles. Electronics November (1954).

SCHWERTZ, F. A. und MAZENKO, J. J., Nonlinear Semiconductor Registors. J. Appl. Phys. **24**, S. 1015—1024 (1953).

SEAMANS, R. C., BROMBERG, G. B. und PAYNE, L. E., Application of the Performance Operator to Aircraft Automatic Control. MIT DIC Report (Instrumentation Laboratory) (1947).

SEARS, F. W., A Study of Electron Orbits in the Barkhausen-Kurz Effect, J. Franklin Inst. **209**, S. 459 (1930).

SEAY, P. A., An Accurate Tangent Computing Circuit. REAC Newsletter Reeves Instrument Corporation, New York City, August (1954).

SHANNON, C. E., Mathematical Theory of the Differential Analyzer. J. Math. Phys. **20**, S. 337—354 (1941).

SHANNON, W., Electronic Computers. Electronics **19**, H. 8 (1946).

SHAPER, H. B., Electrodynamic Direct-inking Pen. Electronics, März (1946).

SHEA, R. F., Principles of Transistor Circuits. John Wiley and Sons Inc., New York 1953.

SIMPKIN, K. H., The Selective Merits of A—c and D—c as a Signal Source in Analog Computers. Electronic Eng. **25**, S. 230 (1953).

SKRAMSTAD, H. K. und WRIGHT, J. H., An Analog Computer for Radioactive Fallout Prediction. Preliminary Report to Weather Bureau, Dept. of Commerce and AEC, Februar 10 (1956).

SLAP, J. H., A Comparison of Analog and a High-speed Digital Solution to a Fueltank Heating Problem. Northrop Aircraft Corporation Report, Northrop Aircraft Corporation, Hawthorne, Calif., 1955.

SMITH, F. B., Analog Equipment for Processing Randomly Fluctuating Data. Aeronaut, Eng. Rev. **14**, S. 113 (1955).

SMITH, F. L., Editor, The Radiotron Designers Handbook, 3d ed. Radio Printing Press Pty., Ltd., Sydney, Australia. Reproduced and distributed in the United States by RCA Manufacturing Company, Inc. (1941).

SMITH, O. J. M., Economic Analogs. Proc. IRE **41**, S. 1514 (1953).

SMYTHE, W. R., Static and Dynamic Electricity. McGraw-Hill, New York 1939.

SOLTES, A. S., Beam Deflextion Nonlinear Element. Electronics, S. 122, August (1950).

SOLTES, A. S., A Wide-band Square-law Computing Amplifier. Trans. PGEC, IEE, Juni (1954).

SOMERVILLE, M. J., An Electronic Multiplier. Electronic Engng., S. 78—80, Februar (1952).

SOROKA, W. W., Analog Methods in Computation and Simulation. McGraw-Hill Publishing Company Ltd., New York 1954.

SPEARMAN, F. R. J., Discussion before the Measurements and Radio Sections. Proc. IRE, Nr. 5, S. 621 (1955).

SPEARMAN, F. R. J., GAIT, J. J., HEMINGWAY, A. V. und HYNES, R. W., TRIDAC, a large Analogue Computing Machine. Proc. IEE **103**, S. 375—395 (1956).

SPEISER, A. P., Rechengeräte mit linearen Potentiometern. ZAMP III, S. 449—460 (1952).

STENBERG, The Frequency Modulating Products. J. Math., Phys. **32**, S. 233 (1953); **33**, S. 68 (1954).

STERNBERG, S., An Accurate Electronic Multiplier. RCA Review **16**, S. 618—634 (1955).

STRONG, J. D., A Practical Approach to Analog Computers. Instruments and Automation, April (1955).

STRONG, J. D., Optimizing with a Computer. Automatic Control, Juni (1956).

SUMMERS, I. H. und MCCLURE, J. B., Progress in the Study of System Stability. Trans. AIEE **49**, S. 132—158 (1930).

SUNSTEIN, D. E., Photoelectric Waveform Generator. Electronics **22**, S. 100—103 (1949).

SYMON, K. R. und POPLAWSKY, R. T., An Electronic Differential Analyzer. Am. J. Phys., Januar (1953).

TEPLOW, L., Stability of Synchronous Motors under Variable Load. Gen. Elec. Rev. **31**, S. 356 (1928).

TERMAN, F. E., Radio Engineers Handbook. McGraw-Hill, New York 1943.

THIEN-CHI, N. und VERGNOLLE, G., Registances non-lineaires. L'Onde Electrique **35**, März/April (1955).

THOMPSON, D'ARCY, W., On Growth and Form. Cambridge Univ. Press (1917).

THOMSON, J. und THOMSON, W., On the Integration machine having a new kinematic principle. Proc. Roy Soc. London **24**, S. 266—268 (1876).

TOLMAN, R. C., The Principle of Similitude and the Principle Dimensional Homogenity. Phys. Rev. **6**, S. 219—233 (1915).

TOMLINSON, N. P., HOROWITZ, M. und REYNOLDS, C. H., Analog Computer Construction of Conformal Maps in Fluid Dynamics. J. Appl. Phys. **26**, S. 229 (1955).

TRENT, H. M., Isomorphisms between Oriented Linear Graphs and Lumped Parameter Physical Systems. Jour. Acoust. Soc. of Amer. **27**, S. 500—527 (1955).

TRNKA, Z., Einführung in die Regelungstechnik. VEB Verlag Technik, Berlin 1956.

TSIEN, H. S., Technische Kybernetik. VEB Verlag Technik, Berlin 1958.

VALLEY, G. E. und WALLMAN, H., Vacuum Tube Amplifiers. MIT Radiation Laboratory Series. Bd. 18, McGraw-Hill, New York 1948.

VANCE, P. R. und HAASE, L. D., An Input-Output-Unit for Analog Computers. Proc. IRE **41**, H. 10, S. 1483—1486 (1953).

VAN DER WALT, N. T., An Electronic Servo Simulator. Electronic Eng., Februar (1952).

VOLKERS, W. K., Ultra-high-gain Direct-coupled Amplifier Circuits. Lecture presented at the IRE National Convention, New York 1950.

VON MISES, R., Theory of Flight. McGraw-Hill, New York 1945.

WADEL, L. B., An Electronic Differential Analyzer as a Difference Analyzer. J. ACM, Juli (1954).

WADEL, L. B., Automatic Iteration on an Electronic Analog Computer. Lecture presented at the Western Electronics Show and Convention. Los Angeles, Calif., 1954.

WADEL, L. B., Analysis of Combined Sampled and Continuous-data Systems on an Electronic Analog Computer. IRE National Convention Record (1955).

WADEL, L. B. und MACKEY, B. B., Automatic Function Recording and Playback in an Electronic Analog Computer. Memorandum, Chance-Vought Aircraft Corporation Dallas, Texas 1955.

WALLMAN, H., An Electronic Integral-Transform Computer and the Practical Solution of Integral Equations. J. Franklin Inst. **250**, S. 45 (1950).

WALTERS, L. G., A Study of the Series-motor Relay Servomechanism. Ph. D. thesis, University of California, Los Angeles 1951.

WALTERS, L. G., Hidden Regenerative Loops in Electronic Analog Computers. Trans. PGEC, IRE, Juni (1953).

WASS, C. A. A., Introduction to Electronic Analogue Computers. Pergamon Press Ltd., London 1955.

WAWILOW, S. I., Isaac Newton. Akademie-Verlag, Berlin 1951.

WEBER, Das allgemeine Ähnlichkeitsprinzip der Physik und sein Zusammenhang mit der Dimensionslehre und der Modellwissenschaft. Jahrbuch der Schiffsbautechnischen Gesellschaft, Springer, Berlin 1930.

WHITELEY, A. I., Theory of Servo-Systems with Particular Reference to Stabilization. Journ. IEE, P. II, Nr. 8 (1946).

WIENER, N., Mensch und Menschmaschine. A. Metzner-Verlag, Frankfurt/Main, Berlin 1952.

WILLERS, F. A., Mathematische Maschinen und Instrumente. Akademie-Verlag, Berlin 1951.

WILLIAMS, A. J., AMEY, W. G. und MCADAM, W., Wide-Band D-c Amplifier Stabilized for Gain and for Zero. AIEE Trans. **68**, S. 811—815 (1949).

WILLIAMS, F. C. und RITSON, F. J. V., Electronic Servo Simulators. J. Inst. Elec. Engrs., Bd. 94, P. IIA, Dezember (1947), Abstract, P. I, S. 547 (1947).

WINKLER, H., Über Funktionstransformatoren mit Bildabtaströhre und einer Fotozelle mit Sekundärelektronenvervielfacher für die Verwendung in elektronischen Analogierechenmaschinen mit großer Arbeitsgeschwindigkeit. Nachrichtentechnik **6**, H. 2, S. 54—58 (1956); Monthly Technical Review, Nr. 4, S. 91—95 (1957).

WINKLER, H., Die Multiplikation zeitlich rasch veränderlicher nichtsinusförmiger Spannungen. Wiss. Z. Hochsch. f. Elektrotechn. Ilmenau **2**, H. 2, S. 83—88 (1956).

WINKLER, H., Die Anwendung elektrischer Analogieprinzipien für die Lösung von Differentialgleichungen der Physik und Technik und die Entwicklung einer repetierenden elektronischen Analogierechenmaschine. Wiss. Z. Universität Jena **6**, Math.-Nat. Reihe, H. 5/6, S. 305—364 (1956/57).

WINKLER, H., Methoden und Probleme der Rechenelektronik im Analogieverfahren. Die Technik **13**, H. 1, S. 6—10 (1958).

WINKLER, H. und SCHREIER, D., Die elektronische Analogie-Rechenanlage Ilmenau EARI. Nachrichtentechnik **9**, H. 10, S. 437—442 (1959).

WINKLER, H. und CUMME, G., Die Bedeutung elektronischer Analogieanlagen für den Fortschritt der Elektrotechnik. Dtsch. Elektro-Technik **12**, H. 9, S. 317—324 (1958).

WINSON, J., Solution of Aeroelastic Problems by Electronic Analog Computation. J. Aeronaut. Sci. **17**, S. 385 (1950).

WOOD, W. W., The Modern Flight Simulator. Elec. Eng. **70**, S. 1124 (1952).

YANOWITSCH, M., Solution of a Flutter Problem. Project Cyclone Special Report, Reeves Instrument Corporation, New York City, Juni (1955).

Actes Proceedings, Journees internationales de Calcul analogique International. International Analogy Computation Meeting. Bruxelles-Belgique 1956.

Berkeley Division, Beckmann Instruments, Inc., Richmond, Calif., Determination of Turbine Speed Controller Settings for Shell Development Co., Emeryville, California, Ease Application Bulletin 1.

Berkeley Division, Beckmann Instruments, Inc., Richmond, Calif., Computer Greatly Simplifies Yaw Damper Design. Ease Application Bulletin 2.

Berkeley Division, Beckmann Instruments, Inc., Richmond, Calif., Temperature Control Study a Simple Problem on Computer. Ease Application, Bulletin 3.

Berkeley Division, Beckmann Instruments, Inc., Richmond, Calif., Low Cost Computer Aids Aerodynamic Design. Ease Application, Bulletin 4.

Berkeley Division, Beckmann Instruments, Inc., Richmond, Calif., Optimizing a Helicopter Autopilot Design. Ease Application Bulletin 5. (Prepared by J. B. Rea Co., Los Angles, Calif.)

Department of Electrical Engineering Staff, Massachusetts Institute of Technology, Applied Electronics, The Technology Press, Wiley, New York 1943.

Engineering Research Associates, Inc. (Staff), High Speed Computing Devices. McGraw-Hill, New York 1950.

George, A. Philbrick Researches, Inc. (H. M. Paynter, editor), A Palimpsest on the Electronic Analog Art, Boston, Mass., (an exellent collection of reprinted papers on lectures, mainly on repetitive analog computers) (1955).

Goodyear Aircraft Corporation, Aerophysics Department, Operating and Maintenance Manuals for the Goodyear Electronic Analog Computer, Akron Ohio.

Goodyear Aircraft Corporation, Akron, Ohio. Analysis of Transient Aerodynamic Heating with Geda Equipment. Report Ger-5435, Juni 12 (1953).

Goodyear Aircraft Corporation, Akron, Ohio. Computer Applications to Pilotless Aircraft Studies. Report Ger-2572, April 10 (1951).

Goodyear Aircraft Corporation, Akron, Ohio. The Simulation of a Relay Servomechanism. Report Ger-2734, Juli 16 (1951).

Goodyear Aircraft Corporation, Akron, Ohio. Simulation of a Process Controller. Report Ger-4689, März 11 (1952).

Goodyear Aircraft Corporation, Akron, Ohio. GEDA Analysis of a Standard Automobile Suspension System. Report Ger-5262, März 12 (1953).

Goodyear Aircraft Corporation, Akron, Ohio. GEDA Simulation Study of a Relay Servomechanism. Report Ger-4799, Mai 9 (1952).

Goodyear Aircraft Corporation, Akron, Ohio. GEDA Analysis of an Electrical Circuit. Report Ger-5455, März 18 (1953).

Goodyear Aircraft Corporation, Akron, Ohio. GEDA Construction of Conformal Maps in Fluid Dynamics. Report Ger-5672, November 12 (1953).

Goodyear Aircraft Corporation, Akron, Ohio. GEDA Simulation of an Air-turbine Power Unit and Frequency-control System. Report Ger-6248, September 2 (1954).

Goodyear Aircraft Corporation, Akron, Ohio. GEDA Simulation Study of a Carrier-type Instrument Servomechanism, Report Ger-5779, April 21 (1954).

Goodyear Aircraft Corporation, Akron, Ohio. GEDA Application to Flood-control and Water-distribution Problems. Report Ger-6053, März 4 (1954).

Goodyear Aircraft Corporation, Akron, Ohio. Evalution of Definite Integrals on Electronic Differential Analyzers. Report Ger-6365, Oktober 10 (1954).

Goodyear Aircraft Corporation, Akron, Ohio. Random Noise Generator for Simulation Studies. Report Ger-6434, Dezember 12 (1954).

Goodyear Aircraft Corporation, Akron, Ohio. Application of GEDA to Human Dynamics Studies. Report Ger-6608, März 4 (1955).

Goodyear Aircraft Corporation, Akron, Ohio. Two Applications of GEDA Computers to Statistical Problems of Operations Research. Report Ger-6729, Juni 4 (1955).

Harvard University Computation Laboratory, Synthesis of Computing an Control Circuits Annals of the Harvard University Computation Laboratory, Bd. 27 (1951).

QUELLENNACHWEIS DER FOTOS

Abb. 159: Prospekt (UdSSR).

Abb. 160: Zmrs 1959, H. 2, S. 67.

Abb. 161: Kretzmann, R., Handbuch der Automatisierungstechnik, Verlag für Radio-Foto-Kinotechnik, Berlin-Borsigwalde 1959, S. 254.

Abb. 162: ebenda, S. 255.

Abb. 163: Prospekt der Solartron Electronic Group Ltd.-Thames Dittun, Surrey-England.

Abb. 166: „Elektronische Rechenanlagen“, 1 (Febr. 1959) H. 1, S. 41.

NAMENREGISTER

Aiken 221
Ally, J. N. 83
Ampére, A. M. 1

Babage, Ch. 220
Bader, W. 81, 83
Baum, R. V. 179
Binder, K. 81, 83
Bode, H. W. 144
Boothroyd, A. R. 81
Borsellino, A. 85
Brigdman, P. W. 4
Bright, R. L. 140
Buckingham, E. 4
Bush, V. 219

Caldwell, S. D. 219
Cherry 81
Czajkowski, Z. 177

Davis, S. A. 172
Deeley, E. M. 175, 181

Eckert, F. 221

Fizner, L. N. 179
Fourier, J. B. 5
Frost, A. A. 71
Fuller, H. W. 164, 168

Galilei, G. 4
Goldberg, E. A. 179
Grellmann, Ch. 160
Groat, B. F. 4
Gundlach 175

Hall, E. H. 177
Hamilton, W. R. 7
Hansen 81
Hardy 172
Haupt, L. M. 69
Heisenberg, W. 7
Helmholtz, H. 5
Hempel, C. G. 8
Henning, H. 32
Hollerith, H. 221
Hughes, R. H. 71

Jackson, J. M. 219
Jaroschewskij 1
Jones, R. W. 5

Kämmerer, W. 2, 216
Kelvin s. Thomson
Kirchhoff, G. 7
Knorr, U. 219
Korn, G. A. 220
Korn, Th. M. 220
Krohmann, E. 22
Kruper, A. P. 140

Lewis, S. H. 215
Locanthi, B. N. 220
Lucas, F. 81, 83
Lukaszewicz, L. 166, 220
Lundstrom 81

MacCann, G. D. 220
MacKay, D. M. 181, 183, 220
MacNee, A. B. 175, 219
Makar 81
Mallock, R. R. M. 65
Mauchly 221
Maxwell, J. C. 5, 81
McCool, W. A. 166
Meyer, M. A, 164, 168
Meyers 172
Morill, C. D. 179
Mynall, D. J. 183, 219

Newhall, E. E. 183, 184
Newton, I. 4
Norsworthy, K. H. 172

Ohm, G. S. 5

Palersky, M. 215
Polya, G. 5
Pupin 5

Rafferty, J. A. 8
Rayleigh, J. 4
Reswick 9
Reynolds, O. 5
Russell, A. 83

Schmidt, W. 175
Soltes, A. S. 157
Soroka, W. W. 34
Sprague, C. A. 181
Sternberg, S. 170

Tamres, M. 71
Thomson, W. 5, 34, 219, 220
Tolman, R. C. 4
Tschebyschew 164

Wass, C. C. A. 93
Weber 4
Wefelmaier 7
Weiss, E. 215
Wiener, N. 1
Wilson, E. B. 71
Wilts, C. H. 220
Winkler, H. 160, 183

Zuse, K. 221

SACHREGISTER

Absolutbetrag, Bildung des 37, 105, 187
Additionsverstärker 37, 117
—, Fehler beim 119
Analog-Digital-Rechner 33, 215
Analog-Digital-Wandler 217
Analogie, Hebel-Transformator 13
—, mechanisch-elektrische 14
—, statisch-elektrische 10
— zwischen Strömungsfeldern 17
— zwischen Wärmestrom und elektrischen Strom 19
Analogieanlagen, repetierende 34, 192, 195, 208, 212
—, Anwendung elektronischer 58
—, Variable 40
—, Einteilung der 34
—, mit Potentiometernetzwerken 67, 70, 74
—, mit Wechselstrom-Netzwerk 71, 85
—, mit Transformatoren 65
Analogieanlageneinheiten 40
Analogieanlagengleichung 41, 47, 51, 54
Analogieelemente, lineare 37, 114
—, nichtlineare 38, 114, 146
—-Schaltungssystematik 57
analoge Systeme 5
Analogrechner, Vergleich mit Digitalrechner 60, 208, 220
Ähnlichkeitsprinzip 4
Algebraische Gleichung, lineare 61
—, nichtlineare 73
Anfangsbedingungen bei Integrationen 89, 196
Anschaffungskosten von Digital- und Analogrechnern 220
Aufheizung einer Wand 20
Ausgabe-Analogieelement s. Funktionsempfänger
Ausgangsfehler, linearer 121
Automatisierung 113, 216, 200

Bahnberechnung eines springenden Balls 200
Begrenzerschaltungen 105, 187
Besselsche Differentialgleichung 89
Bewegung eines elektrisch geladenen Teilchens 51
Blockschaltbild 22

Chopperstabilisierung 140
Cosinus-Potentiometer 146, 189

Differentialgleichungen, gewöhnliche lineare 87
—, gewöhnliche nichtlineare 96
—, partielle 106
—, Systeme 90
Differentiation 37, 118
Differenzrelais 187, 200
Differenzverstärker 137, 142
Digital-Analog-Rechner 216
Digital-Analog-Wandler 217
Digitalintegrator 215
Digitalrechner 60, 208, 220
Dioden-Funktionsgeneratoren 181
—-Funktionsmultiplikatoren 150
— — mit Hochfrequenzüberlagerung 155
— —, Fehlerquellen 155
Division, elektronische 179
Dreieckimpulsmodulation 172
Drift 115, 126, 136, 138
Driftkorrektur durch Zerhackerstabilisierung 140

EARI, repetierender Analogrechner 212
EASE, Langzeitrechner 210
Eigenwertprobleme 107
Elektrolytischer Trog 81
Elektronischer Schalter 169
Erzeugung spezieller Funktionen 184
Eingabe-Analogieelemente 36

Fehler, bei Dioden-Multiplikatoren 155
—, bei Gleichspannungsverstärkern 115, 141

Fehler, bei Integratoren 121, 126
—, bei Multiplikatoren 179
Fehlerkorrektur bei Analogieanlagen 188
Feld-Analogie, elektromagnetische 83
Flug-Simulator 93
Frequenzgang 137, 142, 144
Frequenzganggleichungen 31
Funktionsempfänger 38, 192
Funktionsgeneratoren 36, 98, 181, 182
Funktionsmultiplikatoren 38, 98, 146
Funktionstransformatoren 38, 98, 182

Genauigkeit, bei Integrationen 121, 140
—, von Bauelementen 115
Gewöhnliche Differentialgleichungen s. Differentialgleichungen
Gitterstrom 141
Gleichstromnebenschlußmotor 28
Gleichungen, nichtlineare 73
—, quadratische 61
Gleichungssysteme, lineare 63
Gleichspannungsverstärker 114, 116, 136
Grenzbedingungen 106
Größenwandler, physikalische 204

HALL-Multiplikator 177
Harmonische Synthese 79
HEMPEL-Netzwerk 8
Hilfseinrichtungen für Analogieanlagen 193
Homologe Systeme 5
Hyperbelfeldröhre 175
Hysterese 187

Integration einer Sprungfunktion 121
— einer sinusförmigen Eingangsspannung 122
Integrator 37, 120, 197
—, elektronischer 34, 123
—, Fehler 121, 126
—, summierender 126
—, digitaler 215
—, elektromechanischer 34, 39, 215, 219

Koeffizienten-Potentiometer 37, 115, 146, 198
— —, Abgleich 198
Koinzidenz-Multiplikator 171
Kontrastverfahren 183
Kontrollsysteme 204
Koordinatentransformation 189, 190
Koppelplan 22
Koppelplansymbole für Analogieelemente 35
Konstantmultiplikator 37, 115, 146

Kräftekreisbilder 15
Kreistest 44
Kreuzfeldmultiplikator 174
Kurvenapproximation durch vorgespannte Dioden 150
Kurzzeitanlagen 33, 195, 208
—, Typenbeispiele 212

Langzeitrechner 33, 208
—, Typenbeispiele 209
Lineare Analogieelemente 37, 114
Logarithmischer Multiplikator 149
Lösungsvereinfachung von Differentialgleichungen 100, 128

MADDIDA, Verbundrechner 215
MATHIEUsche Differentialgleichung 90
Methode der endlichen Differenzen 107, 108
Meßwertwandler 205
MN8, Langzeitrechner 209
Modell, Definition 5
Modelle der Physik 6
Modellregelkreise 112, 209
Modulations-Multiplikatoren 164
Multiplikationsverfahren mit Katodenstrahlröhren 172
— mit Modulationen 164
— mit Zeitteilung 169

Netzwerk, integrierendes 120, 123
—, spezielles 129, 130
— für grundlegende Rechenoperationen 117
Nichtlinearitäten 106, 187
Nichtlineare Analogieelemente 38, 114, 146
Nullpunktsfehler s. Drift

Operationen von Analogieelementen 35
Operationsverstärker s. Rechenverstärker

PACE, Langzeitrechner 211
Parallelschwingkreis, mechanisch-elektrische Analogie 16
VAN DER POL-Gleichung 98, 100
Polynomgleichungen, Lösungsmethoden 73, 77, 79, 81
Potentiometer, Analogieanlage mit 67, 70, 74
—, zur Multiplikation 37, 115, 146, 198
—, Belastungsfehler 115
—, Feineinstellung von 198
—, nichtlineare 77, 146, 189
Programmierfelder 199, 210
Programmierung von Analogrechnern 40, 54

Programmierung, automatische 199
—, Beispiele 45, 48, 51

Quadrierglieder 150
Quadrierröhre, nach SOLTES 157
—, nach GRELLMANN und WINKLER 160

RA 463/2, repetierender Analogrechner 214
Radialkraft-Drehzahlmeßgerät 27
Randkurvenabtastung 182
Rechennetzwerke s. Netzwerke
Rechenverstärker 114, 117, 137
—, Fehler 115, 141
—, Schaltungsbeispiele 137, 142
Rechenzeit 40, 47, 126, 148, 195, 208
Rechenzeitgeber 195
Regelungstechnik 31, 32, 33, 112
RLC-Netzwerk-Analogie 85
Rückkopplung, elektrische 116, 144
Rückkopplungsprinzip nach THOMSON 34, 219

Schaltsymbole, elektrische 22
Schalttafeln von Analogrechnern 199, 210, 211
Schleifenverstärkung 117, 144
Schmelzdrahtsicherung, Temperatur- und Stromverlauf 100
Schwingungen, elastische 44, 110
—, elektrische 45, 110
—, gekoppelte 48
Schwingungsgleichung 87
Serienschwingkreis, mechanisch-elektrische Analogie 16
Servo-Analogieelemente 35, 146
Simulation 34, 93, 112, 204, 207
Sinusgenerator 44, 48
Sinus-Potentiometer 146, 190
SPACE 30, Langzeitrechner 211
Spannungsstabilisierung 194
Sprungfunktion 121
Stabilität des Gleichspannungsverstärkers 119, 144
Startschaltung bei Integratoren 198, 202
Stopschaltung bei Integratoren 198, 202
Stromversorgung für Analogieanlagen 193
Strukturbild 22
Summenintegrator 126
Synchronisation 196
Synchrongenerator, Simulierung eines 112

Tote Zonen 106, 187
Transformatoren, Analogieanlage mit 65
—, Einschwingvorgang bei 45
Transistoren 132, 134
Typenbeispiele von Langzeitrechnern 209
— von repetierenden Analogieanlagen 212

Übersteuerungsanzeige 204
Übertragungsfunktionen 106
Überwachung von Analogieanlagen 200
UNIMAR, Langzeitrechner 209
Umkehrverstärker 37, 119, 141
Umrechnungsfaktor 40, 47

Varistoren, Eigenschaften 161
—, zur Quadrierung 163
—, zur Funktionsmultiplikation 164
Vergleich Analog-Digitalrechner 60, 208, 220
Verstärker s. Gleichspannungsverstärker, s. Rechenverstärker
Verstärkerwirkung einer Triode 133
Verstärkung 116, 134, 140, 142, 144
Vierquadrantmultiplikation 149
Viertelquadratmethode 149
Vorzeicheninverter 37, 119, 141

Wärmeleitungsvorgänge 19, 100
Wellendifferentialgleichung 110
Wechselspannungsverstärker zur Driftkorrektur 140
Wirkschaltbild 22
Wirkungskreis, mechanischer 27

Zeitfaktor 40, 47, 49, 54
Zeitteilungsmethode der Multiplikation 168
Zerhackerstabilisierung 140
Zylinderfunktionen 89

Zeitfracht Medien GmbH
Ferdinand-Jühlke-Straße 7
99095 Erfurt, Deutschland
produktsicherheit@kolibri360.de